全国民用建筑电气典型设计方案

中国勘察设计协会电气分会
中国建筑节能协会建筑电气与智能化节能专业委员会
主编

中国建筑工业出版社

图书在版编目（CIP）数据

全国民用建筑电气典型设计方案/中国勘察设计协会电气分会，中国建筑节能协会建筑电气与智能化节能专业委员会主编. —北京：中国建筑工业出版社，2020.7

ISBN 978-7-112-25401-9

Ⅰ.①全…　Ⅱ.①中…　②中…　Ⅲ.①民用建筑-电气设备-建筑设计-设计方案-中国　Ⅳ.①TU85

中国版本图书馆CIP数据核字（2020）第165756号

责任编辑：王华月　张　磊
责任校对：焦　乐

全国民用建筑电气典型设计方案

中国勘察设计协会电气分会
中国建筑节能协会建筑电气与智能化节能专业委员会　主编

*

中国建筑工业出版社出版、发行（北京海淀三里河路9号）
各地新华书店、建筑书店经销
霸州市顺浩图文科技发展有限公司制版
北京圣夫亚美印刷有限公司印刷

*

开本：787毫米×1092毫米　横1/16　印张：18¼　字数：653千字
2020年10月第一版　2020年10月第一次印刷
定价：**68.00**元

ISBN 978-7-112-25401-9
(35821)

《全国民用建筑电气典型设计方案》

编委会：

主　编：欧阳东　国务院特殊津贴专家/教授级高工
高级技术顾问　中国建设科技集团
会　长　中国勘察设计协会电气分会
副会长　中国建筑节能协会

副主编：陈　琪　顾问总工/教授级高工
中国建筑设计研究院有限公司
副主任　中国勘察设计协会电气分会双高组

编　委：

主要编写委员（排名不分先后）：

陈　莹（北京）酒店所副所长/教授级高工　北京建筑设计研究院有限公司
李　杰（天津）智能中心副主任　天津市建筑设计院
刘红艳（河北）电气副总工　保定市建筑设计院有限公司
刘　乙（内蒙古）主任工程师　内蒙古建筑勘察设计研究院有限责任公司
杨春霞（山西）主任工程师　太原市城乡规划设计研究院
王晓东（辽宁）主任工程师　辽宁省建筑设计研究院有限责任公司
孙　宇（吉林）电气副总工　吉林省建苑设计集团有限公司
李莹莹（黑龙江）建筑设计一分院总工　哈尔滨工业大学建筑设计研究院
陈杰甫（上海）机电所所长　上海建筑设计研究院有限公司
孟　磊（安徽）主任工程师　合肥工业大学设计院（集团）有限公司
王瑞霞（浙江）电气副总工　浙江省建工建筑设计院有限公司
方雅君（福建）设备一所副总工　福建省建筑设计研究院有限公司
孙鸿昌（山东）电气总工/教授级高工　山东大卫国际建筑设计有限公司
方　敏（江西）高级工程师　江西省城乡规划设计研究总院
殷文荣（江苏）三院电气所所长　启迪设计集团股份有限公司
叶　充（广东）设计一所电气总工　广州市设计院
陈肖梅（广西）总师办副主任/教授级高工　华蓝设计（集团）有限公司
尹慧玲（海南）副总工　海南省建筑设计院
容　浩（湖北）机电中心总工/教授级高工　中南建筑设计研究院有限公司
孟焕平（湖南）副总工/教授级高工　湖南省建筑设计院有限公司
万　宁（河南）电气总工/教授级高工　河南省建筑设计研究院有限公司
魏志刚（陕西）机电二院所副总工　中国建筑西北设计研究院有限公司
景利学（甘肃）电气工程师　甘肃省建筑设计研究院有限公司
张　健（新疆）设计院电气总工　新疆维泰开发建设（集团）股份有限公司
胥　荣（青海）副总工　青海省建筑勘察设计院有限公司
何春永（宁夏）电气总工　银川市规划建筑设计研究院有限公司

杨　暐（重庆）电气总工　中国建筑西南设计研究院有限公司设计十院
丁新东（四川）工程师　中国建筑西南设计研究院有限公司
李　跃（云南）电气副总工　昆明市建筑设计研究院股份有限公司
刘武奕（贵州）电气总工/教授级高工　贵州省建筑设计研究院有限责任公司
江　龙（西藏）工程师　中国建筑西南设计研究院有限公司西藏分院

编写委员：

贺苗苗（山西）主任工程师　太原市城乡规划设计研究院
宋夕洋（辽宁）副总工　辽宁省建筑设计研究院有限责任公司
吴　雷（辽宁）副总工　辽宁省市政工程设计研究院有限责任公司
靖云飞（辽宁）电气院院长/教授级高工　大连城建设计研究院有限公司
任宝立（黑龙江）分院电气总工/教授级高工　哈尔滨工业大学建筑设计研究院
庄孙毅（华南）电气副总工　广东省建筑设计研究院
钟世权（广东）第三机电所副所长　广东省建筑设计研究院
廖　昕（广东）副总工　深圳市建筑设计研究总院有限公司
胡　峻（湖北）建筑院副总工/教授级高工　中信建筑设计研究总院有限公司
陈　车（湖北）二院副总工/教授级高工　中信建筑设计研究总院有限公司
李树庭（湖北）所副总工　中南建筑设计院股份有限公司
吴　斌（湖南）副总工/教授级高工　湖南省建筑设计院有限公司机电院
薛　原（河南）副总工　郑州大学综合设计研究院有限公司
易祖运（河南）电气负责人　河南省建筑设计研究院有限公司分院
王西平（青海）主任　青海西宁供电公司
李战赠　教授级高工　中国建筑设计研究院有限公司
陆　璐　工程师　亚太建设科技信息研究院有限公司
于　娟　硕士/主任　亚太建设科技信息研究院有限公司
王明勇　电气事业部设计院渠道及服务销售负责人　ABB（中国）中国有限公司
王金贵　总工程师　上海良信电器股份有限公司
齐晓明　首席技术官　欧普照明股份有限公司
张智玉　战略支持总监　贵州泰永长征技术股份有限公司
戴　罡　国家企业技术中心主任、SAC/TC67/SC2 秘书长、知识产权总监　大全集团有限公司

审查专家（排名不分先后）：

孙成群（华北）总工/教授级高工　北京建筑设计研究院有限公司
李俊民（华北）总工/教授级高工　中国建筑设计研究院有限公司
郭晓岩（东北）总工/教授级高工　中国东北建筑设计院有限公司
陈众励（华东）总工/教授级高工　华建设计集团股份公司
陈建飚（华南）总工/教授级高工　广东省建筑设计院有限公司
周名嘉（华南）总工/教授级高工　广州市建筑设计院有限公司
李　蔚（中南）总工/教授级高工　中信建筑设计总院有限公司
熊　江（中南）总工/教授级高工　中南建筑设计院有限公司
杨德才（西北）总工/教授级高工　中国西北建筑设计院有限公司
杜毅威（西南）总工/教授级高工　中国西南建筑设计院有限公司

前　言

随着中国经济的飞速发展，大型民用建筑的建设如雨后春笋般快速发展，由于各地的经济条件不同，电气技术的应用不同，故电气技术要求也不同。为了方便广大建设、设计和施工等单位的电气技术人员及时了解当地的供电部门和电力部门的要求，缩短设计周期，提高工作效率，中国勘察设计协会电气分会和中国建筑节能协会电气节能专委会联合组织电气行业的双高专家和杰出青年，共同编制了《全国民用建筑电气典型设计方案》一书，本书邀请了建筑设计行业的知名专家进行技术审核。希望建设方通过本书的典型方案达到快速了解当地电力部门的电气技术和投资要求，实现投资更加科学合理；设计通过本书的典型方案达到快速了解当地供电部门的电气设计要求，实现快速设计，提高效率，事半功倍；施工方通过本书的典型方案达到快速了解当地供电部门的电气施工要求，实现精准施工，节约成本。本书在立项、规划、设计、施工、运维等过程中将起到良好的指导和借鉴作用。

本书主要内容汇集了全国（港、澳、台地区目前未收集到相关资料）31个省、直辖市及自治区的民用建筑电气设计要求、做法及方案，分为10个章节，主要包括设计资质及用户等级，35kV及以下高压供配电系统，0.4kV/0.23kV低压配电系统，变电所，应急及备用电源系统，照明系统，防雷及接地系统，电气消防系统，电气节能，住宅配电与机房10个章节。

参编企业：

ABB（中国）有限公司

上海良信电器股份有限公司

欧普照明股份有限公司

贵州泰永长征技术股份有限公司

大全集团有限公司

本书内容可提供给建设单位、设计单位及施工单位等电气技术人员参考使用，凡是与当地的供电部门和电力部门最新要求不一致者，均以当地的供电部门和电力部门的最新要求为准。由于参加编写人员的编制时间紧迫，技术水平所限，有不妥之处，敬请批评指正。

注：本书中内蒙古自治区、广西壮族自治区、西藏自治区、宁夏回族自治区、新疆维吾尔自治区分别简写为内蒙古、广西、西藏、宁夏、新疆。本书部分章节可扫描二维码免费看图。

中国勘察设计协会电气分会会长
中国建筑节能协会副会长

2019.12.6

目　录

0　内容汇总索引表

汇总索引表格说明：地区为省/直辖市/自治区。有地区标准、特殊做法的地区，在表中相应位置的“数字”为页码，表示下文详细说明中有此部分描述及示意图。

内容汇总索引表

一级标题	二级标题	华北区					东北区			华东区							华南区			中南区			西北区					西南区					港澳台		
		北京	天津	河北	内蒙古	山西	辽宁	吉林	黑龙江	上海	安徽	浙江	福建	山东	江西	江苏	广东	广西	海南	湖北	湖南	河南	陕西	甘肃	新疆	青海	宁夏	重庆	四川	云南	贵州	西藏	香港	澳门	台湾
1. 设计资质及用户等级	1.1　变电所设计资质要求	9	9	9	9	9	9	9	9	9	9	9	9	9		9	9	9	10	10	10	10	10	10	10	10	10	10	10	10	10	10			
	1.2　变电所分工界面	11	11		11	11	11	11	11	11	11	11	11	11		11		11	11	12	12	12		12		12		12	12	12		12			
	1.3　市政设计分工界面	13	13		13		13		13	13	13	13	13	13	13	13	13	17	17	17	17	17	18	18		18		18	18	18	18	18			
	1.4　重要用户的等级规定	18					20					20	21		21		22		22	23		24						24	25						
2. 35kV及以下高压供配电系统	2.1　地区标准法规及一般规定	27			27		27	27		28	28		28	28		28	28	28	29	29	29	29				29		29	30	30					
	2.2　电网供电规划及网架结构(包含供电半径、电缆线路要求等)	32	33	33	33	34	34			35	35	35	36	37			37	42		42	43	43	44			44		45							
	2.3　供电电压等级以及相应电压等级对应的每路电源供电容量及高压供电关系	48	49	50	50	50	51	51		52		52	52	53	53		54	56	56	57	58	58	58		58	58		59	60	61	61	62			

续表

一级标题	二级标题	华北区					东北区			华东区							华南区			中南区			西北区					西南区					港澳台		
		北京	天津	河北	内蒙古	山西	辽宁	吉林	黑龙江	上海	安徽	浙江	福建	山东	江西	江苏	广东	广西	海南	湖北	湖南	河南	陕西	甘肃	新疆	青海	宁夏	重庆	四川	云南	贵州	西藏	香港	澳门	台湾
2. 35kV及以下高压供配电系统	2.4 各种供电需求对应的主接线要求及图示	62			63	63		63		64	64	65		65		65	65	67	71	73	73					73		73	74	74	76	76			
	2.5 电网接地形式(国网、南网)及相应要求	76	76			76	76			77	77						77	78	78									79		79					
	2.6 电能计量要求、方式(子表设置要求)	81	82	82	83	83		84		84	84	85	85	86	86		88	89	89							90	90	90	91	92	93	93			
	2.7 继电保护要求及配电自动化	94	95		95	95		96		96	96	96	86	97	97		98	98	98				99			99		99	101	102	102	102			
	2.8 高压接入方式及户外环网柜等其他供电部门要求	103			103	103									104		106	106	106									108		108	114				
3. 0.4kV/0.23kV低压配电系统	3.1 主接线形式及要求(含母联要求、备用母线及柴油机接口等)			115		115											115		117	117						117		117	117		117	117			
	3.2 电力监控系统及分项计量要求	118			118	118		118						118			118		118									119		119	119				
	3.3 功率因数补偿	119	120	120	120	120		120		120	120	120	120	121	121	121	122	122	122	122						122		123	123	123	123	123			

续表

一级标题	二级标题	华北区					东北区			华东区							华南区			中南区			西北区					西南区					港澳台		
		北京	天津	河北	内蒙古	山西	辽宁	吉林	黑龙江	上海	安徽	浙江	福建	山东	江西	江苏	广东	广西	海南	湖北	湖南	河南	陕西	甘肃	新疆	青海	宁夏	重庆	四川	云南	贵州	西藏	香港	澳门	台湾
3. 0.4kV/0.23kV低压配电系统	3.4 电能质量及谐波治理标准	124	124		125	125	126	126		126	126	126	126	127		127	128		128									128	130	131		131			
	3.5 低压保护装置	131															132											132		132		134			
	3.6 0.4kV设备保护定值整定指导原则	133															134											135							
	3.7 配电干线系统要求（电气竖井、电缆分支箱、电缆桥架、箱盘安装）			135		135								135			136	136	136									137							
	3.8 风机、水泵及空调配电典型设计及控制要求													137														137		137		137			
	3.9 电动汽车充电设施（配置比例、负荷计算、土建及消防相关要求等）	138		138	138	139		139					139	140			140	141	141				141	142				142	144	146					
	3.10 小市政（电力通信系统、电力排管敷设、人工井等）	147			147												148							148											

续表

一级标题	二级标题	华北区					东北区			华东区							华南区			中南区			西北区					西南区					港澳台		
		北京	天津	河北	内蒙古	山西	辽宁	吉林	黑龙江	上海	安徽	浙江	福建	山东	江西	江苏	广东	广西	海南	湖北	湖南	河南	陕西	甘肃	新疆	青海	宁夏	重庆	四川	云南	贵州	西藏	香港	澳门	台湾
4. 变电所	4.1 配变电所一般规定(标准)	149					149							149		150	150		150	150	150	150						150		150					
	4.2 开闭站设置要求	151		151	151	151	152							152			152		152	152			152					152		152					
	4.3 分界小室设置要求	153				153	153																154									154			
	4.4 变电所设置要求(包括层、位置、土建要求、设备运输通道、布置形式等)	154		155	156	156	156		157				157	158			158	161	165	166			166					166		167		167			
	4.5 变电所电气设备的设置要求(包括变压器容量、选型、负荷率、高海拔地区电气装置要求等)	167		168	169		169	170					170			170	170	170	171	171								172		172		172			
	4.6 变电所出线方式(国网、南网)													173			173	173	173	173	173	173									173	173			
	4.7 变电所的接地方式(接地电阻、接地扁钢要求)	174			174	175	175							175			175	175	176				176						176		176	176			

续表

一级标题	二级标题	华北区					东北区			华东区							华南区			中南区			西北区					西南区					港澳台		
		北京	天津	河北	内蒙古	山西	辽宁	吉林	黑龙江	上海	安徽	浙江	福建	山东	江西	江苏	广东	广西	海南	湖北	湖南	河南	陕西	甘肃	新疆	青海	宁夏	重庆	四川	云南	贵州	西藏	香港	澳门	台湾
5. 应急及备用电源系统	5.1 柴油发电机组设置要求（含位置、容量、油箱、进排风、防排烟及土建条件等）							177					177	177			177		179	179								179		179		180			
	5.2 UPS 电源设置																180													181	181	181			
	5.3 EPS 电源设置							181						182			182													182	182	182			
6. 照明系统	6.1 非精装修照明设计范围的一般做法					183		183						183														183		183	183				
	6.2 光源的选用					183								183			184																		
	6.3 照明控制要求(楼控、智能照明等)													184			184											184		184	184				
	6.4 泛光照明及景观照明													186			186	186												186	186				
7. 防雷及接地系统	7.1 防雷系统的规定(接闪器、引下线)					188								188					188									189		190		190			
	7.2 接地系统的规定（接地网、接地电阻）					190								191					191									193		193		193			

续表

一级标题	二级标题	华北区					东北区			华东区							华南区			中南区			西北区					西南区					港澳台		
		北京	天津	河北	内蒙古	山西	辽宁	吉林	黑龙江	上海	安徽	浙江	福建	山东	江西	江苏	广东	广西	海南	湖北	湖南	河南	陕西	甘肃	新疆	青海	宁夏	重庆	四川	云南	贵州	西藏	香港	澳门	台湾
7. 防雷及接地系统	7.3 SPD的设置要求																		193											194		194			
	7.4 关于建筑物电子系统防雷装置检测技术要求																																		
	7.5 等电位与局部等电位做法(包含充电桩辅助等电位做法)					194													194																
8. 电气消防系统	8.1 消防控制室的设置要求							196						196			196	197	197	197					197			197		197		197			
	8.2 火灾自动报警系统典型做法(包含线缆)及图示													198					198	198								198		198		198			
	8.3 消防联动控制系统典型做法及图示													198					198	199								199		199		199			
	8.4 电气消防综合监控系统要求及系统图(包含消防电源监控系统、电气火灾监控系统、防火门监控系统、可燃气体探测报警系统、余压监测等)							199						200					201	201			201	201				201		201		201			

续表

一级标题	二级标题	华北区					东北区			华东区							华南区			中南区			西北区					西南区					港澳台		
		北京	天津	河北	内蒙古	山西	辽宁	吉林	黑龙江	上海	安徽	浙江	福建	山东	江西	江苏	广东	广西	海南	湖北	湖南	河南	陕西	甘肃	新疆	青海	宁夏	重庆	四川	云南	贵州	西藏	香港	澳门	台湾
8. 电气消防系统	8.5 应急照明、消防安全疏散指示系统的系统图、平面图													202						202				202				202		202		202			
	8.6 消防验收指南													202																					
9. 电气节能	9.1 公共建筑与住宅建筑节能设计标准、绿建评价标准	203	203	203		203		203					203		203	203	205	209	210				210	210			210	210	210	210	210				
	9.2 绿色建筑设计及施工图审查技术要点	211	212	212		215		215								215	215	216	216	216			219				219	219	221		226				
	9.3 建筑分布式光伏系统设计															226	226		227	227			227								227				
	9.4 能耗监测系统标准(含分项计量要求)	227	227		227	227										228	230	231	231				231						231						
10. 住宅配电与机房	10.1 住宅项目电气设计一般要求(每户容量等)	232	233	233	234	234		235					235	235	235	236	236	238	239	239			240		240			240	241	243					

续表

一级标题	二级标题	华北区					东北区			华东区							华南区			中南区			西北区					西南区					港澳台		
		北京	天津	河北	内蒙古	山西	辽宁	吉林	黑龙江	上海	安徽	浙江	福建	山东	江西	江苏	广东	广西	海南	湖北	湖南	河南	陕西	甘肃	新疆	青海	宁夏	重庆	四川	云南	贵州	西藏	香港	澳门	台湾
10. 住宅配电与机房	10.2 住宅项目变配电系统的要求(开闭站、变电室、变压器)	243	244	244	245	246								246	246	247	248	248	249	249			249		250		250	250	250	251	252				
	10.3 住宅项目配电系统要求[π接室、配电室、配电干线系统、配电系统示例、计量要求(光力柜)]		253	253	254	256								256	257	258	259	261	263	264			264					264		265		266			
	10.4 线缆敷设及导体选择要求	266	267	267	267	268							268	268		268	269		272	272			272		272			272	272	272					
	10.5 机房环境监测															273	273			273										273					
	10.6 机电设备的运行监控															274	274			274										274					
	10.7 机房安全防范监控系统															275				275															

1　设计资质及用户等级

1.1　变电所设计资质要求

地区	省、直辖市和自治区名称	变电所设计资质要求
华北区	北京	电力行业专项设计丙级资质。目前北京供电局没有该要求，但有需要提供电力专项丙级资质的趋势。二级以上用户，需要电力行业专项设计丙级及以上资质
	天津	电力行业专项设计丙级及以上资质，且要求在电力公司进行过备案的设计企业
	河北	电力行业专项设计丙级及以上和勘察丙级及以上资质
	内蒙古	电力行业专项设计丙级及以上资质
	山西	太原市区和地级市由项目当地供电局指定电力设计院设计，太原西山除外，可由具有甲级设计资质的民建院设计
东北区	辽宁	电力行业专项设计丙级及以上资质
	吉林、黑龙江	同内蒙古
华东区	上海、安徽	35kV 以上变电所：220kV 及以下需要电力行业专项乙级设计资质，110kV 及以下需要电力行业专项丙级设计资质； 35kV 及以下变电所：建筑设计院可完成
	浙江	除杭州市区外的下属各县市：电力行业专项设计丙级资质； 杭州市区 20kV 及以下专用变电所：建筑设计甲级资质，但也有向电力行业专项丙级设计资质发展的趋势
	福建	同内蒙古
	山东	10kV 变电所：电力行业专项设计丙级资质；35kV 及以上变电所：电力行业专项设计乙级资质
	江苏	电力行业专项设计丙级资质或建筑设计甲级资质（专变设计面对市场，满足资质条件就可以，公变设计有放开趋势）
华南区	广东	深圳：具有建筑设计资质即可，无需电力专项设计资质
	广西	桂林柳州一般由电力部门三产企业完成；其余地区大多由原有电力部门三产企业完成深化和施工，有时建设工程设计甲级资质也可，但需要在地市级的电网分公司完成备案

续表

地区	省、直辖市和自治区名称	变电所设计资质要求
华南区	海南	20kV 及以下变电所一般没有电力专项设计资质要求
中南区	湖北	公用变电所(为住宅小区一户一表住户用电配置的)由供电公司进行设计招标; 专用变电所(除住宅小区一户一表住户用电以外的其他用电配置的)由项目建设方委托设计,输变电工程设计丙级及以上资质或建筑行业设计甲级及以上资质
	湖南	小区公用配电室(所供负荷一般为住宅居民生活及住宅底商,即用电设备容量在 100kW 及以下或需用变压器容量在 50kVA 及以下者用电)由供电公司进行设计采购; 小区专用低压配电室(指为居住区内公共用户服务,由产权人委托的物业服务企业自行负责管理的配电室,所供负荷一般为电梯、消防、水泵、公用设施等用电负荷,简称专用低压配电室)由项目建设方委托建筑主体设计单位承担设计,湖南省各地电力部门要求不一致,部分地区(如长沙市)需要由当地电力部门认可的专业设计单位进行二次深化设计。专用变电所(公共建筑配套)由项目建设方委托建筑主体设计单位承担设计,湖南省各地电力部门要求不一致,部分地区(如长沙市)需要由当地电力部门认可的专业设计单位进行二次深化设计
	河南	公用变电所及专用变电所均需输变电工程设计丙级及以上资质或建筑行业设计甲级及以上资质
西北区	陕西	电力行业专项设计丙级及以上资质、综合乙级及以上资质
	甘肃、青海	同内蒙古
	新疆	项目红线范围内:建筑设计院可设计;市政:电力行业专项设计丙级资质及以上,且需在供电部门备案
	宁夏	部分项目需电力行业专项设计丙级资质
西南区	重庆	电力行业专项设计丙级资质及以上的单位进行二次设计
	四川	成都市用地红线内变配电系统可由项目主体设计单位负责
	云南	电力部门专项设计资质的单位进行二次设计
	贵州	同内蒙古

注:江西、西藏:暂时未找到相关资料;根据 2020 年 7 月 2 日住房和城乡建设部办公厅关于《建设工程企业资质标准框架(征求意见稿)》公开征求意见的通知,电力行业专项设计丙级资质可能将被取消

1.2 变电所设计分工界面

地区	省、直辖市和自治区名称	变电所设计分工界面
华北区	北京	低基用户变配电室、开闭站、高压分界室、110kV 变电站属于供电部门范围，高基用户按 1.1 条执行
	天津	产权属于建设单位的变配电设施由建设单位委托设计单位进行设计
	内蒙古	变电站、中压开闭站、箱式变电站、室内配电室的中压及配电变压器按 1.1 条执行
	山西	住宅类建筑：低压柜的进线开关以下属于用户产权； 非住宅类建筑：红线内的变配电设施可由建设单位委托设计单位进行设计
东北区	辽宁	同北京
	吉林	自维变电所、开闭站：电业部门与用户产权分界点位于电源侧，如采用架空线路进线则为电源接引杆开关向负荷侧延伸 100mm 为产权分界点；环网箱、开闭站、66kVA 变电站接引则为环网箱、开闭站、66kVA 变电站 10kV 配出开关向负荷侧延伸 100mm 为产权分界点； 局维变电所：低压电缆分支箱处； 局维开闭站、66kV 变电站属于供电部门范围
	黑龙江	开闭站、高压分界室、110kV 变电站属于供电部门范围
华东区	上海、安徽	居民电力用户的开关站(KT 站)、环网站(PT 站)换网站、低压电缆分支箱(WL)、35kV 变电站、110kV 变电站属于供电部门范围，非居民电力用户按 1.1 条执行
	浙江	进户套管需设计院预留，小市政内的路由一般前期由设计院完成初步设计，最终由供电部门完成施工图
	福建	住宅小区变配电室、开闭站、高压分界室、110kV 变电站属于供电部门范围，公建、工业用户按 1.1 条执行
	山东	变配电室、开闭站、高压分界室由建设单位委托供电部门认可的具有相应资质的电力设计公司进行设计，产权分界面一般为红线外的上级环网柜(专线除外)
	江苏	公变用户：变电所、前端的开闭所等均属于供电部门产权，由业主出资建设； 专变用户：变电所属于业主，由业主委托有资质的设计单位设计，供电部门负责验收通电。前端开闭所产权属于供电局，由供电部门出资建设
华南区	广西	一户一表计量用户从电表箱开始往上属于供电部门范围，专变用户用地红线以外属供电部门范围，红线以内按 1.1 条执行； 一户一表计量用户从电表箱开始往上属于一户一表变配电设计范围，其他从高压电源进线至低压柜为变电所设计范围，低压出线由业主另行委托设计
	海南	建筑用地红线内 20kV 及以下的开闭所、变电所设计由建筑设计院完成。110kV 变电站属于供电部门范围

续表

地区	省、直辖市和自治区名称	变电所设计分工界面
中南区	湖北	公变部分：设计院负责预留用地红线以内的小市政路由及管线通道，预留进户套管，最终由供电部门完成施工图； 专变部分：设计院负责电源进线的路由及管线通道，预留进户套管，一般不负责外线电缆及通道的设计，供电报装及供电答复函批复以后，该部分由建设方委托专业公司根据供电答复函进行设计
	湖南	小区公用配电室：设计院负责预留用地红线以内的小市政路由及管线通道，预留住户进户套管，最终由供电部门完成施工图； 小区专用低压配电室：设计院负责电源进线的路由及管线通道，负责末端所有线路及配电设计； 专用变电所（公共建筑配套）：设计院负责电源进线的路由及管线通道，预留进户套管，一般不负责外线电缆及通道的设计，变配电系统由项目建设方委托建筑主体设计单位承担设计，湖南省各地电力部门要求不一致，部分地区（如长沙市）需要由当地电力部门认可的专业设计单位进行二次深化设计
	河南	公变部分：设计院负责预留变电所位置、电源进出线的路由及管线通道，消防报警设计到位，预留进户套管，变电所内部的电气设计最终由供电部门完成施工图； 专变部分：设计院负责预留变电所位置、电源进出线的路由及管线通道，消防报警设计到位，预留进户套管，变电所内部的电气设计最终由供电部门完成施工图
西北区	陕西	住宅小区专用变配电室与公用变配电室需分别设置，公用变配电室移交供电部门管理
	甘肃	住宅小区户表变压器与公用变压器需分别设置，户表变压器移交供电部门管理
	青海	供、用电双方产权分界点为×路×号杆、×路×环网柜、×开闭所间隔接入点以下向负荷侧200mm处
西南区	重庆、云南	公用配电房、公用10kV开闭所、高压分界室属于供电部门范围，专用配电房、专用10kV开闭所由用户自行管理
	四川	住宅项目居民用高低压变配电室（含住户分户计量表以前的电源侧供配电设施）、10kV开关站（供电协议要求）属于供电部门范围，原则上住宅项目非居民高低压变配电室、公共建筑高低压变配电室为用户自行管理。开发商（建设单位）对新建居民住宅小区的非生活用电部分如有移交意愿时，在签订《供配电设施资产产权意向性移交协议》后，结合电网情况统一考虑供电方案（由当地供电部门确定）
	西藏	低基用户变配电室属于供电部门范围，高基用户变配电室属于用户管理范围

注：河北、江西、广东、新疆、宁夏、贵州：暂时未找到相关资料

1.3 市政设计分工界面

地区	省、直辖市和自治区名称	市政设计分工界面
华北区	北京、内蒙古	进户套管需要设计院预留，小市政内的路由设计院前期一般完成初步设计，最终由供电部门完成施工图
	天津	进户套管需要设计院预留；自市政变电站引出至项目总变电站的室外线缆和所有产权属于电力公司的变配电设施由电力公司委托设计单位进行设计
东北区	辽宁	同北京
	黑龙江	进户套管需要设计院预留，红线内的路由设计院前期一般完成初步设计，最终由供电部门完成施工图
华东区	上海、安徽	进户套管需要设计院预留，基地红线范围的走向由设计院表示，最终由供电部门完成施工图
	浙江、江西、江苏	同北京
	福建	建筑红线内管线需要设计预留
	山东	变配电室、开闭站、高压分界室、由建设单位委托供电部门认可的具有相应资质的电力设计公司进行设计。产权分界面一般为红线外的上级环网柜（专线除外）
华南区	广东	除深圳外：（摘自中国南方电网《广东电网有限责任公司业扩报装及配套项目管理细则》Q/CSG—GPG 2 14 001—2017 第 6.2.3.7 条） 客户新装和增容用电而相应进行的公用供电线路新建、扩建及改造工程由供电企业投资建设，原则上业扩工程投资界面延伸到客户红线范围内。 （1）拟建 35kV 及以上变电站客户 若客户在其规划用电区域红线范围内提供变电站用地，由供电企业投资建设变电站（含输电线路、出线间隔）到客户规划用电区域红线范围内，以客户接入供电企业投资变电站出线间隔的电缆终端头为投资分界点，分界点电源侧设施由供电企业投资建设，分界点负荷侧设施（含电缆终端头）由客户投资建设。 （2）中压（10～20kV 专变）客户 对于电缆线路供电的中压客户，在其规划用电区域红线范围内提供公用配电房，供电企业投资的公用环网柜应设置于该公用配电房内。以客户线路接入公用环网柜的连接点（电缆终端头）为投资分界点，分界点电源侧设施由供电企业投资建设，分界点负荷侧设施（含电缆终端头）由客户投资建设。

续表

地区	省、直辖市和自治区名称	市政设计分工界面
华南区	广东	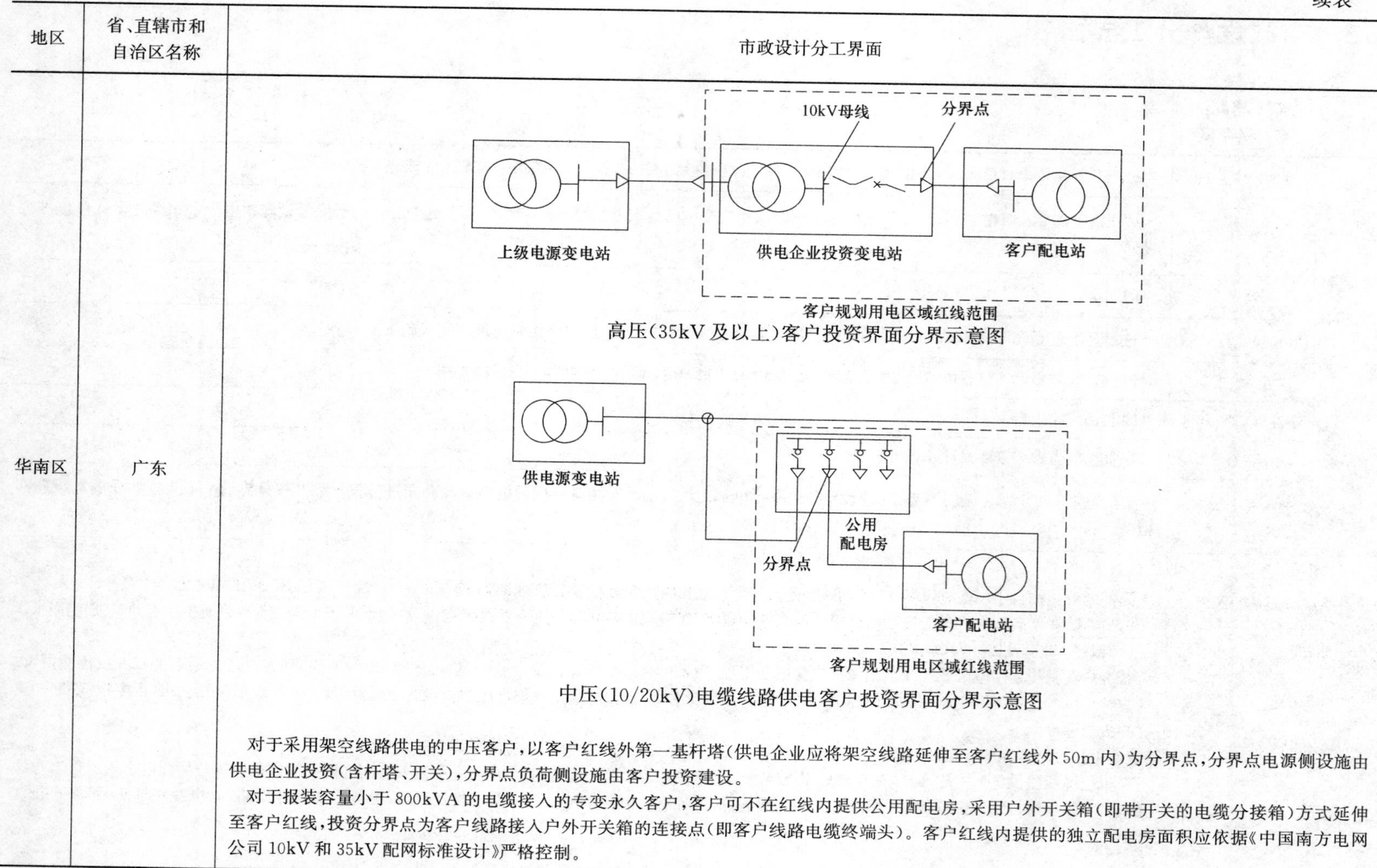 高压(35kV及以上)客户投资界面分界示意图 中压(10/20kV)电缆线路供电客户投资界面分界示意图 对于采用架空线路供电的中压客户，以客户红线外第一基杆塔(供电企业应将架空线路延伸至客户红线外50m内)为分界点，分界点电源侧设施由供电企业投资(含杆塔、开关)，分界点负荷侧设施由客户投资建设。 对于报装容量小于800kVA的电缆接入的专变永久客户，客户可不在红线内提供公用配电房，采用户外开关箱(即带开关的电缆分接箱)方式延伸至客户红线，投资分界点为客户线路接入户外开关箱的连接点(即客户线路电缆终端头)。客户红线内提供的独立配电房面积应依据《中国南方电网公司10kV和35kV配网标准设计》严格控制。

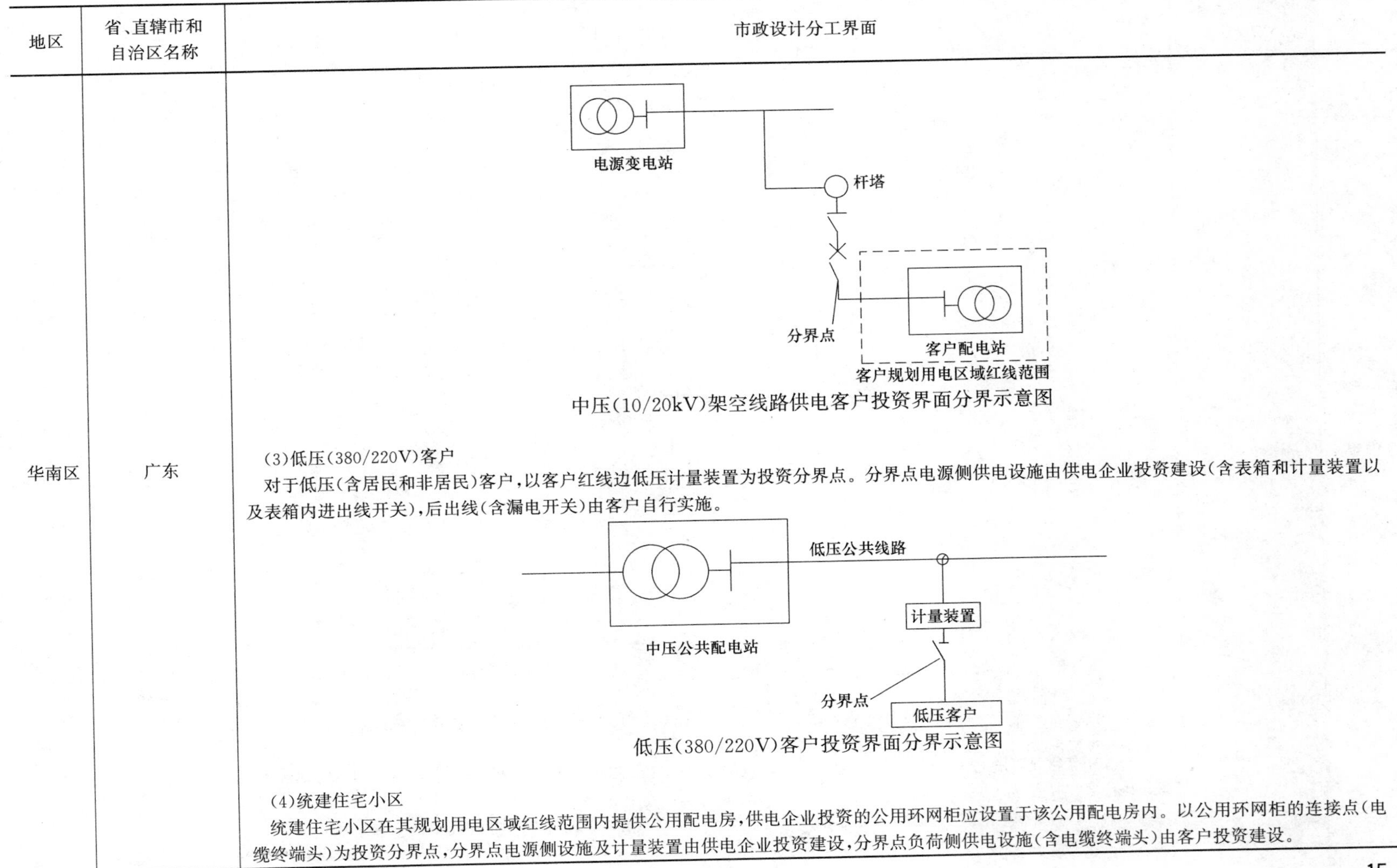

地区	省、直辖市和自治区名称	市政设计分工界面
华南区	广东	中压(10/20kV)架空线路供电客户投资界面分界示意图 (3)低压(380/220V)客户 对于低压(含居民和非居民)客户,以客户红线边低压计量装置为投资分界点。分界点电源侧供电设施由供电企业投资建设(含表箱和计量装置以及表箱内进出线开关),后出线(含漏电开关)由客户自行实施。 低压(380/220V)客户投资界面分界示意图 (4)统建住宅小区 统建住宅小区在其规划用电区域红线范围内提供公用配电房,供电企业投资的公用环网柜应设置于该公用配电房内。以公用环网柜的连接点(电缆终端头)为投资分界点,分界点电源侧设施及计量装置由供电企业投资建设,分界点负荷侧供电设施(含电缆终端头)由客户投资建设。

续表

地区	省、直辖市和自治区名称	市政设计分工界面
华南区	广东	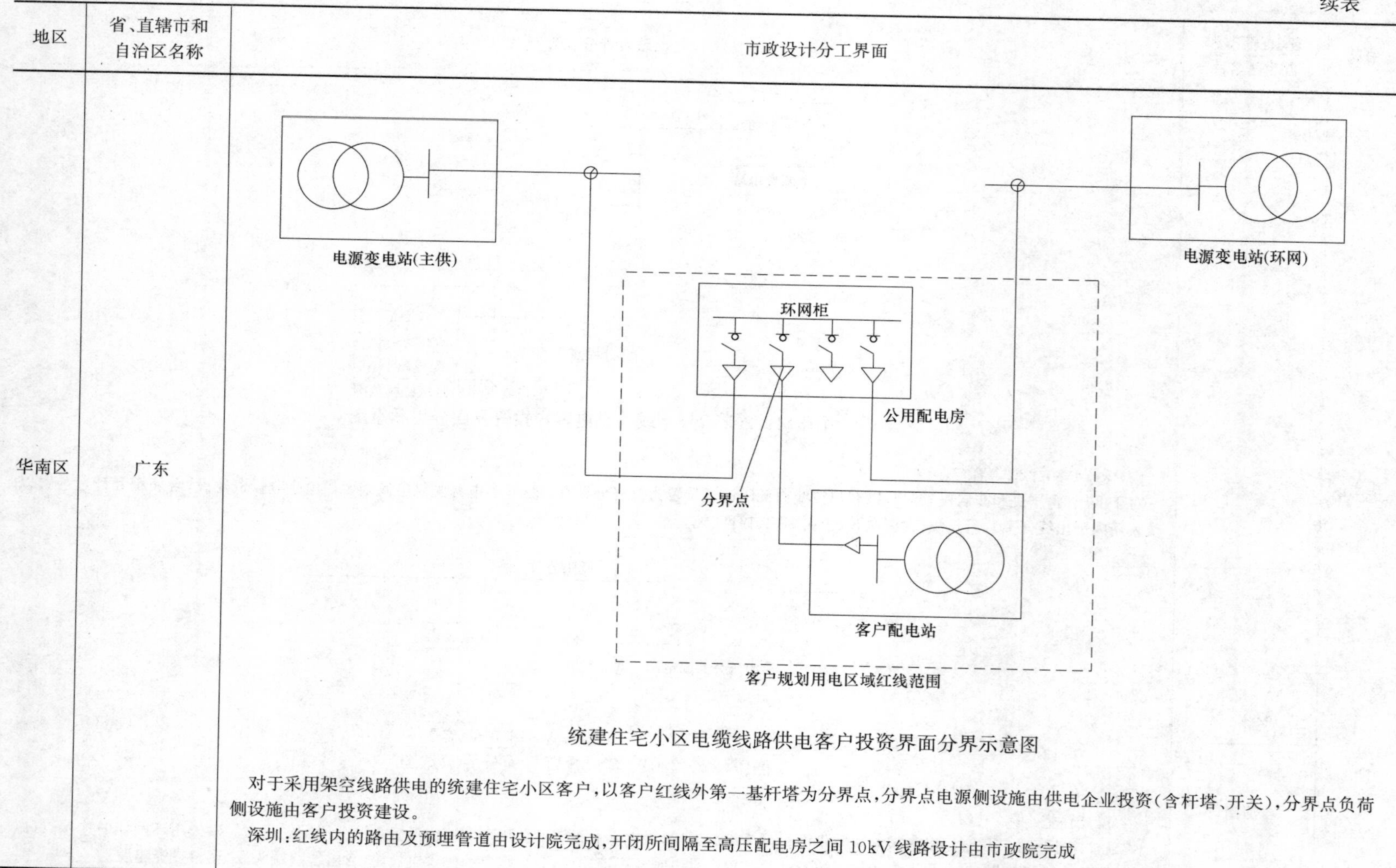 统建住宅小区电缆线路供电客户投资界面分界示意图 对于采用架空线路供电的统建住宅小区客户，以客户红线外第一基杆塔为分界点，分界点电源侧设施由供电企业投资(含杆塔、开关)，分界点负荷侧设施由客户投资建设。 深圳：红线内的路由及预埋管道由设计院完成，开闭所间隔至高压配电房之间 10kV 线路设计由市政院完成

续表

地区	省、直辖市和自治区名称	市政设计分工界面
华南区	广东	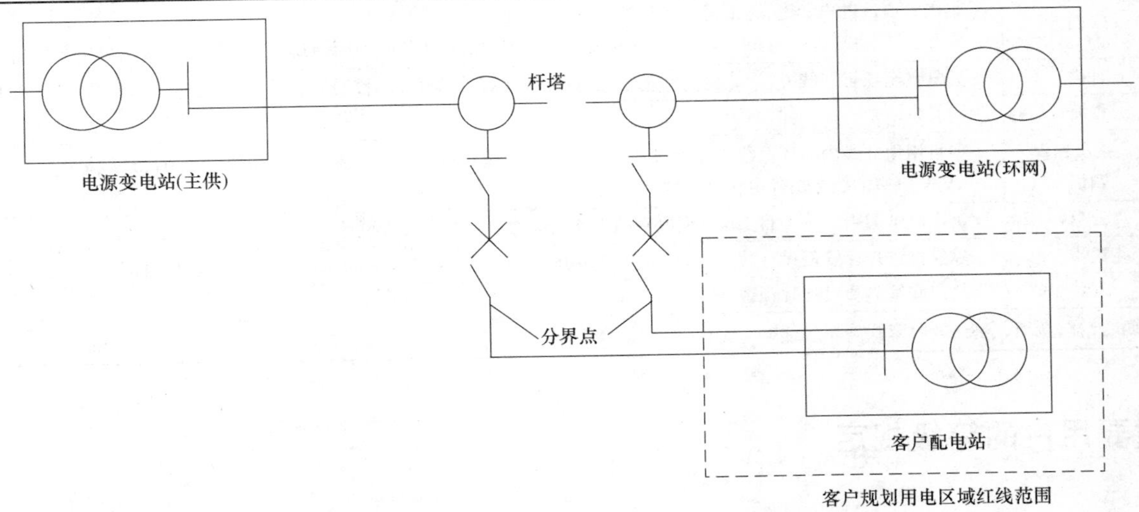 电源变电站(主供) 杆塔 电源变电站(环网) 分界点 客户配电站 客户规划用电区域红线范围 统建住宅小区架空线路供电客户投资界面分界示意图
	广西	设计院完成红线部分内容，红线外属市政电力，路由设计需要有电力行业丙级及以上资质。市政的设计分界点为红线范围外的室外开闭所出线端或 110kV/220kV 变电站的出线端，或者架空线 T 接处
	海南	建筑用地红线内的小市政施工图由建筑设计院完成
中南区	湖北	同 1.2 内容
	湖南	同 1.2 内容
	河南	公变部分：设计院负责预留变电所位置、电源进出线的路由及管线通道，消防报警设计到位，预留进户套管，变电所内部的电气设计最终由供电部门完成施工图； 专变部分：设计院负责预留变电所位置、电源进出线的路由及管线通道，消防报警设计到位，预留进户套管，变电所内部的电气设计最终由供电部门完成施工图，电力部门二次深化设计电气进出线至住宅电表箱(含住户电表)

续表

地区	省、直辖市和自治区名称	市政设计分工界面
西北区	陕西	非住宅项目进户套管、路由需要设计院预留； 住宅小区"专用变配电室"部分由设计院完成，"公用变配电室"部分由设计院预留路由，最终由供电部门完成施工图
	甘肃	配电室至项目红线外、中心配电室至分配电室的电缆保护管由设计院预留，具体由电力设计单位完成外线工程施工图
	青海	同北京
西南区	重庆、四川	项目用地红线内高压电缆管路及进户套管需要设计院设计。电源分界点为高压配电室电源进线柜内进线开关的进线端。由市政电源引入本项目10kV配电室的线路由外电设计单位负责设计
	云南	由市政电源引入本项目10kV配电室的线路由电力设计单位负责设计
	贵州	建筑物进户套管需设计院预留，小区内的路由一般由设计院完成前期初步设计，最终由供电部门完成施工图
	西藏	进户套管需要设计院预留

注：河北、山西、吉林、新疆、宁夏：暂时未找到相关资料

1.4 重要用户的等级规定

1.4.1 华北区

北京：重要客户系指在国家或者一个地区（城市）的社会、政治、经济生活中占有重要地位，其中断供电将可能造成人身伤亡、较大环境污染、较大政治影响、较大经济损失、社会公共秩序严重混乱的用电单位或对供电可靠性有特殊要求的用电场所。重要电力客户认定一般由各级供电企业或电力客户提出，经当地政府有关部门批准。

（1）北京地区重要客户可以分为特级、一级、二级重要客户和临时性重要客户。

重要客户等级	划分原则	重要客户
特级重要客户	在管理国家事务中具有特别重要作用，中断供电将可能危害国家安全的电力用户	党中央、全国人大、全国政协、国务院，中央军委最高首脑机关办公地点，国家级重要广播电台、电视台、通信中心，国际航空港，党和国家领导人及来访外国首脑经常出席的活动场所，现任及历任国家正职领导（中央政治局常委）活动、修养、居住场所，北京市委、市人大、市政协，市政府办公地点

续表

重要客户等级	划分原则	重要客户
一级重要客户	在国家某方面事务或首都事务中具有重要作用或有重要影响，中断供电将直引发重大政治影响、较大范围社会公共秩序严重混乱、人员伤亡、严重环境污染、重大经济损失的电力用户	国家部委机关办公地点、国家级安全、保密、机要单位，国家级副职领导干部活动、修养、居住场所，外国驻华使馆及外交机构办公地点，重要军事基地和军事设施，国家级科研单位、信息中心、文体场所，博物馆（展览馆），国家级地震、气象、防汛等监测、预报中心，飞机场、铁路枢纽站、地铁（城铁），市级播电台、电视台、通信中心，经常接待国家重要会议、重要外宾的场所，三级甲等医院、“120”“999”急救中心，合法煤矿企业，因突然停电可能导致爆炸、人身伤亡或重大经济损失的其他高危电力用户
二级重要客户	在首都某方面事务或区县事务中具有重要作用或有重要影响，供电中断将直接引发较大政治影响、一定范围内社会公共秩序严重混乱、较大环境污染、较大经济损失的电力用户	区县级党政部门机关办公地点、安全保卫部门、监狱，市级煤气、液化气加压站、灌瓶站、自来水厂、供热厂、电车变流站、泵站等重要公共设施，铁路客运车站，重要的大型商业中心（6 万 m^2 及以上），100m 以上的超高建筑，五星宾馆、饭店，容纳5000 人以上的市级重要文体场所，省部级正职领导干部活动、修养、居住场所，国有特大型企业、世界知名公司在京总部、信息中心，市级地震、气象、防汛等监测、预报中心，教堂、清真寺等宗教活动场所，有手术、血透、重症监护、呼吸机、体外循环等一旦停电后有可能影响到就诊患者生命安全的其他医院
临时性重要客户	需要临时特殊供电保障的客户	上述重要电力用户范围以外的阶段性（如重大活动）或季节性（如夏季防汛及冬季供暖）电力用户

（2）客户的供电方式：

1）特级重要客户具备三路电源供电条件，其中两路电源应当来自两个不同的变电站，当任何两路电源发生故障时，第三路电源能保证独立正常供电；特级重要客户电源不应接其他客户。

2）一级重要客户具备两路电源供电条件，两路电源应当来自两个不同的变电站，且被引用的这两个不同变电站的电源须保证是引自的上一级电站的不同母线，当一路电源发生故障时，另一路电源能保证独立正常供电。

3）二级重要客户具备双回路供电条件，供电电源可以来自同一个变电站的不同母线段。

4）临时性重要客户按照供电负荷重要性，在条件允许情况下，可以通过临时架设线路等方式具备双回路或两路以上电源供电条件。

5）重要客户供电电源的切换时间和切换方式要满足重要电力用户允许中断供电时间的要求。

6）重要客户必须配置自备应急电源，并加强安全使用管理。

7）重要客户一般采用双（多）路电源供电、高压联络。

（3）普通客户的供电方式：

1）普通客户应结合所在区域的供电水平及电源规划采用适宜的供电方式。

2）10kV客户在采用电网供电时，应根据电源线路的供电能力以及实际接用容量情况，串接同级别客户，一般不超过6户。

3）小区配电室的上级电源应来自开闭站，也可引自开闭站供电的高压用户电缆分界室供电。

4）居民以外低压客户应采用三相电源供电。

5）低压居民客户应采用单相电源供电，在居民住宅客户用电负荷大于20kW或有三相用电设备时可采用三相供电。

6）低压供电的客户应执行规范营业区的相关规定，低压接户线档距应不大于25m，宜采用铜芯，超过25m的须按低压线路标准架设。

1.4.2 东北区

辽宁：配电网设计标准划分为A、B、C、D四类，每类设计标准应满足相应的规划目标和建设标准。

重要客户等级	划分原则
A类标准	用于对供电可靠性要求很高的政治或经济中心区、国家级经济开发区或高新科技工业园区
B类标准	用于对供电可靠性要求较高的生产生活集中区、省级经济开发区或工业园区
C类标准	用于对供电可靠性有一定要求的生产生活相对集中区
D类标准	用于农业经济活动区

1.4.3 华东区

浙江：重要客户系指在管理国家事务中具有特别重要作用，中断供电将可能危害国家安全的电力客户。重要电力客户认定一般由各级供电企业或电力客户提出，经当地政府有关部门批准。

浙江地区重要客户可以分为特级、一级、二级重要客户和临时性重要客户。

重要客户等级	划分原则	重要客户
特级重要客户	特级重要电力客户，是指在管理国家事务中具有特别重要作用，中断供电将可能危害国家安全的电力客户	国际航空港，党和国家领导人及来访外国首脑经常出席的活动场所，浙江省委、省人大、省政协、省政府办公地点
一级重要客户	一级重要电力客户，是指中断供电将可能产生下列后果之一的电力客户： 1)直接引发人身伤亡的； 2)造成严重环境污染的； 3)发生中毒、爆炸或火灾的； 4)造成重大政治影响的； 5)造成重大经济损失的； 6)造成较大范围社会公共秩序严重混乱的	国家级科研单位、信息中心、文体场所，博物馆(展览馆)，国家级地震、气象、防汛等监测、预报中心，飞机场、铁路枢纽站、地铁(城铁)，市级播电台、电视台、通信中心，经常接待国家重要会议、重要外宾的场所，三级甲等医院、“120”“999”急救中心，合法煤矿企业，因突然停电可能导致爆炸、人身伤亡或重大经济损失的其他高危电力用户
二级重要客户	二级重要客户，是指中断供电将可能产生下列后果之一的电力客户： 1)造成较大环境污染的； 2)造成较大政治影响的； 3)造成较大经济损失的； 4)造成一定范围社会公共秩序严重混乱的	区县级党政部门机关办公地点、安全保卫部门、监狱，市级煤气、液化气加压站、灌瓶站、自来水厂、供热厂、电车变流站、泵站等重要公共设施，铁路客运车站，重要的大型商业中心(6万 m^2 及以上)，100m以上的超高建筑，五星宾馆、饭店，容纳5000人以上的市级重要文体场所，省部级正职领导干部活动、修养、居住场所，国有特大型企业、世界知名公司在京总部、信息中心，市级地震、气象、防汛等监测、预报中心，教堂、清真寺等宗教活动场所，有手术、血透、重症监护、呼吸机、体外循环等一旦停电后有可能影响到就诊患者生命安全的其他医院
临时性重要客户	临时性重要电力客户，是指需要临时特殊供电保障的电力客户	上述重要电力用户范围以外的阶段性(如重大活动)或季节性(如夏季防汛及冬季供暖)电力用户

福建、江西：根据供电可靠性的要求和中断供电危害程度，重要电力用户分为特级重要电力用户、一级重要电力用户、二级重要电力用户和临时性重要电力用户。

重要客户等级	划分原则	重要客户
特级重要客户	在管理国家事务中具有特别重要作用，中断供电将可能危害国家安全的电力用户	省委、省政府，国家级广播电台、电视台、枢纽通信(传输)中心

续表

重要客户等级	划分原则	重要客户
一级重要客户	中断供电将可能产生下列后果之一的： 1)直接引发人身伤亡的； 2)造成严重环境污染的； 3)发生中毒、爆炸或火灾的； 4)造成重大政治影响的； 5)造成重大经济损失的； 6)造成较大范围社会公共秩序严重混乱的	除省委、省政府以外的其他省级党政机关，国家及省级电力调度中心，库容在1亿方以上的重要水利大坝，国家级、省级地震监测指挥、预报中心，国家级、省级气象监测指挥、预报中心，国家级、省级防汛、防灾等监测指挥、预报中心，国家级信息中心、证交中心，省级金融中心，省级公安监控、指挥中心，机场、轨道交通枢纽、铁路枢纽站、铁路调度中心、主干电气化铁路，省级广播电台、电视台、枢纽通信(传输)中心，重要监狱，三级甲等医院
二级重要客户	中断供电将可能产生下列后果之一的： 1)造成较大环境污染的； 2)造成较大政治影响的； 3)造成较大经济损失的； 4)造成一定范围社会公共秩序严重混乱的	地市级党政机关，省高级人民法院，市、县级电力调度中心，库容在1000万～1亿 m^3 的重要水利大坝，重要的防汛防洪闸门、排涝站，省、市供水，市级气象监测指挥、预报中心，市、县级防汛、防灾等监测指挥、预报中心，省、市级信息中心、证交中心，市级金融中心，省级消防(含森林防火)指挥中心，省级交通指挥中心，市级公安监控、指挥中心，电气化铁路支线牵引站，市、县级广播电台、电视台、枢纽通信(传输)中心，中央驻闽(赣)机构、省级新闻发布中心，一般监狱，五星级及以上旅游饭店，省级会堂、国宾馆、国际会议中心，重要科研院所、带有涉及公共安全重要实验室的高校或电力用户，二级及以上带有手术抢救重症监护等涉及生命安全的医院用电负荷、省级疾病预防控制中心，六万吨以上的煤矿，井下非煤矿山、有淹没危险的露天采矿场
临时性重要客户	需要临时特殊供电保障的电力用户	上述重要电力用户范围以外的阶段性(如重大活动)或季节性(如夏季防汛)电力用户

注：国防、军队、军工、人防、特殊交通隧道及涉及国家保密等单位或机构因直接涉及国家安全，且带有军事机密，因此建议依据用户申报认定重要等级。

1.4.4 华南区

广东深圳、海南：重要客户系指在国家成个地区（城市的社会，政治，经济生活中方有重要地位，其中断供电将可能造成人身伤亡、较大环境污，较大政治影响，较大经济损失，社会公共秩序严重混乱的用电单位或对供电可靠性有特殊要求的用电场所。重要电力客户认定一般由各级供电企业或电力客户提出，经当地政府有关部门批准。

重要客户可以分为特级、一级、二级重要客户和临时性重要客户。

重要客户等级	划分原则	重要客户
特级重要客户	在管理国家事务中具有特别重要作用，中断供电将可能危害国家安全的电力用户	深圳暂无此类客户

续表

重要客户等级	划分原则	重要客户
一级重要客户	中断供电将可能产生下列后果之一者： 1)直接引发人身伤亡； 2)造成严重环境污染； 3)发生中毒、爆炸或火灾； 4)造成重大政治影响； 5)造成重大经济损失； 6)造成较大范围社会公共秩序严重混乱的	深圳市委、市人大、市政协，市政府办公地点，外国驻华使馆及外交机构办公地点，重要军事基地和军事设施，飞机场、铁路枢纽站、地铁(城铁)，市级播电台、电视台、通信中心，经常接待国家重要会议、重要外宾的场所，三级甲等医院、“120”“999”急救中心，因突然停电可能导致爆炸、人身伤亡或重大经济损失的其他高危电力用户
二级重要客户	中断供电将可能产生下列后果之一者： 1)造成较大环境污染； 2)造成较大政治影响； 3)造成较大经济损失； 4)造成一定范围社会公共秩序严重混乱	区县级党政部门机关办公地点、安全保卫部门、监狱，市级煤气、液化气加压站、灌瓶站、自来水厂、电车变流站、泵站等重要公共设施，铁路客运车站，重要的大型商业中心(6万 m^2 及以上)，100m以上的超高建筑，五星宾馆、饭店，容纳5000人以上的市级重要文体场所，省部级正职领导干部活动、修养、居住场所，国有特大型企业、世界知名公司在京总部、信息中心，市级地震、气象、防汛等监测、预报中心，教堂、清真寺等宗教活动场所，有手术、血透、重症监护、呼吸机、体外循环等一旦停电后有可能影响到就诊患者生命安全的其他医院
临时性重要客户	需要临时特殊供电保障的客户	上述重要电力用户范围以外的阶段性(如重大活动)或季节性(如夏季防汛)电力用户

1.4.5 中南区

湖北：重要客户等级按照《重要电力用户供电电源及自备应急电源配置技术规范》GB/T 29328进行认定，另外，武汉市地方标准《重要活动场所电力配置与电气运行导则》DB4201/T 538对重要活动场所有如下定义及等级划分。

在武汉市行政区域内，由市级以上党委、人民政府组织或认定，具有重要影响和特定规模的政治、经济、科技、文化、体育等活动的场所。根据所承担任务的重要程度和停电影响大小，重要活动场所分为一级、二级和三级。

重要客户等级	划分原则
一级	指有国家元首、政府首脑、党和国家领导人参加的国事接见、国宴、体育赛事及大型文艺演出等的主要活动场所
二级	指国家元首、政府首脑、党和国家领导人住宿地，国家元首夫人、政府首脑、党和国家领导人住宿地，国家元首夫人、政府首脑夫人与部长等参加的活动场所，记者招待会等
三级	指重要活动涉及的其他场所，重要活动的主场馆等

河南：电力部门一般认为双 10kV 高压进线的用电单位为重要电力用户。对公共建筑无特殊要求。对住宅类建筑，根据《河南省城镇新建住宅项目电力设施建设和管理办法》豫建〔2016〕33 号有如下划分。

类别	用电设备(或场所)名称	负荷等级
高层和超高层住宅	消防用电、走道照明、客梯电力、排污泵、变频调速(恒压供水)生活水泵、建筑面积大于 5000m² 的人防工程	一级负荷
小高层住宅	消防用电、客梯电力、排污泵、变频调速(恒压供水)生活泵、主要通道及楼梯间照明、建筑面积小于或等于 5000m² 的人防工程	二级负荷
	不属于一级和二级负荷的其他负荷	三级负荷
地下汽车库(含人防工程)	基本通信设备、应急通信设备、柴油电站配套的附属设备、应急照明	一级负荷
	重要的风机、水泵； 三种通风方式装置系统； 正常照明； 洗消用的电加热淋浴器； 区域水源的用电设备； 电动防护密闭门、电动密闭门和电动密闭阀门	二级负荷
	不属于一级和二级负荷的其他负荷	三级负荷

1.4.6 西南区

重庆：重要客户应配置自备应急电源，切换时间和切换方式应符合允许中断供电时间的相关要求（通常设有消防负荷的项目，无论供电电源如何设置，均应配置自备应急电源）。

重要客户：指在国家或一个城市的社会、政治、经济生活中占有重要地位，对其中断供电可能造成人身伤亡、较大环境污染、较大政治影响、较大经济损失、社会安全秩序严重混乱的用电单位。如：国家重要广播电台、电视台、通信中心；重要国防、军事、政治工作及活动场所；重要交通枢纽；国家信息中心及信息网络、电力调度、金融、证券交易中心等；重要宾馆、饭店、医院、学校、大型商场、影剧院、房地产项目等人员密集的公共场所；煤矿、金属非金属矿山、石油、化工、冶金等高危行业的客户。

根据对供电可靠性的要求以及中断供电危害程度，重要客户可以分为特级、一级、二级重要客户和临时性重要客户，重要客户均应双电源或多电源供电。本节所定义重要客户为 10kV 及以下重要客户。划分原则同深圳。

四川（成都）：具有一级负荷兼或二级负荷的用户统称为重要用户，是指在国家或一个地区的社会、政治、经济生活中占有重要地位，对其中断供电将可能造成人身伤亡、较大环境污染、政治影响、经济损失、社会公共秩序严重混乱的用电单位或对供电可靠性有特殊要求的用电场所。根据对供电可靠性要求以及中断供电的危害程度，重要用户可分为以下四级。

四川（成都）重要客户可以分为特级、一级、二级重要客户和临时性重要客户。

重要客户等级	划分原则	重要客户
特级重要用户	具有特别重要负荷的用户为特级重要用户	包括涉及国家安全的用电单位、重要的国防、军事设施以及特别重要场所 3 类
一级重要客户	具有一级负荷的用户为一级重要用户，包括 8 类	1. 省级党政军用户：指省委、省政府、成都军区、省军区、国安局、省公安厅、省武警总队等单位。 2. 高危用户：中断供电将发生中毒、爆炸、火灾以及大面积环境污染等严重后果的工矿企业为高危用户。如年产量 6 万 t 及以上煤矿、非煤矿山、大型黑色、有色金属冶金、大型化工、制药、生物制品、污水处理等企业。 3. 保障公共安全和社会稳定的重要用户：直接对公共安全和社会稳定起着保障作用的单位及其指挥中心，即市公安局、重要监狱；主要的供电、供水系统及其调度指挥中心；省市级的大型医院（三级乙等及以上）及疾病防控中心等单位。 4. 重要的军工企业、科研单位和设施：隶属于国防部、工业和信息化部等部委，研制、生产军品、航天、航空产品的军工企业；隶属于成都军区、省军区的重要军事设施、重要工程单位。如电子 29 所、132 厂、空军雷达站等。 5. 涉及国家信息安全的重要用户：信息产业部、广电总局、人民银行、国家税务总局、铁道部、证监会、海关总署、保监会、民航总局九个部门在成都市的网络信息中心、数据、业务处理中心和重要信息系统用电单位。 6. 重要交通枢纽：即大型的车站、港口、机场的营运场所及其指挥调度中心等，如火车北（南）站、双流国际机场、地铁等。 7. 重要公共场所：经常用于国际活动、重要的经济、政治活动和集会的场所；大量人员集中的公共场所，具体分为以下几种。 ①经常用于外事和接待中央领导的宾馆、五星级酒店； ②观众席容量在 20000 座以上的露天体育场；观众席容量在 4000～10000 席的室内体育馆； ③座位设计在 1200 座以上的大型剧场； ④建筑规模大于 10000m^2，适用于中央各部委直属博物馆和各省、自治区、直辖市的大型博物馆； ⑤建筑面积大于 15000m^2 的大型商场、百货商店； ⑥藏书在 100 万册以上的大型图书馆； ⑦楼层在 19 层及以上或建筑高度在 50m 以上的四星级宾馆和办公楼。 8. 重要的新闻媒体和机构：主要是指省市级党报、省市级的广播、电视台，其主要用于编辑、数据处理、报纸印制、信号发送等用电负荷

续表

重要客户等级	划分原则	重要客户
二级重要客户	具有二级负荷的用户为二级重要用户，包括4类	1. 区(市)县党政机关以及团级及以上驻军部队等单位。 2. 楼层在7层以上，建筑高度在50m以下的四星级、三星级宾馆；座位设计在800～1200座的剧场；建筑面积在3000～15000m^2的商场；建筑规模在4000～10000m^2，适用于各系统省厅(局)直属博物馆和省辖市(地)博物馆等。 3. 重要高等院校：主要是指具有承担国家各部委研究项目的实验室、藏书在100万册以上的高校图书馆以及10层以上的教学、住宿建筑的重要高等院校。 4. 高层民用建筑： 建筑高度和楼层符合《建筑设计防火规范》GB 50016相关规定的，视为二级负荷对待
临时性重要客户	需要临时特殊供电保障的用户	如抢险救灾现场、重要的临时集会、大型活动等场所的用电负荷

注：天津、河北、山西、吉林、黑龙江、上海、安徽、山东、江苏、广西、湖南、陕西、甘肃、新疆、青海、宁夏、云南、贵州、西藏：暂时未找到相关资料。

2 35kV 及以下高压供配电系统

2.1 地区标准法规及一般规定

地区	省、直辖市和自治区名称	地区标准法规及一般规定
华北区	北京	《10kV 及以下配电网建设技术规范》DB11/T 1147 《北京电网 0.4 千伏设备保护定值整定指导原则》DLT 802.2； 《国网北京市电力公司配电网工程典型设计——配电分册》
	内蒙古	《内蒙古电力(集团)有限责任公司配电网技术标准》(内电生产[2011]82 号)； 内蒙古电力(集团)有限责任公司新建居住区供配电设施技术导则(试行)
东北区	辽宁	(1)城区配电网的规划、设计、建设、改造及客户接入等工作应遵循统一标准;综合考虑供电可靠性、电能质量、经济运行、负荷增长需求、设备资产全寿命管理等因素,有效解决配电网薄弱环节,逐步建成坚强智能配电网。 (2)城区配电网设计原则应积极采用通用及典型设计,并兼顾不同区域经济发展水平、地理气候特点以及负荷特性等差异化需求。 (3)城区配电网设备应统一技术规范,选用质量可靠、免维护或少维护的设备,并在沈阳电网具备运行 5 年及以上无故障的国际、国内著名品牌设备为选用定型产品。 (4)配电网应分成若干个相对独立的区域,分界线尽量利用河流、铁路和主要道路等明显标志,避免各电压等级的线路互相交叉供电。配电网在营业区分界处应加装开关及计量装置。 (5)城区配电网设计应充分考虑配电网状态检修、带电作业、配电自动化等各项技术发展和工作需要,预留相应的数据接口、带电作业快速连接端口、作业空间等。 (6)架空线路变台统一使用标准化变台;临时用电工程采用标准变台或箱变。箱式变电站一般用于施工用电、临时用电场合、架空线路入地改造地区,以及现有配电室无法扩容改造的场所
	吉林	《10kV 及以下客户端变电所建设标准》DB22/004； 《新建住宅小区供配电配套建设标准》DB22/005

续表

地区	省、直辖市和自治区名称	地区标准法规及一般规定
华东区	上海	主要标准和法规:《用户高压电气装置规范》DG/T J08、《国网上海市电力公司非居民电力用户业扩工程技术导则》。 一般规定如下: (1)对用户供电电源点的选择,应根据用户的用电性质、用电容量、用电需求,结合地区电网规划、地区供电条件,按照安全、可靠、经济、运行灵活、管理方便五项原则综合确定。当有多个可选的电源点时,应进行技术经济比较后确定。 (2)用户接入系统方案,应根据用户的负荷性质和分级,用科学的负荷预测方法,对用户的本期、近期和远期(规划)等各时期的负荷进行合理、科学的预测分析确定。应满足安全、经济、合理、可靠的原则,根据本市电网现状,与电力系统短期(5年以下)、中期(5~15年)和长期(15~30年)规划相符合。 (3)电站外观设计原则上应根据电站所处的具体区域,按照《上海市电力公司业扩工程通用设计图集—用户变配电站通用设计图集》中的规定进行设计,且应与周边环境相协调统一。 (4)对具有谐波源的用户,其在供电系统中的谐波电压和在供电电源点注入的谐波电流允许限值应符合《电能质量　公用电网谐波》GB/T 14549的规定。 (5)对波动负荷用户所产生的电压变动和闪变在供电电源点的限值应符合《电能质量　电压波动和闪变》GB/T 12326的规定。 (6)用电容量在100kW及以上的用户应同步装设电力负荷管理终端装置
	安徽	主要标准和法规:《用户高压电气装置规范》DG/TJ 08-2024。 一般规定同上海
	福建	福建省地方标准《10kV及以下电力用户业扩工程技术规范》DB35/T 1036
	山东	济宁市住宅用变电所需设置在地上、菏泽市高压配电室需要设置在地上,其他地区按国家规范
	江苏	《35kV及以下客户端变电所建设标准》DGJ32/J 14—2007; 《居住区供配电设施建设标准》DGJ32/T J11—2016
华南区	广东	《广东省10kV及以下业扩工程设备技术规范》(2010版); 《广东省10kV及以下业扩工程设备选型规范》(2010版); 《广东电网业扩工程典型设计》2009。 广州: 《广州供电局10kV及以下客户受电工程施工图设计内容及深度要求》(2016版); 《广州供电局有限公司业扩接入方案编制规范》(2019修订)
	广西	《居住区供配电设施建设规范》DB45/T 562、《南方电网公司电能计量装置典型设计》、《10kV及以下业扩受电工程技术导则》(2018版)、《10kV及以下业扩受电工程典型设计图集》,百色、玉林等用电如不是南方电网公司提供可不执行

地区	省、直辖市和自治区名称	地区标准法规及一般规定
华南区	海南	《10kV及以下业扩受电工程技术导则》(2018版)； 《10kV及以下业扩受电工程典型设计图集》(2018版)； 《海南省新建住宅小区供配电设施建设技术规范》DBJ 46-036
中南区	湖北	(1)《380V-500kV电网建设与改造技术导则——城市中低压配电网建设与改造实施细则(试行)》Q/GDW-15-003； (2)《湖北省电力公司380V-500kV电网建设与改造技术导则》Q/GDW-15-010； (3)《重要活动场所电力配置与电气运行导则》DB 4201/T 538； (4)《新建住宅供配电设施设计规范》Q/GDW15001-2014-10501； (5)《城市居住区供配电设施建设规范》DB 42/504
	湖南	《长沙市城市居住区供配电设施建设技术导则》DBCJ 013
	河南	(1)《河南省城镇新建住宅项目电力设施建设和管理办法》豫建〔2016〕33号 (2)《城市中低压配电网建设改造技术细则》
西北区	青海	《城市房屋供配电设施建设技术导则》DB 63/T 1206
西南区	重庆	(1)10kV配电网规划、设计、建设、改造应满足《城市电力网规划设计导则》Q/GDW156、《10kV及以下架空配电线路设计技术规程》DL/T 5220、《电力工程电缆设计规范》GB 50217、《20kV及以下变电所设计规范》GB 50053等导则、规程和规范。 (2)配电网应有较强的适应性，主干线截面应按远期规划一次选定。应随着负荷的增长，按规划另敷设新线路或插入新的高压变电站。 (3)10kV架空、电缆线路和配电变压器应深入低压负荷中心，缩短低压供电半径，降低低压线损率，保证电压质量。 (4)电力设施应采取技术防盗措施，诸如线路导线及设施防盗技术，电缆井盖防盗技术和配电变压器防盗技术等。 (5)单射线路装接容量应控制在线路额定容量范围内，双射、单环、多分段适度联络等供电线路，应按照线路额定装接容量的N-1控制，转供时不应过载。 (6)A类、B类、C类供电区域架空线档距一般不宜超过50m，D类供电区域一般不宜超过70m，E类及部分D类供电区域可根据实际情况调整。 (7)A类、B类供电区域开闭所、环网柜等重要节点、重要用户等开关设备宜预留间隔，满足10kV电缆不停电作业需求。 (8)A类、B类、C类供电区域10kV架空主干线路分段点及联络点，主干电缆线路环网柜，开闭所，重要配电房，重要分支线路的断路器或负荷开关，应配置电动操作机构、操作电源等设备，预留通信接口及二次设备安装空间，满足配电自动化建设需求。 注：为实现配电网结构模式和标准与重庆市不同区域发展状况相匹配，根据各地区功能定位、经济发展水平、负荷性质和负荷密度等条件，并考虑重庆市为内陆开放高地和国家统筹城乡综合配套改革试验区，将重庆市所辖供电区域分为A、B、C、D、E五类。

续表

<table>
<tr><th>地区</th><th>省、直辖市和自治区名称</th><th>地区标准法规及一般规定</th></tr>
<tr><td rowspan="2">西南区</td><td>重庆</td><td>
<table>
<tr><th>区域简称</th><th>范围</th><th>供电区域类别</th></tr>
<tr><td>市中心区</td><td>主城九区内人口密集以及行政、经济、商业、交通集中地区(渝中区、江北区观音桥商圈、沙坪坝区沙坪坝商圈、南岸区南坪商圈、九龙坡区杨家坪商圈、大渡口区大渡口商圈)</td><td>A</td></tr>
<tr><td>市区</td><td>主城九区除市中心区和农村地区以外地区</td><td>B</td></tr>
<tr><td>区(县)城区</td><td>主城九区以外的区(县)政府所在地,市级以上经济开发区、工业园区</td><td>C</td></tr>
<tr><td>一般农村</td><td>主城、渝西片区的农村地区;渝东南、渝东北以“区”为建制命名的农村地区;渝东南、渝东北以“县”为建制命名的偏远农村以外的农村地区</td><td>D</td></tr>
<tr><td>偏远农村</td><td>渝东南、渝东北以“县”为建制命名的人口特别稀少的农村地区</td><td>E</td></tr>
</table>
</td></tr>
<tr><td>四川、云南</td><td>
(1) 凡是重要用户均应配置双电源,一个电源作为主供电源,另一电源作为备用电源;具有保安负荷的重要用户,提供的第二电源可作为保安电源。原则上双电源中至少有一条应采用专线。双(多)电源宜采用同一电压等级的电源。
(2) 具有一级负荷、一级负荷中特别重要负荷的用户至少应配置双电源,在电网供电条件允许时应配置多电源。
(3) 保安或备用电源原则上应与正常供电电源来自两个独立的电源,保安或备用电源由何种电源供电,决定于用户需要的容量和电网的具体情况,一般不采用专线供电方式。
(4) 保安电源供电容量只限于用户的有关重要负荷,不包括其他负荷,并严禁将其他负荷接入保安电源系统。
(5) 双(多)电源之间、自备(应急)保安电源与正常电源之间应有可靠的闭锁装置,电源切换时间应满足允许中断供电时间的需求。
(6) 双电源供电线路如采用架空线路,禁止采用同杆架设的方式;采用电缆方式供电的,应避免双回电缆同沟敷设。
(7) 重要用户应使应急保安电源和非电保安措施处于良好的事故备用紧急启动状态。供电企业不承担因用户不具备相应保安应急电源和非电保安措施而在电力系统瓦解或不可抗力造成供电中断时造成的损失。
<table>
<tr><th>客户等级</th><th>电源配置原则</th></tr>
<tr><td>特别重要用户</td><td>这类重要用户必须配置由电网提供的双(多)电源,双(多)电源之间应采用备自投装置,以满足允许中断供电时间的要求。而且在此基础上用户还应自备应急电源和非电保安措施,自备应急电源的容量配置应为保安负荷的120%,且启动应满足允许中断供电时间的要求。对于允许中断供电时间为毫秒级的用户,应选用不间断供电装置,以达到在外部电源完全失去的情况下,保障重要用电设备、设施不发生安全事故的目的</td></tr>
</table>
</td></tr>
</table>

续表

<table>
<tr><th>地区</th><th>省、直辖市和自治区名称</th><th>地区标准法规及一般规定</th></tr>
<tr><td>西南区</td><td>四川、云南</td><td>
<table>
<tr><th>客户等级</th><th>电源配置原则</th></tr>
<tr><td>保障公共安全、社会稳定和重要交通枢纽的重要用户</td><td>该类重要用户的用电负荷属一级负荷，应配置由电网提供的双电源，双电源之间的投切时间应满足允许中断供电时间的要求。除此之外用户还应自备应急电源，自备应急电源的容量配置应为保安负荷的120%，且启动应满足允许中断供电时间的要求，以达到在外部电源完全失去的情况下，保障重要设施和调度指挥中心正常运转的目的</td></tr>
<tr><td>重要的国防、军工、科研单位、设施和涉及国家信息安全的重要用户</td><td>该类重要用户的用电负荷属一级负荷，应配置由电网提供的双电源，双电源之间的投切时间应满足允许中断供电时间的要求。除此之外用户还应自备应急电源和非电保安措施，自备应急电源的容量配置应为保安负荷的120%，且启动应满足允许中断供电时间的要求，以达到在外部电源完全失去的情况下，保障重要用电设备、设施不发生安全事故和数据信息安全的目的</td></tr>
<tr><td>重要公共场所</td><td>公共场所的用电负荷属一级负荷，应配置由电网提供的双电源，双电源之间的投切时间应满足允许中断供电时间的要求。除此之外用户还应自备应急电源，自备应急电源的容量配置应为保安负荷的120%，且启动应满足允许中断供电时间的要求，以达到在外部电源完全失去的情况下，保障重要设施、应急照明、消防等用电需求；
公共场所的用电负荷属二级负荷，原则上应配置双电源，第二电源可视当地供电条件和用户的需要，可由电网提供，也可由用户自备发电机(组)或其他电源形成</td></tr>
<tr><td>重要的新闻媒体和机构</td><td>该类重要用户的用电负荷属一级负荷，应配置由电网提供的双电源，双电源之间的投切时间应满足允许中断供电时间的要求。除此之外用户还应自备应急电源，自备应急电源的容量配置应为保安负荷的120%，且启动应满足允许中断供电时间的要求，以达到在外部电源完全失去的情况下，保障重要设施、信号发送、节目播出的用电需求</td></tr>
<tr><td>区县级的重要党政军用户</td><td>市区区委、区政府，各郊县、区的党委、政府、团级及以上驻军部队等单位的电源配置原则上应配置双电源，第二电源可视当地供电条件和用户的需要，可由电网提供，也可由用户自备发电机(组)形成</td></tr>
<tr><td>高等院校</td><td>重要高等院校的实验室、图书馆以及高层建筑的用电负荷属二级负荷，电源配置原则上应配双电源，第二电源可视当地供电条件和用户的需要，由电网提供，也可由用户自备发电机(组)形成</td></tr>
<tr><td>高层建筑用户</td><td>(1)高层建筑的一级负荷，除应配置由电网提供的双电源外，用户还应配置(应急)保安电源，自备应急电源的容量配置应为保安负荷的120%，且启动应满足允许中断供电时间的要求，以达到在外部电源完全失去的情况下，保障人员疏散、消防设施、事故抢险的需求。
(2)高层建筑的二级负荷，原则上应配置双电源，第二电源可视当地供电条件和用户的需要，可由电网提供，也可由用户自备发电机(组)或UPS、蓄电池组等不间断电源形成。
(3)高层建筑的电梯，无论是一级或二级负荷，均应由用户配置自备发电机(组)或UPS、蓄电池组，作为正常电源失去后，电梯的应急电源</td></tr>
</table>
</td></tr>
</table>

续表

<table>
<tr><th>地区</th><th>省、直辖市和自治区名称</th><th colspan="2">地区标准法规及一般规定</th></tr>
<tr><td rowspan="3">西南区</td><td rowspan="3">四川、云南</td><td>客户等级</td><td>电源配置原则</td></tr>
<tr><td>其他重要用户</td><td>这类重要用户的用电负荷多属于二级负荷，原则上应配置双电源，第二电源可视当地供电条件和用户的需要，可由电网提供，也可由用户自备发电机(组)形成</td></tr>
<tr><td>三级负荷</td><td>采用单电源供电方式；
对低于《住宅设计规范》规定七层也安装了电梯的民用建筑，尽管这部分建筑用电不属于一、二级负荷，但在电源配置上除正常电源外，用户应自备应急电源，作为正常电源失去后，打开电梯和疏散通道的应急照明之用</td></tr>
<tr><td colspan="4">注：天津、河北、山西、黑龙江、浙江、江西、陕西、甘肃、新疆、宁夏、贵州、西藏，暂时未找到相关资料</td></tr>
</table>

2.2 电网供电规划及网架结构（含供电半径、电缆线路要求等）

2.2.1 华北区

北京：供电区域划分主要依据规划水平年的区域范围、行政级别、负荷密度，也可参考经济发达程度、用户重要程度、用电水平、GDP等多方面综合考虑。

具体划分原则为：按照区域范围和行政级别确定各供电区域大致范围，并根据各供电区域对于负荷密度的要求做相应补充；各供电区域存在重合的部分，应逐级划归到更高一级供电区域。

供电区域分类	区域范围	线路配置方式
A+类区域	北京市核心区、未来科技城、通州运河中心区等高端区域	须采用电缆双环网供电(在不具备条件或规划初期可采用双射或对射接线，逐步过渡到双环网接线方式)；总容量400kVA及以下可采用架空混网供电
A类区域	北京市中心区除核心区以外的地区	须采用电缆双环网供电(在不具备条件或规划初期可采用双射或对射接线，逐步过渡到双环网接线方式)；总容量400kVA及以下可采用架空混网供电

续表

供电区域分类	区域范围	线路配置方式
B类区域	市辖供电区除中心区以外的地区、各新城、工业园和其他开发区	应采用电缆双环网供电(在不具备条件或规划初期可采用双射或对射接线,逐步过渡到双环网接线方式)总容量 500kVA 及以下可采用单环网或架空混网供电
C类区域	县级供电区除B类以外的平原地区	应采用电缆双射、对射网供电;采用单环网或架空混网供电的客户总容量原则上应控制在 630kVA 及以下
D类区域	A+、A、B、C类区域以外的区域	采用架空网供电

天津：用电需求报送电力公司后，电力公司出具供电方案。

河北：

（1）开关站一般为双电源供电，由开关站供电的配电站或箱式变可根据其负荷性质采用双辐射、单辐射以及内环网等方式供电。开关站的馈线原则上不占用主干电缆通道。

（2）住宅小区高压供电宜采用“环网柜＋开关站＋配电室”供电方式，双电源或双回路供电。不具备条件时，可采用环网柜和箱变方式，或两者相结合的方式供电。个别情况可采用“架空线路或电缆＋配电室”方式，单电源供电。

（3）二类及以上高层建筑宜采用户内配电室方式供电。

（4）配电室宜按 2 台变压器配置，负荷较重不宜超过 4 台变压器。配电室单台变压器容量宜采用 630、800、1000、1250kVA。单个配电室的容量不宜超过 4000kVA。

内蒙古：

（1）配电网规划设计应因地制宜，原则上将规划区域分为三类。

一类区域：市中心区。

二类区域：城乡接合部及各旗县区。

三类区域：农村地区。

（2）中低压配电网规划年限一般为：近期（5 年）、中期（10～15 年）、远期（20～30 年）。

（3）架空线路

1）中压架空线路运行电流一般应控制在长期允许载流量的 2/3 以下，预留转移负荷裕度，超过时应采取分路措施。

2）中压架空线路导线截面的选择应考虑设施标准化，主干线截面宜为 150～240mm^2，分支线截面不宜小于 70mm^2。

3）在市区、城镇、林区、人群密集区域的中压架空线路应采用普通绝缘（绝缘厚度 3.4mm）的铝芯交联聚乙烯（XLPE）绝缘电缆，档距一般不超过 50m，当线路档距大于 70m 时，必须进行设计校验。无建筑物屏蔽地区的绝缘线路应逐杆采取有效措施防止雷击断线。

4）偏远地区变电站中压架空线路出口 2km 范围内应采用绝缘导线，以减少变电站近区故障的发生概率。

5）中压架空绝缘线路除预留必要的接地环外，宜对柱上变压器、柱上开关、避雷器和电缆终端的接线端子、隔离开关、跌落式熔断器设备、导线线夹进行绝缘封闭，实现线路的全绝缘化。

（4）电缆线路

1）适用范围

① 繁华地区、重要地段、主要道路、高层建筑区等及城市规划中有特殊要求的地区。

② 狭窄街道和架空线路走廊难以解决的地区。

③ 风景旅游区的重点地段。

④ 客户有特殊要求的地段。

2）敷设方式

① 在市政道路敷设时，应结合规划同步建设电缆隧道或电缆沟。同路径敷设电力电缆在 3 根以下时应采用电缆排管敷设方式；同路径敷设电力电缆在 3 根及以上时应采用缆沟敷设方式；同路径敷设电力电缆在 6 根以上时宜建设电缆隧道。穿越道路时，应采用专用抗压力保护管。

② 变电站馈出干线电缆截面应选用不小于 300mm^2 铜芯交联聚乙烯绝缘电力电缆，逐步推广采用单芯集束绞合式电缆。支线电缆截面的选用应满足载流量及热稳定的要求，并考虑远期发展；一路射线所接配电变压器容量不宜大于 9000kVA。

③ 开闭站（环网柜）馈出电缆截面不宜小于铜芯 150mm^2，架空入地的单电源支线路宜为铜芯 150mm^2。

④ 每个电缆馈出线路所接客户数量依据负荷性质、容量而定，一般不超过 6 个。

山西：当地供电部门对电网规划有详细供电区域规划，10kV 电力电缆供电半径小 4km，低压电缆供电半径小于 250m。

2.2.2 东北区

辽宁：城区中低压配电网规划是城区总体规划的重要组成部分，应与城区的各项发展同步实施。新建住宅小区、高层建筑、综合商用等电力配套设施，在政府的行政审批中给予明确，落实规划中所确定的线路走廊和地下通道、变电站和配电室站址等供电设施用地，新建住宅小区供电设施应采用地上土建结构。

配电网设计标准划分为 A、B、C、D 四类，每类设计标准应满足相应的规划目标和建设标准。

A类标准：用于对供电可靠性要求很高的政治或经济中心区、国家级经济开发区或高新科技工业园区；
B类标准：用于对供电可靠性要求较高的生产生活集中区、省级经济开发区或工业园区；
C类标准：用于对供电可靠性有一定要求的生产生活相对集中区；
D类标准：用于农业经济活动区。

供电区域分类	接线方式
A类区域	电缆网：双环式、单环式 架空网：多分段多联络
B类区域	电缆网：单环式、双射式架空网：多分段适度联络
C类区域	架空网：多分段适度联络、单辐射 电缆网：单环式
D类区域	架空网：多分段适度联络、单辐射

2.2.3 华东区

上海：（1）用户供电电源点的选择和接入系统方案应满足现有网架结构的要求，原则上应满足“N-1”准则，不应导致电业变、配电站内设备满载或超载，不应产生新的电网热点。

（2）对用户电源的接入方式，应根据区域城市规划、公司认可的架空线入地范围、电力通道因素，综合考虑架空线、电缆的选择。

（3）重要电力用户的供电线路应优先考虑采用电缆线路供电。

（4）电缆工程敷设方式，应视工程条件、环境特点和电缆类型、数量等因素，且按满足运行可靠、便于维护的要求和技术经济合理的原则来选择，并应符合《电力工程电缆设计标准》GB 50217和《上海电网若干技术原则的规定（第四版）》及《国网上海市电力公司配电网工程通用设计图集》中的有关规定，具体要求：110kV、35kV电缆、10kV重要用户进线电缆不采用直埋敷设；电力电缆排管建设时应同时考虑通信光缆的通道要求。

安徽：前3条同上海。

电缆工程敷设方式，应视工程条件、环境特点和电缆类型、数量等因素，且按满足运行可靠、便于维护的要求和技术经济合理的原则来选择，并应符合《电力工程电缆设计标准》GB 50217及《国网安徽省电力公司配电网工程通用设计图集》中的有关规定，具体要求：110kV、35kV电缆、10kV重要用户进线电缆不采用直埋敷设；电力电缆排管建设时应同时考虑通信光缆的通道要求。

浙江：供电区域划分主要依据规划水平年的区域范围、行政级别、饱和负荷密度，也可参考经济发达程度、用户重要程度、用电水平、GDP等多维度综合考虑。

具体划分原则为：按照区域范围和行政级别确定各供电区域大致范围，并根据各供电区域对于负荷密度的要求做相应补充；各供电区域存在重合的部分，应逐级划归到更高一级供电区域。

供电区域分类	区域范围	线路配置方式
A+类区域	在杭州、宁波的核心区等高端区域，面积不大	须采用电缆双环网供电(在不具备条件或规划初期可采用双射或对射接线，逐步过渡到双环网接线方式)：采用电缆供电
A类区域	浙江省内城市或城市化区域(饱和负荷密度15MW/km² 以上)	须采用电缆双环网供电(在不具备条件或规划初期可采用扩展型双环式或单环式逐步过渡到双环网接线方式)：采用电缆供电
B类区域	城市郊区(工业园区、开发区等工业负荷集中的高负荷密度区域也可划为B类供区)(饱和负荷密度2～15MW/km²)	采用多分段多联络(可选用多分段交叉联络或扩展型双环式)采用架空或架空混网供电
C类区域	乡村(饱和负荷密度2MW/km² 以下)	采用多分段单联络，缺少上级变电站的C类区域可采用单环网，有条件时过渡为“多分段单联络”接线方式。采用架空网供电
D类区域	A+、A、B、C类区域以外的区域	采用架空网供电

福建：根据城市地形、地貌和城市道路规划要求，就近选择电源点，由规划部门审批路径时同时确定电缆或架空方式供电。电源路径应短捷顺直，减少与道路交叉，避免近电远供、迂回供电。

用户受电变压器总容量在600kVA及以下时，可就近接入电网公共连接点。

用户受电变压器总容量超过600kVA，工业用户小于5000kVA、商业用户小于8000kVA、住宅小区小于10000kVA时，应接入电缆干线、开关站、环网站等电网公共连接点。农村地区和非缆化城网可根据当地电网情况，T接架空电网公共连接点。

为统筹利用变电站10kV间隔资源，应根据客户所处行业用电负荷及特点确定是否批复客户专用间隔接入。具体规定如下表：

受电变压器总容量(kVA)	不考虑采用专线供电	根据负荷特性确定是否采用专线供电	可采用专线供电
工业用户	小于5000	5000～8000	大于8000
商业用户商业或商住一体用户	小于8000	8000～12000	大于12000
住宅小区	小于12000、10000	12000～20000、10000～15000	大于20000、15000

注：用户专线接入方案应与配电网目标网架规划相衔接，当采用专线供电的客户所处供电区域的规划变电站未投产时，可根据当地电网情况，确定接入电网其他公共连接点作为过渡供电方案

住宅小区受电工程的接入系统部分应根据当地城市规划或配网规划选用电缆或架空方式供电，对于根据规划需采用电缆方式供电而暂时因客观原因无法采用电缆方式供电的，也应按电缆方式设计并预留接入点，同时采取临时接入方案。

山东：供电半径 150m，依据山东省《住宅小区供配电设施设计标准》；德州、济宁要求地上电缆沟敷设，其他无具体要求。

2.2.4 华南区

广东：(1) 供电区分类（摘自中国南方电网《10kV 及以下业扩受电工程技术导则（2018 版）》3.5）

1）根据城市规划将城市分为中心区、一般市区、郊区。如城市中心区低于 $5km^2$，按一般市区考虑，不再单独分类。

2）南方电网供电区域划分标准参照电力行业标准《配电网规划设计技术导则》DL/T 5729 并结合南方区域特点，按下表的规定划分。

3）供电区划分基本依据行政区划分，但不等同于行政区划分。

4）城市供电分区不宜超过四类，县级电网供电分区不宜超过三类。

供电区域划分表

供电区域 / 地区级别	中心城市（区）		城镇地区		乡村地区	
	A+	A	B	C	D	E
国际化大都市	市中心或 $\sigma \geq 30$	市区或 $15 \leq \sigma < 30$	市区或 $6 \leq \sigma < 15$	城镇或 $1 \leq \sigma < 6$	乡村或 $0.1 \leq \sigma < 1$	—
省会、主要城市	$\sigma \geq 30$	市中心区或 $15 \leq \sigma < 30$	市区或 $6 \leq \sigma < 15$	城镇或 $1 \leq \sigma < 6$	乡村或 $0.1 \leq \sigma < 1$	偏远山区
一般地级市	—	$\sigma \geq 15$	市中心区或 $6 \leq \sigma < 15$	市区、城镇或 $1 \leq \sigma < 6$	乡村或 $0.1 \leq \sigma < 1$	
县（县级市）	—	—	$\sigma \geq 6$	城镇或 $1 \leq \sigma < 6$	乡村或 $0.1 \leq \sigma < 1$	

注：1. σ 为供电区域规划水平年的负荷密度（MW/km^2）。

2. 供电区域面积不宜小于 $5km^2$。

3. 计算负荷密度时，应扣除 110kV 及以上电压等级的专线负荷，以及高山、戈壁、荒漠、水域、森林等无效供电面积。

4. 地区级别按行政级别、城市重要性、经济地位和负荷密度等条件分为四级。15 个主要城市分别为：广州、深圳、佛山、东莞、珠海、南宁、桂林、柳州、昆明、曲靖、红河、贵阳、遵义、海口、三亚，其中广州、深圳为国际化大城市。

(2) 确定供电电压等级的一般原则（摘自：中国南方电网《10kV 及以下业扩受电工程技术导则（2018 版）》6.2 条）

客户的供电电压等级应根据当地电网条件、客户分级、用电最大需求量或受电设备总容量，经过技术经济比较后确定。

1）非居民住宅小区

各单位应根据公司基线标准，统一业扩投资界面，最终实现业扩投资界面全口径、全电压等级延伸至客户红线。

① 客户用电容量在100kVA（含）以上的，由10kV电压等级供电。

② 客户用电容量在10kVA（含）至100kVA（不含）需专变供电的，可采用10kV专变供电。

③ 客户用电容量在15kW（含）至100kW（不含）不需专变供电的，应采用380V供电。

④ 客户用电容量在15kW（不含）以下且无需三相供电的，应采用220V供电。

2）居民住宅小区

① A+、A、B类供电区居民住宅小区应采用环网供电方式，C、D类供电区居民住宅小区宜采用环网供电方式。

② 对于装机总容量在40000kVA及以上的小区，由客户无偿提供变电站用地，供电企业投资建设变电站（含输电线路、出线间隔）到客户规划用电区域红线范围内，以客户接入供电企业投资变电站出线间隔的电缆终端头为投资分界点，分界点电源侧设施由供电企业投资建设，分界点负荷侧设施（含电缆终端头）由客户投资建设。

③ 小区终期规划装机总容量在40000kVA以下的，应由10kV供电，对于装机总容量8000（含）～40000kVA的小区，宜由变电站10kV开关柜出线供电。

④ 有独立产权的商品房供电方式按一户一表配置。

⑤ 小区配套的商场（超市）、会所、幼儿园及学校等采用独立回路供电，按照电价类别独立安装电表计费，用电容量在100kW及以上的，应单独设置专变供电。

⑥ 对于地下室照明、抽水、电梯、消防、公共景观及照明等公用设施设备由小区公用变供电，如上述设备单台容量超过100kW及以上时应设置小区专用变供电，计量装置宜设于独立配电室内。

⑦ 住宅小区中住宅楼、小间式商业店面、独立供电的车库及杂物间由小区公用变供电，在末端采用一户一表集中表箱供电，当非居民负荷数量或容量较大时应由专变供电。

3）以上内容若公司另有文件规定的，按相关文件要求执行。

（3）电缆线路要求（摘自中国南方电网《10kV及以下业扩受电工程技术导则（2018版）》第7.5.4条）

1）以下情况应采用电缆线路

① 在繁华地段、市区主干道、高层建筑群区以及城市规划和市容环境有特殊要求的地区。

② 重点风景旅游区。

③ 对架空线路有严重腐蚀性的地区。

④ 通道狭窄，架空线路走廊难以解决的地区。

⑤ 沿海地区易受热带风暴侵袭的城市的重要供电区域。

⑥ 对供电可靠性有特殊要求，需使用电缆线路供电的重要用户。

⑦ 电网运行安全需要的地区。

2）电缆路径选择

① 应根据城市道路网规划，与道路走向相结合，设在道路一侧，并保证地下电缆线路与城市其他市政公用工程管线间的安全距离。

② 在满足安全的条件下，选择电缆较短的路径。

③ 应避开电缆易遭受机械性外力、过热、化学腐蚀和白蚁等危害的场所。

④ 应避开地下岩洞、水涌和规划挖掘施工的地方。

⑤ 应便于敷设、安装和维护。

3）电缆型式的选择

① 高压电缆宜选用铜芯电力电缆。

② 高压电缆宜采用交联聚乙烯绝缘电力电缆，并根据使用环境选用。对处于地下水位较高环境、可能浸泡在水内的电缆，应采用防水外护套，进入高层建筑内的电缆，应选用阻燃型，电缆线路土建设施如不能有效保护电缆时，应选用铠装电缆。

③ 低压配电导体选择应符合下列规定：

a）电缆、电线可选用铜芯或铝芯，民用建筑宜采用铜芯电缆或电线；下列场所应选用铜芯电缆或电线：

Ⅰ易燃、易爆场所；

Ⅱ重要的公共建筑和居住建筑；

Ⅲ特别潮湿场所和对铝有腐蚀的场所；

Ⅳ人员聚集较多的场所；

Ⅴ重要的资料室、计算机房、重要的库房；

Ⅵ移动设备或有剧烈振动的场所；

Ⅶ有特殊规定的其他场所。

b）低压电缆的绝缘类型应符合以下规定：

Ⅰ在一般工程中，在室内正常条件下，可选用聚氯乙烯绝缘聚氯乙烯护套的电缆或聚氯乙烯绝缘电线；有条件时，可选用交联聚乙烯绝缘电力电缆和电线；

Ⅱ一类高层建筑以及重要的公共场所等防火要求高的建筑物，应采用阻燃低烟无卤交联聚乙烯绝缘电力电缆、电线或无烟无卤电力电缆、电线。

Ⅲ建筑高度为100m或35层及以上的住宅建筑，用于消防设施的供电干线应采用矿物绝缘电缆；建筑高度为50～100m且19～34层的一类高层住宅建筑，用于消防设施的供电干线应采用阻燃耐火类线缆，宜采用矿物绝缘电缆；10～18层的二类高层住宅建筑，用于消防设施的供电干线应采用阻燃耐火类线缆。

Ⅳ19层及以上的一类高层住宅建筑，公共疏散通道的应急照明应采用低烟无卤阻燃的线缆。10～18层的二类高层住宅建筑，公共疏散通道的应急照明宜采用低烟无卤阻燃的线缆。

④低压电缆的芯数根据低压配电系统的接地型式确定，IT系统采用三芯电缆；TT系统、TN－C（或TN－C－S系统，PEN线分开之前电源端部分）系统采用四芯电缆；TN－C－S系统PEN线分开之后负荷端部分、TN－S系统采用五芯电缆。

4）电缆阻燃等级的选择

① 电线电缆使用场所应根据建筑物的使用性质、火灾危险性、疏散和扑救难度等分为特级、一级、二级、三级，并宜符合下表的规定。

电线电缆使用场所分级

<table>
<tr><th>等级</th><th colspan="2">使用场所</th></tr>
<tr><td>特级</td><td colspan="2">建筑高度超过100m的高层民用建筑(超高层住宅除外)</td></tr>
<tr><td rowspan="11">一级</td><td colspan="2">建筑高度超过100m的高层民用建筑</td></tr>
<tr><td>建筑高度不超过100m的高层民用建筑</td><td>一类建筑(一类建筑的住宅除外)</td></tr>
<tr><td rowspan="9">建筑高度不超过24m的民用建筑及
建筑高度超过24m的单层公共建筑</td><td>1. 200床及以上的病房楼，每层建筑1000m² 及以上的门诊楼</td></tr>
<tr><td>2. 每层建筑面积超过3000m² 及以上的百货楼、展览楼、高级旅馆、财贸金融楼、电信楼、高级办公楼</td></tr>
<tr><td>3. 藏书超过100万册的图书馆、书库</td></tr>
<tr><td>4. 超过3000座位的体育馆</td></tr>
<tr><td>5. 重要的科研楼、资料档案楼</td></tr>
<tr><td>6. 市级的邮政楼、广播电视楼、电力调度楼、防灾指挥调度楼、车站旅客候车室、民用机场候机楼</td></tr>
<tr><td>7. 重点文物保护场所</td></tr>
<tr><td>8. 大型以上的影剧院、会堂、礼堂</td></tr>
<tr><td>9. 建筑面积在200m² 及以上的公共娱乐场所</td></tr>
</table>

续表

<table>
<tr><th>等级</th><th colspan="2">使用场所</th></tr>
<tr><td rowspan="4">一级</td><td rowspan="4">地下民用建筑</td><td>1. 地下铁道及地下铁道车站</td></tr>
<tr><td>2. 地下影剧院、礼堂</td></tr>
<tr><td>3. 使用面积超过 1000m^{2} 的地下商场、医院、旅馆、展览厅及其他商业或公共活动场所</td></tr>
<tr><td>4. 重要的实验室和图书、资料、档案库</td></tr>
<tr><td rowspan="8">二级</td><td>建筑高度不超过 100m 的高层民用建筑</td><td>一类建筑的住宅；
二类建筑（二类建筑的住宅除外）</td></tr>
<tr><td rowspan="5">建筑高度不超过 24m 的民用建筑</td><td>1. 每层建筑面积超过 2000m^{2} 但不超过 3000m^{2} 的商业楼、财贸金融楼、电信楼、展览楼、旅馆、办公楼、车站、海河客运站、航空港等公共建筑及其他商业或公共活动场所</td></tr>
<tr><td>2. 区县级邮政楼、广播楼、电力调度楼、防灾指挥调度楼</td></tr>
<tr><td>3. 中型以下的影剧院</td></tr>
<tr><td>4. 图书馆、书库、档案楼</td></tr>
<tr><td>5. 建筑面积在 200m^{2} 以下的公共娱乐场所地下</td></tr>
<tr><td rowspan="2">民用建筑</td><td>1. 长度超过 500m^{2} 的城市隧道</td></tr>
<tr><td>2. 使用面积不超过 1000m^{2} 的地下商场、医院、旅馆、展览馆及其他商业或公共活动场所</td></tr>
<tr><td>三级</td><td colspan="2">不属于特级、一级、二级的其他民用建筑</td></tr>
</table>

② 电缆的阻燃级别应根据同一通道内电缆的非金属含量确定。并应不低于下表规定。

电缆阻燃级别选择表

适用场所	阻燃级别	适用场所	阻燃级别
特级	A	二级、三级	C
一级	B		

5）电缆截面的选择

① 电力电缆截面的确定，除根据不同的供电负荷和电压损失进行选择后，还应综合考虑温升、热稳定、安全和经济运行等因素。

② 电缆线路干线截面的选择，应力求简化、规范、统一，并满足规划、设计要求。

③ 高低客户接入工程的电力电缆截面确定如下：

a）高压电缆：铜芯或铝芯为 $70mm^2$、$120mm^2$、$150mm^2$、$240mm^2$、$300mm^2$、$400mm^2$。

b）低压电缆：按实际负荷选用。

6）电缆附件的选择

10kV 电缆头宜采用冷收缩、预制式，户外电缆头不得采用绕包式。电缆终端应根据电压等级、绝缘类型、安装环境以及与终端连接的电缆和电器型式选择，满足可靠、经济、合理的要求。

深圳：根据《中国南方电网公司 110kV 及以下配电网规划指导原则》（南方电网生［2009］4 号）中关于城市级别划分原则，确定深圳市为特级主要城市，并根据其具体级别划分标准的要求，将深圳市规划区域供电级别具体划分如下：

供电区域分类	划分原则	区域范围	电网供电安全准则			供电半径(km)		
			10(20)kV	110kV	220kV 及以上	20kV 配电网	10kV 配电网	0.4kV 配电网
A 类区域	国际化大城市中心区或负荷密度高于 $30MW/km^2$ 的地区	福田区、罗湖区、光明新区、坪山新区，南山区北环大道以南、宝安区新安街道 107 国道西南	必须满足 N-1	必须满足 N-1，有条件可满足 N-1-1	高于 N-1 原则	6	3	0.2
B 类区域	国际化大城市一般市区或负荷密度为 20～$30MW/km^2$ 的地区	南山区北环大道以北、宝安区（除新安街道 107 国道西南）、盐田区、龙岗区、龙华新区	必须满足 N-1	必须满足 N-1	高于 N-1 原则	/	4	0.2
C 类区域	除 A、B 类以外的其他地区或是负荷密度在 $20MW/km^2$ 以下的地区	大鹏新区	应满足 N-1	应满足 N-1	高于 N-1 原则	/	6	0.25

注：高于 N-1 原则：正常运行方式下的电力系统中任一元件（如单回线路、发电机、变压器等）或同塔双回线路，无故障或因故障断开，电力系统应能保持稳定运行，其他元件不过负荷，电压及频率均在允许范围内。

广西：原则上电缆截面不超过 $300mm^2$，如需使用 $400mm^2$ 的电缆，为专线，需供电部门特别审批。

2.2.5 中南区

湖北：中低压配电网的建设应与地区的经济发展、市政建设及城市建设规划相适应，根据各城市的地理分布将城市中低压配电网供电区域划分为三类，具体详见下表。

中压配电网应有一定的容量裕度，并设置必要的联络点，以利于配电网的负荷转移，中压配电网应满足自身的 N-1 安全准则，根据区域情况向上级电网提供一定供电能力的支撑。

中低压配电网供电区域划分及要求

供电区域分类	区域范围	线路配置方式	供电半径	供电线缆要求
A 类区域	中心城区，政治、经济、文化、商业中心，负荷集中并供电可靠性要求高的区域	采用“环网布置，开环运行”的接线方式，组成环网电源线应分别来自不同的变电站或同一变电站的不同段母线	中压供电半径：不宜超过 3km； 低压供电半径：一般应控制在 150m 以内，最大不宜超过 250m	中压架空线路应采用交联聚乙烯绝缘导线；中压电缆宜采用：铜芯铠装交联聚乙烯绝缘电缆
B 类区域	一般城区，工商业负荷区、住宅区等对供电可靠性要求较高的区域	采用多分段、多联络的接线方式	中压供电半径：不宜超过 6km； 低压供电半径：一般应控制在 150m 以内，最大不宜超过 250m	中压架空线路应采用交联聚乙烯绝缘导线；中压电缆宜采用：铜芯铠装交联聚乙烯绝缘电缆
C 类区域	城郊农村，对供电可靠性要求一般的区域	采用树状接线方式，线路加装分段开关及分支开关	中压供电半径：不宜超过 10km； 低压供电半径：不宜超过 500m	中压架空线路应采用钢芯铝绞线；中压电缆宜采用：铜芯铠装交联聚乙烯绝缘电缆

湖南：长沙供电导则要求住宅小区内低压线路供电半径应满足线路末端电压降≤4%，且供电半径不应超过 200m。其他暂时没有相关文件规定。

河南：中压配电线路的正常供电半径，在满足供电能力和电压质量的前提下，城区不宜超过 3km，市郊不宜超过 5km。低压供电半径不宜超过 200m。不满足要求时应考虑增加电源点。

中压配电网线路分段原则：中压主干线路一般应根据负荷大小分为三段。中压线路的主干线应装设分段开关，相邻变电站及同一变电站馈出的相邻线路之间应装设联络开关，分段点的设置应随网络接线及负荷的变动作相应调整。较大的支线应装设分支开关。

中压网一般采用以下方式：

（1）中压架空线路网络：1）“手拉手”环网结构（包括不同变电站出线）；2）三分段三联络结构。

（2）中压电缆线路网络结构：1）单环网结构（包括不同变电站出线）；2）双电源辐射状结构；3）双环网结构；4）三分段三连接结构（三电源）；5）备用线开闭所结构。

中压线路材质：城区建成区内新建及改造架空配电线路应选用绝缘导线，在树、线矛盾突出的非城区，新建的 10kV 架空配电线路也应采用绝缘导线。一般不宜采用带钢芯的架空绝缘导线。电力电缆采用交联聚乙烯绝缘电缆，在电力管沟或电缆隧道内敷设的电缆应采用阻燃型电缆。

对住宅项目有如下另行规定：

住宅项目终期配变容量在1500kVA及以下时，可就近接入电网公共连接点。

住宅项目终期配变容量在1500～5000kVA时，应从公用开关站出线并新建环网单元进行接入。

住宅项目终期配变容量在5000kVA及以上的应新建开关站，开关站的电源线路、土建、信息采集应按最终规模一次建成。

住宅项目终期配变容量在30000kVA及以上，在项目立项阶段应按电网规划同步预留公用变电站建设用地及电缆通道。用地规模由供电企业依照相关规范提出，作为市政基础设施用地报当地规划部门审批。

架空线供电范围常规在200m以内；环网柜供电范围常规在800m以内；开闭所供电范围常规在2000m以内。

2.2.6 西北区

陕西西安：

10kV电缆供电半径一般不超过5km，0.4kV电缆供电半径一般不超过250m。

青海：

供电区域划分主要依据规划水平年的区域范围、行政级别、负荷密度，也可参考经济发达程度、用户重要程度、用电水平、GDP等多维度综合考虑。

具体划分原则为：按照区域范围和行政级别确定各供电区域大致范围，并根据各供电区域对于负荷密度的要求做相应补充；各供电区域存在重合的部分，应逐级划归到更高一级供电区域。

供电区域分类	区域范围	线路配置方式
A+类区域	西宁市核心区	须采用电缆双环网供电（在不具备条件或规划初期可采用双射或对射接线，逐步过渡到双环网接线方式）
A类区域	西宁市除核心区以外的地区、工业园和其他开发区	根据现场情况确定采用电缆双环网供电或架空混网供电
B类区域	市辖县级供电区	宜采用电缆双射、对射网供电或采用单环网或架空混网供电
C类区域	州、县、农牧区供电区	采用架空网供电
D类区域	A+、A、B、C类区域以外的区域	采用架空网供电

2.2.7 西南区

重庆：(1) 区域划分原则

重庆市所辖供电区域分为 A、B、C、D、E 五类

供电区域类别	区域简称	范围
A 类	市中心区	主城九区内人口密集以及行政、经济、商业、交通集中地区(渝中区、江北区观音桥商圈、沙坪坝区沙坪坝商圈、南岸区南坪商圈、九龙坡区杨家坪商圈、大渡口区大渡口商圈)
B 类	市区	主城九区除市中心区和农村地区以外地区
C 类	区(县)城区	主城九区以外的区(县)政府所在地，市级以上经济开发区、工业园区
D 类	一般农村	主城、渝西片区的农村地区；渝东南、渝东北以“区”为建制命名的农村地区；渝东南、渝东北以“县”为建制命名的偏远农村以外的农村地区
E 类	偏远农村	渝东南、渝东北以“县”为建制命名的人口特别稀少的农村地区

(2) 网络结构

10kV 配电网目标网架结构宜简明清晰，以利于配电自动化的实施。不同供电区域 10kV 配电网应采用不同的目标网架结构，包括单环网、单联络、双射、双环网、多分段多联络、N 供一备等标准接线方式。

10kV 配电网应依据变电站的位置、负荷密度和运行管理的需要，分成若干个相对独立的分区。分区应有大致明确的供电范围，一般不交叉、不重叠，分区的供电范围应随新增加的变电站及负荷的增长而进行调整。

供电区域	推荐网架结构
A 类	电缆网：双环式、单环式、双射式、对射式、N 供一备(N≥2) 架空网：多分段适度联络
B 类	架空网：多分段适度联络、单联络 电缆网：单环式、双射式、对射式
C 类	架空网：多分段适度联络、单联络、单辐射 电缆网：单环式
D 类	架空网：多分段适度联络、单联络、单辐射
E 类	架空网：单联络、单辐射

（3）规划设计原则

1）A类供电区域10kV配电网规划原则

① 以电缆线路为主，待拆迁或电缆线路及相关站点建设受限等区域可采用架空线路。

② 处于建设终期时应满足N-1安全准则，有条件时满足检修状态下N-1，特别重要负荷满足N-2。

③ 宜采用电缆主干环网结构，涉及双电源客户的重要地区可采用双环网结构。

④ 大容量客户以及大容量清洁能源可考虑专用直配线或开闭所直配线接线。

⑤ 规划配电网络应考虑与规划区域外10kV配电网互联的可能，并在规划时考虑电动汽车、清洁能源的接入。

⑥ 配电线路及配电站点建设应预留实现配电自动化相关设施的安装位置，同步考虑相适应的通信系统设备和线缆通道及安装位置。

⑦ 配电自动化建设应按智能型规划，至少应按集成型建设，并逐步向智能型发展；主站系统原则上每个供电单位独立设置一套；信息汇集型子站应在110kV及以上变电站设置。

2）B类、C类供电区域10kV配电网规划原则

① 市区和区县政府所在地区域以电缆线路为主，以架空线路为辅；其他建成区和开发区、工业园区以架空线路为主，电缆线路为辅。

② B类应满足满足N-1安全准则，C类基本满足N-1安全准则，有条件时满足检修状态下N-1。

③ 电缆区域宜采用电缆主干单环网结构，涉及双电源客户的重要地区可采用双环网结构；架空区域宜采用主干线多分段适度联络接线。

④ 大容量客户以及大容量清洁能源可考虑专用直配线或开闭所直配线接线。

⑤ 规划配电网络应考虑与规划区域外10kV配电网互联的可能，并在规划时考虑电动汽车、清洁能源的接入。

⑥ 配电线路及配电站点建设应预留实现配电自动化相关设施的安装位置，同步考虑相适应的通信系统设备和线缆通道及安装位置。

⑦ 配电自动化建设宜按智能型规划，至少应按标准型建设，并逐步向集成型或智能型发展；主站系统原则上每个供电单位独立设置一套；信息汇集型子站原则上在110kV及以上变电站设置。

3）D类、E类供电区域10kV配电网规划原则

① 以架空线路为主，必要时可采用少量电缆线路。

② D类供电区域以基本满足供电为主，E类供电区域以基本覆盖为主，原则上对N-1安全准则不做要求，对部分具备条件的供

电对象，也可适当考虑 N-1 安全准则。

③ 宜采用架空线放射式接线，有条件时可采用单联络的环网接线，必要时可采用主干线多分段适度联络接线。

④ 大容量客户以及大容量清洁能源可考虑专用直配线或开闭所直配线接线。

⑤ 选用相适应的馈线自动化类型。

（4）供电半径

1）10kV 线路供电半径应满足末端电压质量的要求。在电网允许的条件下，原则上 A 类区域供电半径不宜超过 3km；B 类区域供电半径不宜超过 4km；C 类区域供电半径不宜超过 5km；D 类区域供电半径不宜超过 15km；E 类地区供电半径应根据需要确定。

2）380/220V 线路应有明确的供电范围，供电半径应满足末端电压质量的要求。原则上 A 类供电区域供电半径不宜超过 150m，B 类供电区域供电半径不宜超过 250m，C 类供电区域供电半径不宜超过 400m，D 类供电区域供电半径不宜超过 500m，E 类供电区域供电半径应根据需要确定。超过 250m 时，应进行电压质量校核。

（5）10kV 电缆线路

10kV 电缆线路主要由 10kV 电力电缆、电缆附件及户外环网柜等组成。

1）10kV 电力电缆的选取及运用

① 10kV 电力电缆宜采用 ZR-YJV22 阻燃交联聚乙烯三芯铜芯电力电缆，有特殊防火需求区域应选择耐火型电缆。

② A 类、B 类、C 类供电区域变电站 10kV 公用出线电缆及开闭所进线电缆宜选用三芯 400mm^2 铜芯电缆，不得小于 300mm^2。开闭所馈出支干线电缆截面积不宜小于 120mm^2，其他馈出线路电缆截面不宜小于 70mm^2。同时，为发展负荷，宜在满足负荷要求的情况下增大一个截面积等级。(例如 50mm^2 的截面积可选用 70mm^2 的电缆)。单台变压器高压进线电缆可以不用增大截面积。

③ 并联使用电力电缆其长度、型号、规格应相同。

④ 非直埋电缆接头最外层应包覆阻燃材料，敷设密集电缆接头应用耐火防爆槽盒封闭；变电站、开闭所、配电房、楼层竖井内的电缆应涂刷防火涂料或缠绕防火包带。

⑤ 变电站、开闭所、配电房内电缆不应制作中间接头。

2）10kV 电力电缆附件

① 电缆附件包含电缆中间接头、户内终端头、户外终端头、T 型前插头、T 型后插头、肘型头。

② 电缆附件应采用冷缩式或预制式，绝缘材质应采用优质硅橡胶或环氧树脂，不应采用乙丙橡胶。

③ 电缆附件绝缘水平不应低于所配套电缆的绝缘水平。

吉林、黑龙江、江西、江苏、海南、甘肃、新疆、宁夏、四川、云南、贵州、西藏：暂时未找到相关资料。

2.3 供电电压等级以及相应电压等级对应的每路电源供电容量及高压供电关系

2.3.1 华北区

北京：

（1）供电定电压

低压供电：380/220V。

高压供电：10kV、35kV、110kV、220kV。

（2）确定供电电压等级的一般原则

1）客户供电电压等级的确定应以用电最大负荷为主要依据，同时考虑用电设备总容量、客户变电站总变压器容量、当地供电条件及客户分级，经过技术经济比较后确定。除有特殊需要，供电电压等级一般按以下规定确定：

2）客户用电设备总容量在100kW及以下或受电变压器容量在50kVA及以下者，可采用低压供电。

3）在低压供电半径过长且低压负荷密度较大时客户变压器总容量在10～100kVA时，且为单相负荷时，选用10kV单相变供电；客户变压器总容量在30～100kVA时，且有三相负荷时，宜采用单杆背3相变压器供电；其他情况下，宜采用单相或三相低压供电。

4）客户变压器总容量在100～16000kVA（不包含16000VA），宜采用10kV供电。

5）客户变压器总容量在8～40MVA时，宜采用35kV供电。但原则上不推荐建设35kV电压等级的客户变电站，确需建设的，应进行技术经济比较。

6）客户变压器总容量在16～100MVA时，宜采用10kV及以上电压等级供电。

7）客户变压器总容量在100MVA及以上，宜采用220kV及以上电压等级供电。

8）10kV及以上等级供电的客户，当单回路电源线路容量不满足负荷需求且附近无上一级电压等级供电时，可合理的增加供电回路数，采用多回路供电。

9）具有冲击负荷、波动负荷、非对称负荷的客户，宜采用提高电压等级供电或由变电站专路供电的方式。

客户供电电压等级的确定应以用电最大负荷为主要依据，同时考虑用电设备总容量、客户变电站总变压器容量，当地供电条件及客户分级，经过技术经济比较确定（见下表）。

客户供电电压等级参考表

序号	需求种类	用电设备容量	配电变压器总容量	供电电压	适用条件
1	使用电灯及家用电器、小型机器等用电客户；使用机床水泵等工业、动力和配套公建（包括底商）等用电客户	100kW 及以下	50kVA 及以下	380V/220V	需要根据当地电网条件确定
2	在低压供电半径过长且低压负荷密度较大时且为单相负荷用户	100kW 及以下	10～100kVA	10kV	客户用电总容量在 10～100kVA 时，且选用 10kV 单相变供电
2	在低压供电半径过长且低压负荷密度较大时且为三相负荷用户	100kW 及以下	30～100kVA	10kV	客户用电总容量在 30～100kVA 时，且有三相负荷时，宜采用单杆背 10kV 单相变压器供电
3	接受中压供电，使用电灯或小型机器，电灯或与小型机器并用的工业、商业、集中住宅区、配套公建及公共建筑等用电客户	小于 10000kW	16000kVA 以下	10kV	需根据当地电网条件确定
4	接受高压供电，使用电灯或小型机器，电灯或与小型机器并用的工业、商业、集中住宅区及公共建筑等用电客户	大于 8000kW，小于 15000kW	8000～40000kVA	35kV	经过专题技术论证且当地电网具备条件
5	接受高压供电，使用电灯或中小型及以上机器，电灯或与中小型及以上机器并用的工业、商业、公共建筑等用电客户	大于 10000kW	16000～100000kVA	110kV	需根据当地电网条件确定
6	接受高压供电，使用动力的工业及特殊用电客户	大于 30000kW 或所需要的容量	100000kVA 及以上或所需要的容量	220kV	需要根据用电负荷性质及电网条件确定

天津：

（1）供电定电压

低压供电：220V、380V。

高压供电：10kV、35kV、110kV、220kV。

(2) 确定供电电压等级的一般原则

通常市区及滨海新区双路10kV电源供电的负荷参考上限为15000kVA，其他地区参考上限8000kVA。用电负荷超过10kV供电上限，且不超过40000kVA时，采用35kV供电，40000kVA以上时采用110kV供电。具体工程还根据当地供电分局电网情况确定。

河北：

(1) 住宅小区供电容量在4000kVA及以下时，可接入现有10kV公用线路；供电容量在4000kVA以上时，宜从变电站新建10kV线路，其中供电容量在8000～30000kVA时，新建多回10kV线路供电。住宅小区供电容量≥30000kVA时，采用35kV或110kV供电，由住宅小区开发建设单位结合城市规划提供35～110kV变电站的规划用地。

(2) 电缆线路干线截面应按远期规划一次选定，构成环网的干线截面应匹配，建设改造区域的电缆截面及材质选择应标准化，不应采用双缆并联接线。高压电缆截面应力求简化并满足规划、设计要求。

内蒙古：

(1) 供电额定电压

1) 低压供电：单相为220V、三相为380V；

2) 中压供电：为10（20）kV、6kV。

(2) 确定供电电压等级的一般原则

客户供电电压等级的确定应以用电最大负荷为主要依据，同时考虑用电设备容量、客户变电站总变压器容量、当地供电条件及客户需求确定。

配电变压器总容量在50kVA以下，可接入公用配电变压器低压侧；

配电变压器总容量在50～5000kVA时，可接入10kV公网；

配电变压器总容量在5000～12000kVA时，应从变电站单独出10kV线路；

配电变压器总容量在12000kVA以上时，应采用更高电压等级供电。

10kV及以上电压等级供电的客户，当电源线路容量不满足负荷需求，且附近无上一级电压等级供电时，可合理的增加供电回路数，采用多回路供电。具有冲击负荷、波动负荷、非对称负荷的客户，宜采用提高电压等级供电或由系统变电站新建线路的供电方式。

(3) 用电需求与供电电压对应关系（见下表）

山西：

变压器容量大于315kVA，高供高计。以下高供低计。

用电需求与供电电压对应关系

序号	需求种类	客户情况	变压器容量	供电电压	适用条件
1	公用柱上变压器供电的客户	用电设备容量 100kW 及以下	50kVA 及以下	380V/220V	公用架空网
2	为平房区域居民供电		100kVA 以内	10kV 单相	公用架空网
3	居民住宅区内的“底商”客户，使用电灯及家用电器、小型机器等的用电客户	用电负荷 100kW 以下		380V/220V	一般提供单电源（电缆网供电）
4	中压供电，使用电灯或小型机器、电灯或与小型机器并用的工业、商业、集中住宅区、配套公建及公共建筑等用电客户		12000kVA 以下	10kV	根据当地电网条件，可采用双路电源供电等

2.3.2 东北区

辽宁：

低压供电：220V、380V。

高压供电：10kV、35kV、66kV、110kV、220kV。

客户供电电压等级的确定应以用电最大负荷为主要依据，同时考虑用电设备总容量、客户变电站总变压器容量，当地供电条件及客户分级，经过技术经济比较确定。

新装总容量超过 10000kVA，根据用电性质综合确定可以由 66kV 变电所新出专用线路或采用开关站供电。

新装总容量 5000～10000kVA，由 66kV 变电所新出线路，作为公用线路管理。

新装容量在 5000kVA 以下，在现有线路容量允许的条件下可接入公网，接入负荷后的环网线路应满足 N-1 原则，放射性线路不超过额定电流的 80%。

新装容量在 100kVA 以下，电缆线路采用配电室接入，架空线路采用标准变台或配电室接入，公用变压器容量满足时，可以直接接入。

吉林：

（1）供电定电压

低压供电：220V、380V。

高压供电：10kV、66kV、220kV。

（2）确定供电电压等级的一般原则

客户供电电压等级的确定应以用电最大负荷为主要依据，同时考虑用电设备总容量、客户变电站总变压器容量，当地供电条件及客户分级，经过技术经济比较确定（见下表）。

客户供电电压等级参考表

序号	需求种类	配电变压器总容量	供电电压	适用条件
1	使用电灯及家用电器、小型机器等用电客户；使用机床水泵等工业、动力和配套公建（包括底商）等用电客户	315kVA及以下	380V/220V	需要根据当地电网条件确定，但必须与电业部门沟通
2	使用电灯或小型机器，电灯或与小型机器并用的工业、商业、集中住宅区、配套公建及公共建筑等用电客户	315～15000kVA	10kV	需要根据当地电网条件确定，但必须与电业部门沟通
3	集中住宅区及公共建筑等用电客户	15000～80000kVA	66kV	需要根据当地电网条件确定可设两个开闭所，但必须与电业部门沟通
4	集中住宅区及公共建筑等用电客户	80000kVA及以上或所需要的容量	66kV/220kV	需根据当地电网条件确定

2.3.3 华东区

上海：

在现有上海电网电压等级序列的条件下，110kV、35kV、10kV用户供电电压等级确定如下表。

供电电压等级参考表

序号	用户申请报装容量(kVA)	供电电压
1	250～8000kVA（含8000kVA）	应采用10kV电压供电
2	8000～30000kVA（含30000kVA）	若周边有35kV电源资源可利用时，应采用35kV电压供电；若周边无35kV电源资源可利用时，应采用10kV电压多回路供电（原则上不超过4回路）
3	30000～40000kVA（含40000kVA）	若周边有35kV电源资源可利用时，应采用35kV电压供电；若周边无35kV电源资源可利用时，应采用110kV及以上电压供电
4	40000kVA以上	应采用110kV及以上电压供电

注：周边35kV电源指以用户所在地为圆心，半径4km范围内的35kV电源点。

浙江、江苏：同北京。

福建：

（1）供电定电压

低压供电：220V、380V。

中压供电：10kV、35kV。

（2）确定供电电压等级的一般原则

1）用户单相用电设备总容量在12kW及以下时可采用低压220V供电。

2）用户用电设备总容量在200kW及以下或用户受电容量需用变压器在100kVA及以下者，可采用低压三相四线制供电，特殊情况也可采用10kV供电。用电负荷密度较高的地区，经过技术经济比较，采用低压供电的技术经济性明显优于10kV供电时，低压供电的容量可适当提高。

3）用户受电变压器总容量在100kVA～10MVA时（含10MVA），宜采用10kV供电，无35kV电压等级地区，10kV供电容量可扩大至15MVA。

4）用户申请容量超过15MVA，应综合考虑客户申请容量、用电设备总容量，并结合生产特性兼顾主要用电设备同时率、同时系数等因素，并根据当地电网情况，确定采用高电压等级供电或采用10kV多回路供电，若采用10kV多回路供电，供电容量不应超过40MVA，占用变电站10kV间隔不应超过4个。

5）临时供电：基建施工、市政建设、抗旱打井、防汛排涝、抢险救灾、集会演出等非永久性用电，可实施临时供电。具体供电电压等级取决于用电容量和当地的供电条件。

山东：

（1）供电定电压

低压供电：220V、380V。

高压供电：10kV、35kV、110kV、220kV。

（2）确定供电电压等级的一般原则

供电电压等级的确定应以用电最大负荷为主要依据，同时考虑用电设备总容量、客户变电站总变压器容量，当地供电条件及客户分级，经过技术经济比较确定。具体需要当地供电部门初步供电方案定，各地要求不同。

江西：

（1）供电定电压

低压供电：220V、380V。

高压供电：10kV、35kV、110kV、220kV。

（2）220V/380V 电压等级

① 用户单相用电设备总容量在 12kW 及以下时可采用低压 220V 供电。

② 用户受电容量需用变压器在 50kVA 以下者，可采用低压三相四线制供电，特殊情况也可采用 10kV 供电；用户受电容量需用变压器在 50kVA 及以上者，应采用 10kV 供电。

③ 用电负荷密度较高的地区，经过技术经济比较，采用低压供电的技术经济性明显优于 10kV 供电时，低压供电的容量可适当提高。

④ 住宅小区中住宅楼、独立供电的车库及杂物间等由小区公用变供电，在末端采用一户一表集中表箱供电。

⑤ 对于地下室照明、抽水、电梯、公共景观及消防等住宅共用设施设备由小区专用变供电，计量装置宜设于专用空间内。

（3）10kV 电压等级

① 用户受电变压器总容量在 50kVA～10MVA 时（含 10MVA），宜采用 10kV 供电，无 35kV 电压等级地区，10kV 供电容量可扩大至 20MVA。

② 用户申请容量超过 20MVA，应综合考虑客户申请容量、用电设备总容量，并结合生产特性兼顾主要用电设备同时率、同时系数等因素，并根据当地电网情况，经论证后确定采用 110kV 电压等级供电或采用 10kV 多回路供电，10kV 电压等级供电容量不应超过 40MVA。

（4）非线性负荷用户

对非线性负荷用户（特别是电弧炉项目、化工整流项目、电气化铁路、地铁等用户）应根据接入系统设计评审意见确定供电电压等级。

2.3.4 华南区

广东深圳：（摘自《深圳供电局有限公司中压专线供电接入细则》深供电计〔2014〕41 号一（三）款）：200A 以上重要电力客户可采用专线供电方案，其他一般采用环网供电方案。

（1）供电定电压

低压供电：220V、380V。

高压供电：10kV、20kV、110kV、220kV、500kV。

（2）客户的供电电压等级应根据当地电网条件、客户分级、用电最大需求量或受电设备总容量，经过技术经济比较后确定。

1）非居民住宅小区

各单位应根据公司基线标准，统一业扩投资界面，最终实现业扩投资界面全口径、全电压等级延伸至客户红线。

① 客户用电容量在 100kVA（含）以上的，由 10kV 电压等级供电。

② 客户用电容量在 10kVA（含）至 100kVA（不含）需专变供电的，可采用 10kV 专变供电。

③ 客户用电容量在 15kW（含）至 100kW（不含）不需专变供电的，应采用 380V 供电。

④ 客户用电容量在 15kW（不含）以下且无需三相供电的，应采用 220V 供电。

2）居民住宅小区

① A+、A、B 类供电区居民住宅小区应采用环网供电方式，C、D 类供电区居民住宅小区宜采用环网供电方式。

② 对于装机总容量在 40000kVA 及以上的小区，由客户无偿提供变电站用地，由供电企业投资建设变电站（含输电线路、出线间隔）到客户规划用电区域红线范围内，以客户接入供电企业投资变电站出线间隔的电缆终端头为投资分界点，分界点电源侧设施由供电企业投资建设，分界点负荷侧设施（含电缆终端头）由客户投资建设。

③ 小区终期规划装机总容量在 40000kVA 以下的，应由 10kV 供电，对于装机总容量 8000（含）～40000kVA 以下的小区，宜由变电站 10kV 开关柜出线供电。

④ 有独立产权的商品房供电方式按一户一表配置。

⑤ 小区配套的商场（超市）、会所、幼儿园及学校等采用独立回路供电，按照电价类别独立安装电表计费，用电容量在 100kW 及以上的，应单独设置专变供电。

⑥ 对于地下室照明、抽水、电梯、消防、公共景观及照明等公用设施设备由小区公用变供电，如上述设备单台容量超过 100kW 及以上时应设置小区专用变供电，计量装置宜设于独立配电室内。

⑦ 住宅小区中住宅楼、小间式商业店面、独立供电的车库及杂物间由小区公用变供电，在末端采用一户一表集中表箱供电，当非居民负荷数量或容量较大时应由专变供电。

3）以上内容若公司另有文件规定的，按相关文件要求执行。

广东其他地区： 每路电源的供电容量的设置原则（摘自中国南方电网《10kV 及以下业扩受电工程技术导则（2018 版）》第 7.5.4 条）

广州市（摘自广州供电局有限公司业扩接入方案编制规范（2019 年 1 月修订）表 5.3.3）：当非居民用户实用负荷电流大于 200A 时，应采用 10kV 新出馈线供电，且根据新出馈线数量在红线边界提供公用开关房，根据用户报装负荷的大小和可靠性要求，应批给用户的线路及开关房数量也不同，具体如下：

用户审批标准 \ 所需新出线	单电源用户新出线回数(回)	1	2	3	4	5
	双电源用户新出线回数(回)	2	3	5	6	8
开关房数量(间)		1～2	2～3	3～5	4～6	5～8
商业及非工业报装负荷(MW)		3.5～8	8～16	16～24	24～31	31～39
工业用户装见容量(MVA)		4.5～10	10～20	20～30	30～40	—
混合型用户或其他用户负荷(MW)		3.5～8	8～16	16～24	24～31	31～39

广西：

(1) 供电定电压

低压供电：220V、380V。

高压供电：10kV、35kV、110kV、220kV。

(2) 确定供电电压等级的一般原则

315kVA以下可以采用380V供电，315kV及以上采用10kV电源供电，每路10kV电源装机容量在7000～8000kVA，不超过10000kVA。原则上为高压供电，少数160kW以下如已有室外的杆上变压器如满足需求可采用380V供电。原则上每路10kV（非专线回路）电源装机容量不超过8000kVA，部分特殊用户经供电部门特别审批后可采用专线回路（400mm^{2}的电缆），装机容量可达到12000～15000kVA，具体由供电部门定。民用建筑目前广西极少采用10kV以上的高压电源供电。

海南：

供电电压等级应根据电网条件、客户分级、用电最大需求量或受电设备总容量，经过技术经济比较后确定。

(1) 非居民住宅小区

1) 用电容量在100kVA（含）以上的，由10kV电压等级供电。

2) 用电容量在10（含）～100kVA（不含）需专变供电的，可采用10kV专变供电。

3) 用电容量在15（含）～100kW（不含）不需专变供电的，应采用380V供电。

4) 用电容量在15kW（不含）以下且无需三相供电的，应采用220V供电。

(2) 居民住宅小区

1) A+、A、B类供电区居民住宅小区应采用环网供电方式，C、D类供电区居民住宅小区宜采用环网供电方式。

2）对于装机总容量在 40000kVA 及以上的小区，由客户无偿提供变电站用地，由供电企业投资建设变电站（含输电线路、出线间隔）到客户规划用电区域红线范围内，以客户接入供电企业投资变电站出线间隔的电缆终端头为投资分界点，分界点电源侧设施由供电企业投资建设，分界点负荷侧设施（含电缆终端头）由客户投资建设。

3）小区终期规划装机总容量在 40000kVA 以下的，应由 10kV 供电，对于装机总容量 8000（含）～40000kVA 以下的小区，宜由变电站 10kV 开关柜出线供电。

4）有独立产权的商品房供电方式按一户一表配置。

5）小区配套的商场（超市）、会所、幼儿园及学校等采用独立回路供电，按照电价类别独立安装电表计费，用电容量在 100kW 及以上的，应单独设置专变供电。

6）对于地下室照明、抽水、电梯、消防、公共景观及照明等公用设施设备由小区公用变供电，如上述设备单台容量超过 100kW 及以上时应设置小区专用变供电，计量装置宜设于独立配电室内。

7）住宅小区中住宅楼、小间式商业店面、独立供电的车库及杂物间由小区公用变供电，在末端采用一户一表集中表箱供电，当非居民负荷数量或容量较大时应由专变供电。

2.3.5 中南区

湖北：

（1）供电定电压

低压供电：220V、380V。

高压供电：10kV、20kV、35kV、110kV、220kV。

（2）确定供电电压等级的一般原则

主要根据客户报装容量大小及区域市政电网情况来确定供电电压等级，具体详见下表。

客户供电电压等级参考表

序号	客户报装最大容量(单回路)	供电电压	适用条件
1	160kVA	380V/220V	需要根据当地电网条件确定
2	15000kVA	10kV	文件规定 10kV 单回路最大容量为 8000kVA，但考虑到实际变压器负载率及同时使用系数等因素，武汉中心城区 10kV 单回路最大容量已放宽到不超过 15000kVA
3	25000kVA	20kV	武汉地区仅东湖高新区部分区域采用 20kV 高压配电电网

续表

序号	客户报装最大容量(单回路)	供电电压	适用条件
4	40000kVA	35kV	多用于大型工厂、城市泵站、地铁等项目,且经过专题技术论证
5	100000kVA	110kV	需根据当地电网条件确定

湖南：

供电定电压：

低压供电：220V、380V。高压供电：10kV、35kV、110kV、220kV。暂时没有相关文件规定。

河南：

（1）供电电压：

低压供电：220V、380V。

高压供电：10kV、20kV、35kV（逐步淘汰）、110kV、220kV。

（2）10kV 一路供电容量一般小于 10000kVA。其余未做明确规定。

2.3.6 西北区

陕西：

供电定电压

低压供电：220V、380V。

高压供电：10kV、20kV、35kV、110kV、220kV。

新疆乌鲁木齐：

供电容量 10kV 供电容量通常不超过 8000～10000kVA，供电方案有效期 2 年，具体项目供电方案需供电部门审批。

青海：

（1）供电定电压

低压供电：220V、380V。

高压供电：10kV、35kV、110kV。

（2）确定供电电压等级的一般原则

客户供电电压等级的确定应以用电最大负荷为主要依据，同时考虑用电设备总容量、客户变电站总变压器容量，当地供电条件及客户分级，经过技术经济比较确定（见下表）。

客户供电电压等级参考表

序号	需求种类	用电设备容量	配电变压器总容量	供电电压	适用条件
1	使用电灯及家用电器，小型机器等用电客户；使用机床水泵等工业、动力和配套公建（包括底商）等用电客户	100kW 及以下	50kVA 及以下	380V/220V	需要根据当地电网条件确定
2	在低压供电半径过长且低压负荷密度较大时且为单相负荷用户	10kW 及以下	10～100kVA	10kV	
	在低压供电半径过长且低压负荷密度较大时且为三相负荷用户	100kW 及以下	30～100kVA	10kV	
3	接受中压供电，使用电灯或小型机器，电灯或与小型机器并用的工业、商业、集中住宅区、配套公建及公共建筑等用电客户	小于 8000kW	10000kVA 以下	10kV	需根据当地电网条件确定
4	接受高压供电，使用电灯或小型机器，电灯或与小型机器并用的工业、商业、集中住宅区及公共建筑等用电客户	大于 8000kW	10000kVA 以上	35kV 及以上电压等级	经过专题技术论证且当地电网具备条件

2.3.7 西南区

重庆：

（1）供电定电压

配电网电压等级的选择应符合《标准电压》GB/T 156 规定，中压配电电压为 10kV，低压配电电压为 380/220V。

（2）确定供电电压等级的一般原则

1）一般民用建筑：用电设置容量在 12kW 及以下时，可采用低压 220V 单相供电；用电设置容量在 100kW 以下或受电变压器容量在 50kVA 及以下时，的采用低压 380V 三相供电；

2）受电变压器总容量在 50～10000kVA（含 10000kVA）时，宜采用 10kV 供电系统，无 35kV 电压等级地区，10kV 电压等级供电容量可扩大到 15000kVA；

3）用户接入容量较大时（10kV、3000kVA 及以上），宜由开闭所或变电站引入 10kV 专线供电；

4）供电半径较长、负荷较大的用户，当电压质量不满足要求时，应采用高一级电压供电。

四川：

（1）基本要求

1）客户供电电压等级应根据当地电网条件、客户分级、负荷性质、用电最大需求或受电设备总负荷，经过技术经济比较后确定。

2）按照国家、行业相关技术标准，具有冲击负荷、波动负荷、非对称负荷的客户，宜采用由公用变电站直馈线路或提高电压等级的供电方式。

3）供电半径超过本级电压供电半径规定时，可按高一级电压供电。

（2）电压等级

1）高压非工业客户

序号	受电变压器容量	供电电压等级	备　注
1	1.5 万 kVA 以下	10kV	按非专线方式供电
2	1.5 万～6.0 万 kVA	10kV	按专线方式供电，可多回供电，最多不超过 4 回
3	6.0 万～13.0 万 kVA	110kV	按专线方式供电，可多回供电
4	大于 13.0 万 kVA	220kV	按专线方式供电，可多回供电

备注：1. 同一客户的主供电源不能同时采用专用线路和公用线路两种方式。

2. 对成都、天府中心城区，结合公用变电站情况，10kV 专线供电的客户受电变压器容量可按照 1.0～1.2 系数适当放大。

2）低压客户

单相供电方式：城区地区客户单相用电负荷在 16kW 及以下、农村地区客户单相用电负荷在 10kW 及以下时，可采用低压 220V 供电。

三相供电方式：城区地区客户三相用电负荷在 100kW 及以下、农村地区客户三相用电负荷在 50kW 及以下时，可采用低压 380V 供电。

3）分布式电源

分布式电源并网电压等级可根据装机容量进行初步选择，参考标准如下：8kW 及以下可接入 220V；8～400kW（含）可接入 380V；400～6000kW 可接入 10kV；5000～30000kW 以上可接入 35kV。最终并网电压等级应根据电网条件，通过技术经济比选论证确定。若高低两级电压均具备接入条件，优先采用低电压等级接入。

4）电动汽车充换电设施

电动汽车充换电设施总额定输出功率在 100kW 以上的，宜采用高压供电。

云南：

供电定电压

一般民用建筑客户用电设置容量在100kVA及以下的采用低压380V供电。用电容量在100kVA（含）以上的，由10kV电压等级供电。用电容量在10（含）～100kVA（不含）需专变供电的，可采用10kV专变供电。用电容量在15（含）～100kW（不含）不需专变供电的，应采用380V供电。

贵州：

（1）供电额定电压

低压供电：220V、380V。

高压供电：10kV、35kV、110kV。

（2）确定供电电压等级的一般原则

客户供电电压等级的确定以用电最大负荷为主要依据，同时考虑用电设备总容量、客户变电站总变压器容量，当地供电条件及客户分级，经过技术经济比较确定（见下表）。

客户供电电压等级参考表

序号	需求种类	用电设备容量	配电变压器总容量	供电电压	适用条件
1	使用电灯及家用电器、小型机器等用电客户；使用机床水泵等工业、动力和配套公建（包括底商）等用电客户	100kW及以下	50kVA及以下	380V/220V	需要根据当地电网条件确定
2	在低压供电半径过长且低压负荷密度较大时且为三相负荷用户	100kW及以下	30kVA-100kVA	10kV	客户用电总容量在30～100kVA时，且有三相负荷时，采用杆上变10kV供电
3	接受中压供电，使用电灯或小型机器，电灯或与小型机器并用的工业、商业、集中住宅区、配套公建及公共建筑等用电客户	小于10000kW	16000kVA以下	10kV	需根据当地电网条件确定
4	接受高压供电，使用电灯或小型机器，电灯或与小型机器并用的工业、商业、集中住宅区及公共建筑等用电客户	大于8000kW，小于15000kW	8000～40000kVA	35kV	经过专题技术论证且当地电网具备条件。通常由供电部门解决

西藏：

（1）供电电压

低压供电：220V、380V。

高压供电：10kV 及以上。

（2）确定供电电压等级的一般原则

客户供电电压等级的确定应根据用电容量、供电距离、当地公共电网现状和它的发展规划，经过技术经济比较确定。一般可参照以下原则确定：

1）一般民用建筑客户用电设置容量在 100kW 以下的采用低压 380V 供电；

2）设置容量在 100～10000kVA 宜采用 10kV 供电系统，接入现有 10kV 公用线路；

3）设置容量在 10000～15000kVA 宜采用 10kV 供电系统，从变电站新建 10kV 专用线路；

4）设置容量在 15000kVA 以上的应采取更高电压等级供电。

注：黑龙江、安徽、甘肃、宁夏：暂时未找到相关资料。

2.4 各种供电需求对应的主接线要求及图示

地区	省、直辖市和自治区名称	各种供电需求相应的主接线要求及图示	扫码看图
华北区	北京	电气主接线的要求： (1)10kV 一次主接线、供电方式及一次接线形式须与高压供电方案相符。 (2)电源合环闭锁符合要求(10kV 多路电源供电，为防止 10kV 合环造成系统保护装置误动，除有特殊需求并经调度部门批准外，其他客户必须具有防止电源合环电气闭锁装置)。 (3)分配电室 10kV 侧不宜设联络开关。 (4)低压(0.4kV)防止多路电源合环的电气闭锁回路符合要求。 (5)防误操作闭锁符合要求(进线隔离车、计量车与进线柜断路器；母联隔离车与母联断路器之间有防止误操作的电气闭锁回路)。 (6)客户内部自备应急电源(发电机)与市电应具备闭锁回路。 (7)除防误操作闭锁以外“五防”装置符合要求	(内容较多，请耐心等待缓存) 附图 2.4-1：北京主接线要求图示

续表

地区	省、直辖市和自治区名称	各种供电需求相应的主接线要求及图示	扫码看图
华北区	内蒙古	(1)中压架空线路的接线方式一般为环网接线开环运行方式。缺少变电站电源点的地区可采用单放射方式,宜尽可能实现同站线路之间联络。 架空线路宜多分段、适度联络,分段与联络数量应根据客户数量、负荷性质、线路长度和环境等因素确定。优先采取线路尾端联络,宜实现对线路大支线的联络。 (2)中压电缆线路的接线方式一般为双射接线、双环接线、单环接线方式等。 1)电缆双射接线、双环接线等方式适用于可靠性要求高、不适合以架空线路供电的客户,一般由同一变电站不同母线或不同变电站提供电源,双环接线可逐步实现。 2)电缆单环接线适用于电缆化区域可靠性要求不高的客户,一般采用异站单环接线方式,不具备条件时采用同站不同母线单环接线方式。在单环网尚未形成时,可采取与现状架空线路暂时“联络”的方式; (3)对于分期建设、负荷集中的住宅小区客户应采用开闭站辐射接线方式,开闭站可根据负荷情况选择二电源(可来自区域内同一变电站的不同母线或来自区域内不同的变电站)或三电源(其中两路电源若来自同一变电站,则第三路电源必须来自不同的变电站)开闭站建设形式。中压开闭站接线宜简化,应采用单母线分段接线方式,并应设置联络开关	
	山西	根据客户供电要求确定供电方案,单母全供全备,单母分段主供全部负荷;备供部分负荷	
东北区	吉林	电气主接线的要求: (1)10kV一次主接线、供电方式及一次接线形式须与高压供电方案相符。 (2)双电源变电所应具有防止倒送电的电气机械闭锁回路,两路电源一用一备(第二路电源经调度同意方可送电)并应符合下列规定:1)在进线断路器控制回路中,应具有在合闸前,断开分段断路器或另一进线断路器合闸回路的功能。2)断路器应装设闭锁控制开关,并应具有将操作把手取出的功能。 (3)低压(0.4kV)防止多路电源合环的电气闭锁回路符合要求。 (4)防误操作闭锁符合要求:1)应满足变电所在各种运行方式情况下的防误操作功能。2)移开式隔离柜、电能计量柜,应装设具有物质接点的电气元件。3)固定式安装的隔离开关,应装设与操作手柄联动的辅助开关。4)电源侧接地开关,应具有带电显示器闭锁的功能。 (5)客户内部自备应急电源(发电机)与市电应具备闭锁回路。 (6)除防误操作闭锁以外“五防”装置符合要求。 (7)10kV变电所0.38kV侧,应具有故障闭锁及带零位的电源自动转换系统(ATS)功能。0.38kV侧,采用具有故障闭锁的“自投不自复”、“手投手复”的切换方式。不采用“自投自复”的切换方式	附图2.4-2~6:吉林10kV主接线图示、吉林0.4kV主接线图示1~4

续表

地区	省、直辖市和自治区名称	各种供电需求相应的主接线要求及图示	扫码看图
华东区	上海、安徽	(1)110kV用户 110kV用户共有三种典型供电方案，八种典型接线可供选择。 典型供电方案： 110kV用户典型供电方案可分为以下三种：1)上级电源变电站直供；2)经开关站供电；3)经变电站环出供电。 供电方案的选择原则： 依据110kV电力用户的重要性分级(上海市、安徽省分别参见《上海市电力公司重要电力用户供用电安全管理细则》、《安徽省电力公司重要电力用户供用电安全管理细则》)选择相应的供电方案，具体原则如下：特级重要用户、一级重要用户视周边电源的具体情况可选择上级电源变电站直供供电或经110kV开关站供电、经110kV变电站环出供电模式。二级重要用户和非重要用户可选择经110kV开关站供电、经110kV变电站环出方式供电模式。 (2)35kV用户 35kV用户共有三种典型供电方案，八种典型接线可供选择。 典型供电方案： 35kV用户典型供电方案可分为以下三种：1)上级电源变电站直供方案；2)经开关站供电方案；3)经变电站环出方案。除部分特级、一级重要用户外，其他用户原则上不采用变电站直供方案。 供电方案的选择原则： 依据35kV电力用户的重要性分级(上海市、安徽省分别参见《上海市电力公司重要电力用户供用电安全管理细则》《安徽省电力公司重要电力用户供用电安全管理细则》)选择相应的供电方案，具体原则如下：1)特级重要用户、一级重要用户视周边电源的具体情况应采用上级电源变电站直供供电方案、经35kV开关站供电方案、经35kV变电站环出供电方案。2)二级重要用户可采用经35kV开关站供电方案、经变电站环出方式供电方案。3)一般用户视其单回路线路所供容量，选用相应的供电方案： ①单回线路所供容量≥20000kVA时，可优先采用上级电源变电站直供供电； ②若35kV开关站或变电站进线承载能力允许，也可采用经35kV开关站供电、经变电站环出方式供电； ③单回线路所供容量<20000kVA时，可采用经35kV开关站供电、经变电站环出方式供电。 (3)10kV用户 10kV用户共有四种典型供电方案，七种典型接线可供选择。 典型供电方案： 10kV用户典型供电方案分为以下四种：1)110、35kV变电站直供供电方案；2)开关站供电方案；3)环网站供电方案；4)架空线直接供电方案。除临时用电用户外，10kV用户不应采用电缆分支箱供电。	附图2.4-7～9：上海35kV主接线要求图示、上海10kV主接线要求图示、上海0.4kV主接线要求图示； 附图2.4-10～17：安徽主接线要求图示1～8

续表

地区	省、直辖市和自治区名称	各种供电需求相应的主接线要求及图示	扫码看图
华东区	上海、安徽	供电方案的选择原则： 依据10kV电力用户的重要性分级(参见《上海市电力公司重要电力用户供用电安全管理细则》、《安徽省电力公司重要电力用户供用电安全管理细则》)选择相应的供电方案，具体原则如下：1)特级重要用户、一级重要用户视周边电源的具体情况应采用110、35kV变电站直供供电方案或开关站供电方案。2)二级重要用户可采用110、35kV变电站直供供电方案、开关站供电方案、环网站供电方案、架空线直接供电方案。3)一般用户视其单回路线路所供容量，选用相应的供电方案： ①用户单路用电容量≥6000kVA的10kV用户(或用户单路用电容量＜6000kVA规定由变电站直供的重要用户)可由上级电源变电站直供；若10kV开关站进线承载能力允许，也可采用经10kV开关站供电。 ②用户单路用电容量＜6000kVA且＞800kVA(消弧线圈接地系统为＞1000kVA)的10kV用户可由开关站供电。 ③用户单路用电容量≤800kVA(消弧线圈接地系统可放宽至1000kVA)的10kV用户可由环网站供电或架空线直接供电模式；政府规定架空线必须入地地区，不应采用架空直接供电模式。 架空线宜分为3个供电单元，每个供电单元宜由3个及以下分段线路组成。城网每分段接入电业变压器或用户接入点的节点数量应控制在6个及以下，农网每分段接入电业变压器或用户接入点的节点数量应控制在9个及以下	附图2.4-7～9：上海35kV主接线要求图示、上海10kV主接线要求图示、上海0.4kV主接线要求图示； 附图2.4-10～17：安徽主接线要求图示1～8
	浙江、山东、江苏	同北京	附图2.4-18：浙江主接线要求图示； 附图2.4-19、20：山东主接线要求图示、山东10/0.4kV市电供电图示； 附图2.4-21：江苏主接线图示
	江西	无	附图2.4-22：江西主接线图示
华南区	广东	深圳：(1)确定电气主接线的一般原则 1)根据进出线回路数、设备特点及负荷性质等条件确定。 2)满足供电可靠、运行灵活、操作检修方便、节约投资和便于扩建等要求。 3)在满足可靠性要求的条件下，宜减少电压等级和简化接线。	

续表

地区	省、直辖市和自治区名称	各种供电需求相应的主接线要求及图示	扫码看图
华南区	广东	(2)电气主接线的主要型式 1)单母线接线 适用于一路工作或二级(重要)负荷双电源一主一备的配电站。高压母线宜装设不超过六回(变压器、出线)出线开关的接线方式。 2)单母线分段接线 适用于两路工作电源一主一备、分列运行互为备用或出线回路较多的配电站。 (3)电气主接线的确定 1)配电站10kV及0.4kV的母线,宜采用单母线或单母线分段接线形式。 2)当柱上变压器容量小于315kVA时,10kV电源进线开关宜采用跌落式熔断器;当柱上变压器容量在315kVA及以上至500kVA及以下范围时,宜采用断路器。 3)配电站10kV进出线开关的应用原则: ①配电站的电源进出线开关宜采用断路器或负荷开关,当有快速保护需求时,应采用断路器。 ②用户专用配电站的单台干式变压器容量在800kVA及以下或单台油浸式变压器容量在630kVA及以下,且配电站变压器不超过2台时,用户配电站10kV 电源进线开关可采用断路器或负荷开关。当单台变压器容量不在此范围时或配电站变压器超过2台时,用户配电站的10kV电源进线开关应采用断路器。 4)单台干式变压器容量在800kVA及以下或单台油浸式变压器容量在630kVA及以下时,配变柜可采用带熔断器的负荷开关,单台变压器容量不在上述范围时,配变柜应采用断路器。 5)10kV母线的分段处宜装设断路器。 6)10kV固定式配电装置的出线侧,在架空出线回路或有反馈可能的电缆出线回路中,应装设线路隔离开关。 7)采用10kV熔断器负荷开关固定式配电装置时,应在电源侧装设隔离开关。 8)10kV电源进线处,可根据当地供电部门的规定,装设或预留专供计量用的电压、电流互感器。 9)低压侧总开关,宜采用低压断路器或隔离开关。当有继电保护或自动切换电源要求时,低压侧总开关和母线分段开关均应采用低压断路器。 10)当低压母线为双电源,配电变压器低压侧总开关和母线分段开关采用低压断路器时,在总开关的出线侧及母线分段开关的两侧,宜加装设刀开关或隔离触头。 11)低压接线应至少预留一个给配电站公共照明、抽风、空气调节装置等设备用电的断路器。 12)正常电源供电电源与备用发电机电源之间的电源转换的功能性开关,应采用四极开关。	

续表

地区	省、直辖市和自治区名称	各种供电需求相应的主接线要求及图示	扫码看图
华南区	广西	电气主接线的要求满足《南方电网公司电能计量装置典型设计》标准做法 (1)单电源高供低计($S<315$kVA)一次主接线图 10kV 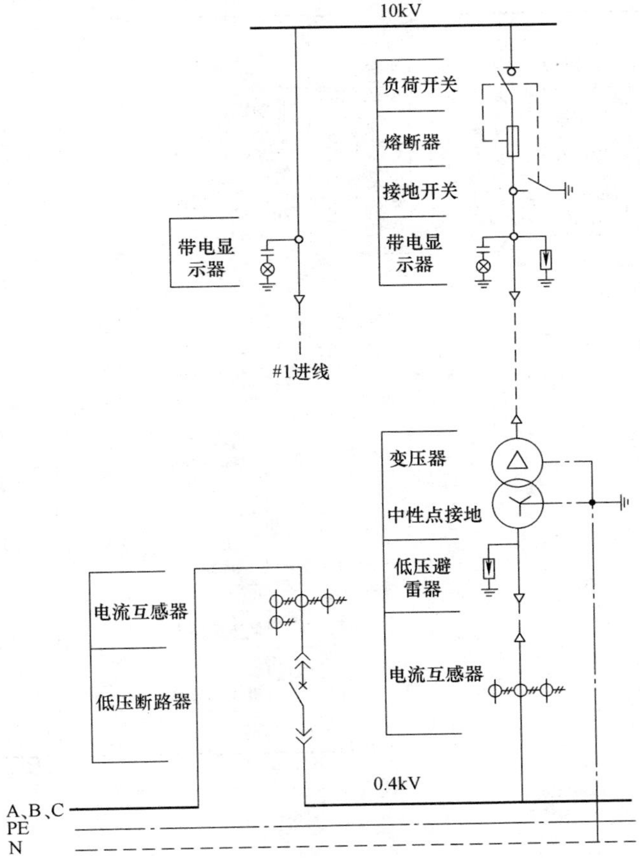 负荷开关 熔断器 接地开关 带电显示器 带电显示器 #1进线 变压器 中性点接地 低压避雷器 电流互感器 电流互感器 低压断路器 0.4kV A、B、C PE N	

续表

地区	省、直辖市和自治区名称	各种供电需求相应的主接线要求及图示	扫码看图
华南区	广西	(2)单电源高供高计(315≤S<800kVA)一次主接线图 10kV 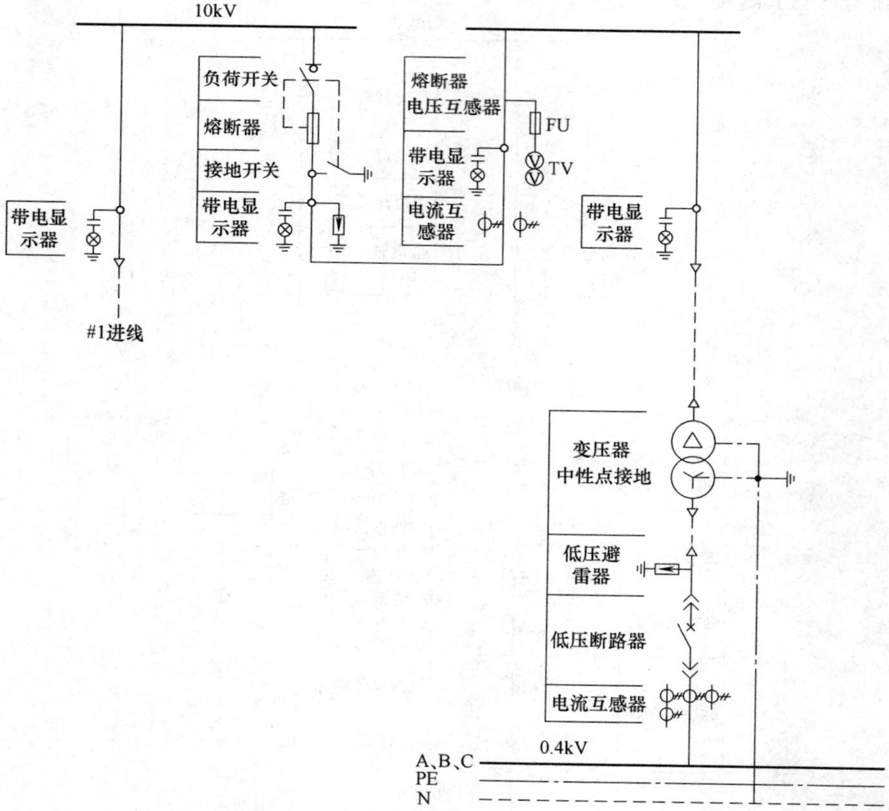 负荷开关 熔断器 接地开关 带电显示器 熔断器 电压互感器 FU 带电显示器 TV 电流互感器 带电显示器 带电显示器 #1进线 变压器中性点接地 低压避雷器 低压断路器 电流互感器 0.4kV A、B、C PE N	

续表

地区	省、直辖市和自治区名称	各种供电需求相应的主接线要求及图示	扫码看图
华南区	广西	(3)单电源高供高计(S≥800kVA)一次主接线图 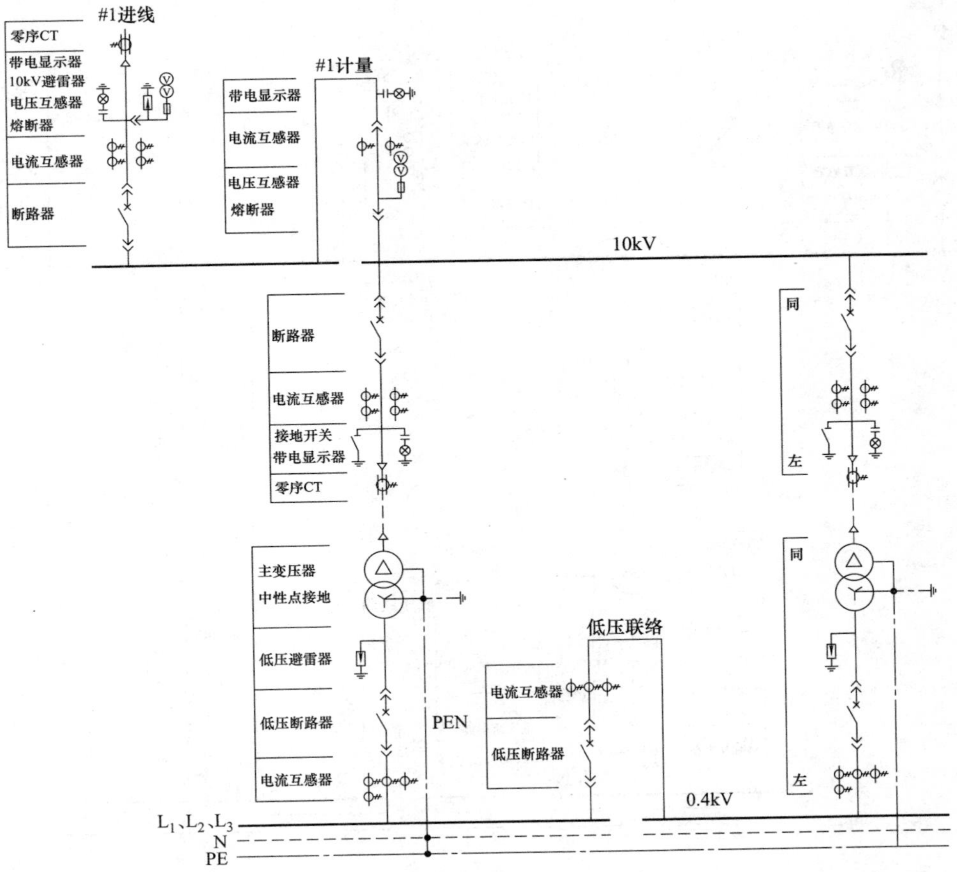 #1进线 零序CT 带电显示器 10kV避雷器 电压互感器 熔断器 电流互感器 断路器 #1计量 带电显示器 电流互感器 电压互感器 熔断器 10kV 断路器 电流互感器 接地开关 带电显示器 零序CT 同 左 主变压器 中性点接地 同 低压避雷器 低压断路器 电流互感器 PEN 低压联络 电流互感器 低压断路器 左 0.4kV L_1、L_2、L_3 N PE	

续表

地区	省、直辖市和自治区名称	各种供电需求相应的主接线要求及图示	扫码看图
华南区	广西	(4)双电源高供高计($S\geqslant$800kVA,一主一备,备用自投)一次主接线图 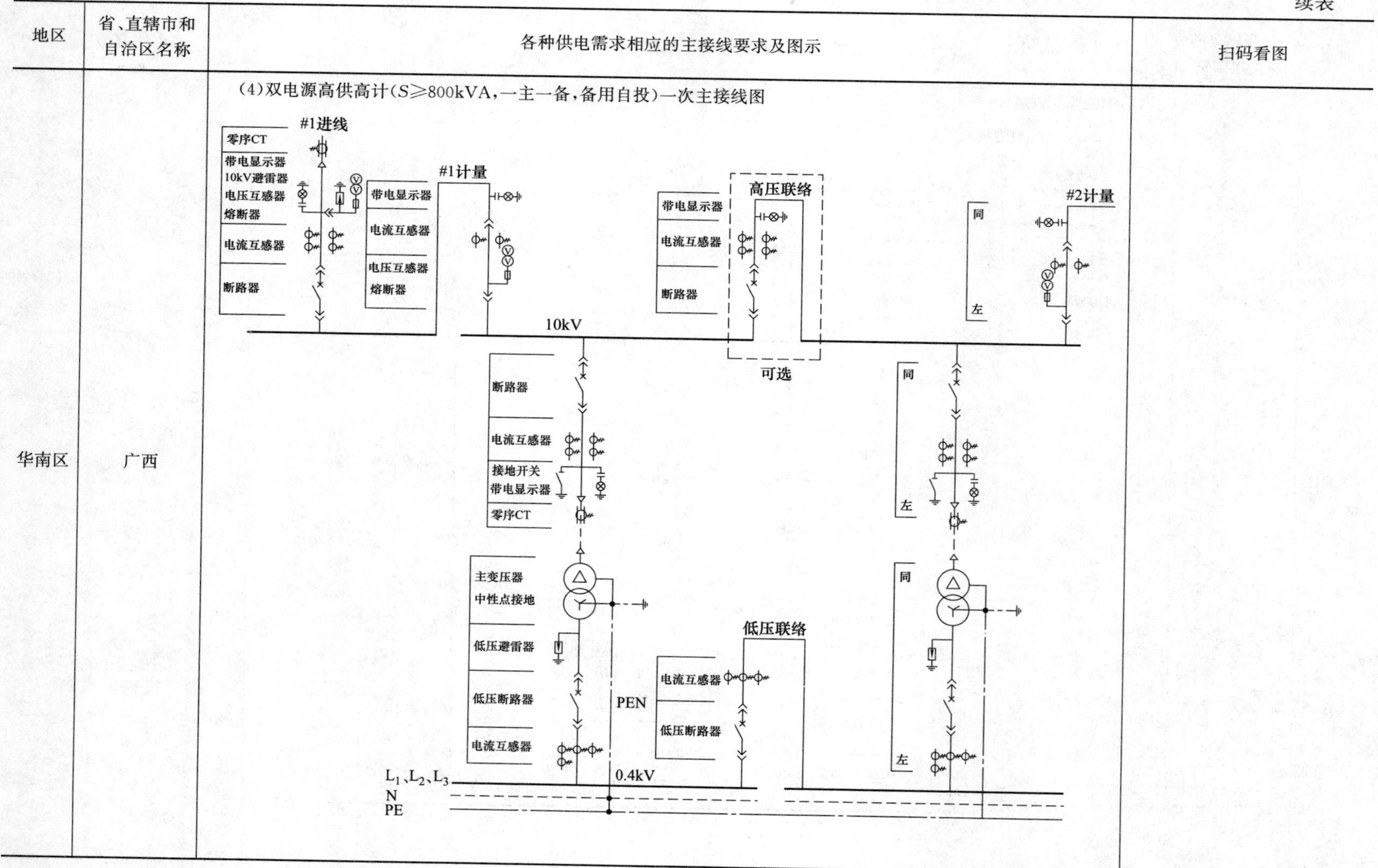	

地区	省、直辖市和自治区名称	各种供电需求相应的主接线要求及图示	扫码看图
华南区	广西	(5)三电源高供高计(S≥800kVA,高供高计3套计量,两主一备)一次主接线图 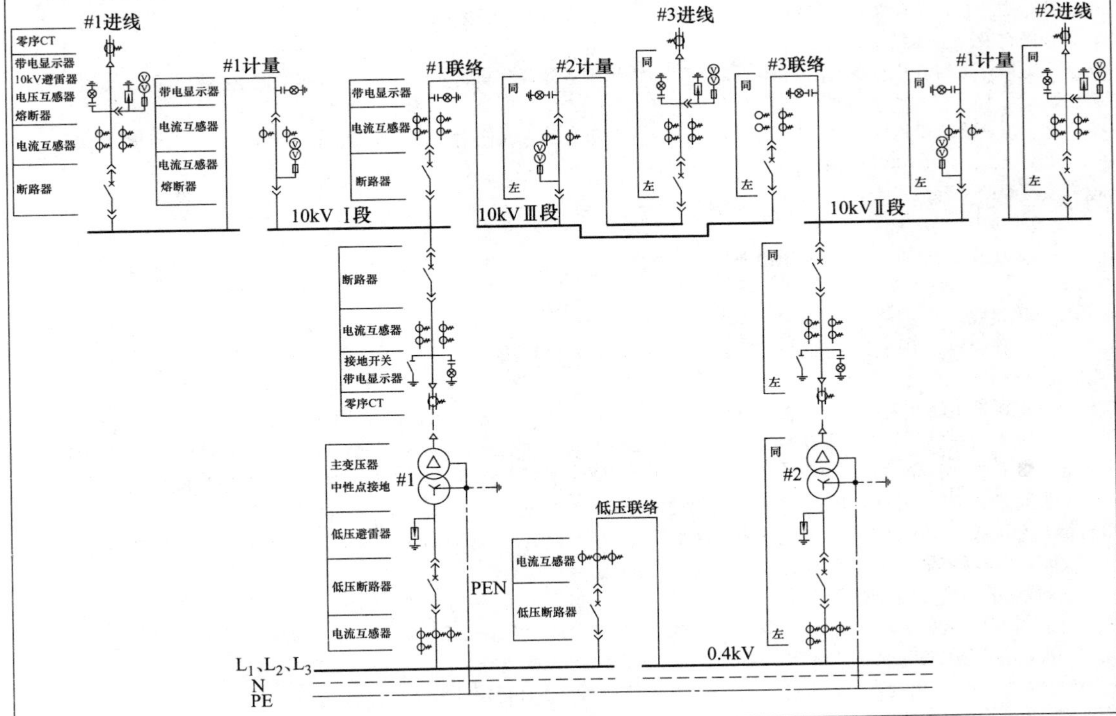 #1进线 #1计量 #1联络 #2计量 #3进线 #3联络 #1计量 #2进线 零序CT 带电显示器 10kV避雷器 电压互感器 熔断器 电流互感器 断路器 带电显示器 电流互感器 电流互感器 熔断器 带电显示器 电流互感器 断路器 同 左 10kV Ⅰ段 10kVⅢ段 10kVⅡ段 断路器 电流互感器 接地开关 带电显示器 零序CT 主变压器 中性点接地 #1 #2 低压避雷器 低压断路器 电流互感器 低压联络 电流互感器 低压断路器 PEN 0.4kV L_1、L_2、L_3 N PE	
	海南	(1)双电源客户的受电方式 1)两回路同时受电,互为备用。 当一路电源失电后,分段开关自动投入,适用于允许极短时间中断供电的一级负荷。当一路电源失电后,分段开关经操作后投入,适用于允许稍长时间(手动投入时间)中断供电的一、二级负荷。 2)两路电源供电,一主一备 主供电源失电后,备用电源自动投入,适用于允许极短时间中断供电的一级负荷。主供电源失电后,备用电源经操作	

续表

地区	省、直辖市和自治区名称	各种供电需求相应的主接线要求及图示	扫码看图
华南区	海南	投入，适用于允许稍长时间(手动投入时间)中断供电的一、二级负荷。 (2)变压器台数应根据负荷特点和经济运行进行选择。当具有一级或二级负荷、季节性负荷变化较大或集中负荷较大时，宜装设两台及以上变压器。 (3)防止在电网停电时客户自备发电机向电网倒送电，客户端应配备自动或手动转换开关，实现发电机和电网之间的闭锁和互投。 (4)受电变压器所有容量均宜高供高计，容量在315kVA及以上的永久性用电客户应采用高供高计方式；受电变压器容量在315kVA以下的电力客户可采用高供低计方式。 (5)电气主接线的主要型式 1)单母线接线 适用于一路工作或二级(重要)负荷双电源一主一备的配电站。高压母线宜装设不超过六回(变压器、出线)出线开关的接线方式。 2)单母线分段接线 适用于两路工作电源一主一备、分列运行互为备用或出线回路较多的配电站。 (6)电气主接线的确定 1)配电站的电源进出线开关宜采用断路器或负荷开关，当有快速保护需求时，应采用断路器。 2)用户专用配电站的单台干式变压器容量在800kVA及以下或单台油浸式变压器容量在630kVA及以下，且配电站变压器不超过2台时，用户配电站10kV电源进线开关可采用断路器或负荷开关。当单台变压器容量不在此范围时或配电站变压器超过2台时，用户配电站的10kV电源进线开关应采用断路器。 3)单台干式变压器容量在800kVA及以下或单台油浸式变压器容量在630kVA及以下时，配变柜可采用带熔断器的负荷开关，单台变压器容量不在上述范围时，配变柜应采用断路器。 4)10kV母线的分段处宜装设断路器。 5)10kV固定式配电装置的出线侧，在架空出线回路或有反馈可能的电缆出线回路中，应装设线路隔离开关。 6)采用10kV熔断器负荷开关固定式配电装置时，应在电源侧装设隔离开关。 7)10kV电源进线处，可根据当地供电部门的规定，装设或预留专供计量用的电压、电流互感器。 8)低压侧总开关，宜采用低压断路器或隔离开关。当有继电保护或自动切换电源要求时，低压侧总开关和母线分段开关均应采用低压断路器。 9)当低压母线为双电源，配电变压器低压侧总开关和母线分段开关采用低压断路器时，在总开关的出线侧及母线分段开关的两侧，宜加装设刀开关或隔离触头。 10)低压接线应至少预留一个给配电站公共照明、抽风、空气调节装置等设备用电的断路器。 11)正常电源供电电源与备用发电机电源之间的电源转换的功能性开关，应采用四极开关	

续表

地区	省、直辖市和自治区名称	各种供电需求相应的主接线要求及图示	扫码看图
中南区	湖北	同北京	附图 2.4-23～27：湖北主接线要求图示 1～5
	湖南	无	附图 2.4-28～30：湖南主接线要求图示 1～3
西北区	青海	同北京	
西南区	重庆	(1)确定电气主接线的一般原则 1)根据进出线回路数、设备特点及负荷性质等条件确定。 2)满足供电可靠、运行灵活、操作检修方便、节约投资和便于扩建等要求。 3)在满足可靠性要求的条件下，宜减少电压等级和简化接线。 (2)电气主接线的主要型式 单环网、单联络、双射、双环网、多分段多联络、N供一备。 (3)客户电气主接线 1)具有两回线路供电的一级负荷客户，其电气主接线的确定应符合下列要求： ①6～10kV侧应采用单母线分段接线。 ②10kV电压等级应采用单母线分段接线。装设两台及以上变压器。0.4kV侧应采用单母线分段接线。 2)具有两回线路供电的二级负荷客户，其电气主接线的确定应符合下列要求： ①装设两台及以上主变压器。6～10kV侧应采用单母线分段接线。 ②10kV电压等级宜采用单母线分段、线路变压器组接线。装设两台及以上变压器。0.4kV侧应采用单母线分段接线。 3)单回线路供电的三级负荷客户，其电气主接线采用单母线接线。 (4)一、二级负荷的客户运行方式 1)一级负荷客户可采用以下运行方式： ①两回及以上进线同时运行互为备用。 ②一回进线主供、另一回路热备用。 2)二级负荷客户可采用以下运行方式： ①两回及以上进线同时运行。 ②一回进线主供、另一回路冷备用。 3)不允许出现高压侧合环运行的方式	附图 2.4-31～39：重庆35kV及以下高压供配电系统主接线典型作法图示 1～9

续表

地区	省、直辖市和自治区名称	各种供电需求相应的主接线要求及图示	扫码看图
西南区	四川	(1)确定电气主接线的一般原则 1)根据进出线回路数、设备特点及负荷性质等条件确定。 2)满足供电可靠、运行灵活、操作检修方便、节约投资和便于扩建等要求。 3)在满足可靠性要求的条件下,宜减少电压等级和简化接线。 (2)电气主接线的主要型式 桥形接线、单母线、单母线分段、双母线、线路变压器组。 (3)客户电气主接线 1)具有两回线路供电的一级负荷客户,其电气主接线的确定应符合下列要求: ①35kV及以上电压等级应采用单母线分段接线或双母线接线。装设两台及以上主变压器。6～10kV侧应采用单母线分段接线。 ②10kV电压等级应采用单母线分段接线。装设两台及以上变压器。0.4kV侧应采用单母线分段接线。 2)具有两回线路供电的二级负荷客户,其电气主接线的确定应符合下列要求: ①35kV及以上电压等级宜采用桥形、单母线分段、线路变压器组接线。装设两台及以上主变压器。6～10kV侧应采用单母线分段接线。 ②10kV电压等级宜采用单母线分段、线路变压器组接线。装设两台及以上变压器。0.4kV侧应采用单母线分段接线。 3)单回线路供电的三级负荷客户,其电气主接线采用单母线或线路变压器组接线。 (4)一、二级负荷的客户运行方式 1)一级负荷客户可采用以下运行方式: ①两回及以上进线同时运行互为备用。 ②一回进线主供、另一回路热备用。 2)二级负荷客户可采用以下运行方式: ①两回及以上进线同时运行。 ②一回进线主供、另一回路冷备用。 3)不允许出现高压侧合环运行的方式	附图2.4-40～46:四川主接线要求图示1～7
	云南	(1)确定电气主接线的一般原则 1)根据进出线回路数、设备特点及负荷性质等条件确定。 2)满足供电可靠、运行灵活、操作检修方便、节约投资和便于扩建等要求。 3)在满足可靠性要求的条件下,宜减少电压等级和简化接线。	附图2.4-47、48:云南主接线要求图示1、2

续表

地区	省、直辖市和自治区名称	各种供电需求相应的主接线要求及图示	扫码看图
西南区	云南	(2)电气主接线的主要型式 单母线、单母线分段。 (3)客户电气主接线 1)电气主接线的一般原则: ①根据进出线回路数、设备特点及负荷性质等条件确定。 ②满足供电可靠、运行灵活、操作检修方便、节约投资和便于扩建等要求。 ③在满足可靠性要求的条件下,宜减少电压等级和简化接线。 2)电气主接线的主要型式: ①单母线接线 适用于一路工作或二级(重要)负荷双电源一主一备的配电站。高压母线宜装设不超过六回(变压器、出线)出线开关的接线方式。 ②单母线分段接线 适用于两路工作电源一主一备、分列运行互为备用或出线回路较多的配电站。 3)电气主接线的确定: ①配电站10kV及0.4kV的母线,宜采用单母线或单母线分段接线形式。 ②当柱上变压器容量小于315kVA时,10kV电源进线开关宜采用跌落式熔断器;当柱上变压器容量在315kVA及以上至500kVA及以下范围时,宜采用断路器。 ③室内配电站或箱式变电站10kV电源进出线开关宜采用断路器或负荷开关,当有快速保护需求时,应采用断路器。 ④单台干式变压器容量在800kVA及以下、单台油浸式变压器容量在630kVA及以下时,配变柜可采用带熔断器的负荷开关,单台变压器容量不在上述范围时,配变柜应采用断路器。 ⑤10kV母线的分段处宜装设断路器。 ⑥10kV固定式配电装置的出线侧,在架空出线回路或有反馈可能的电缆出线回路中,应装设线路隔离开关。 ⑦采用10kV熔断器负荷开关固定式配电装置时,应在电源侧装设隔离开关。 ⑧10kV电源进线处,可根据当地供电部门的规定,装设或预留专供计量用的电压、电流互感器。 ⑨低压侧总开关,宜采用低压断路器或隔离开关。当有继电保护或自动切换电源要求时,低压侧总开关和母线分段开关均应采用低压断路器。 ⑩当低压母线为双电源,配电变压器低压侧总开关和母线分段开关采用低压断路器时,在总开关的出线侧及母线分段开关的两侧,宜加装设刀开关或隔离触头。低压接线应至少预留一个给电房公共照明、抽风、空气调节装置等设备用电的断路器。 ⑪正常电源供电电源与备用发电机电源之间的电源转换开关、低压母联开关等电源转换的功能性开关,应采用四极开关。	附图2.4-47、48:云南主接线要求图示1、2

续表

地区	省、直辖市和自治区名称	各种供电需求相应的主接线要求及图示	扫码看图
西南区	云南	4)一、二级负荷的运行方式: ①特别重要客户可采用两路运行、一路热备用运行方式。 ②重要客户可采用以下运行方式: a)两回及以上进线同时运行互为备用。 b)一回进线主供、另一回路热备用。 ③普通客户可采用以下运行方式: a)两回及以上进线同时运行。 b)一回进线主供、另一回路冷备用。 ④不允许出现高压侧合环运行的方式	附图 2.4-47、48:云南主接线要求图示 1、2
	贵州	一般按照中国南方电网公司《10kV 及以下业扩受电工程技术导则》的要求,需要报送图纸审批	
	西藏	同北京	附图 2.4-49、50:西藏主接线要求图示 1、2
注:天津、河北、黑龙江、福建、河南、陕西、甘肃、新疆、宁夏:暂时未找到相关资料			

2.5 电网接地形式(国网、南网)及相应要求

地区	省、直辖市和自治区名称	电网接地形式(国网、南网)及相应要求
华北区	北京	北京城区采用小电阻接地
	天津	由供电公司确定
	山西	地上配电室要求独立接地网,地下配电室与建筑物接地共用
东北区	辽宁	(1)开关站、环网单元、配电室、箱变的工作接地和保护接地分开设置,并在明显位置设置警告装置,防止人身触电。 (2)低压配电系统可采用 TN-C-S、TT 接地型式,特殊情况下可采用 TN-S 接地型式。老旧居民住宅(楼)等产权方应完善自身接地系统并配置终端剩余电流保护器,保障用电安全。 (3)低压系统采用 TN-C-S 接地型式时,配电线路主干线和各分支线的末端中性线应重复接地,且不应少于 3 处。该类系统不宜装设剩余电流总保护和剩余电流中级保护,应装设终端剩余电流保护。 (4)当用建筑物的钢筋基础等作接地体且接地电阻又满足规定值时,可不另设人工接地,否则应敷设人工接地装置。

续表

地区	省、直辖市和自治区名称	电网接地形式(国网、南网)及相应要求
华东区	上海、安徽	(1)整个电网的流变与保护均按小电阻接地系统或直接接地系统进行配置。 (2)35kV、10kV一次设备绝缘水平均按不接地系统技术要求配置。 (3)110kV及以上中性点有效接地系统的电力设备,应符合《交流电气装置的接地设计规范》GB/T 50065的规定。接地装置的接地电阻应符合$R\leqslant 2000/I\Omega$(式中I是流经接地装置的最大入地短路电流(A))。当不能满足上述要求时,可采用接地电阻$R\leqslant 0.1\Omega$。 (4)110kV、35kV、10kV变配电站内的接地装置应敷设以水平接地体为主的人工接地网。地下水平接地体和伸出地面的引上线应采用铜质材料;垂直接地极用镀铜钢棒(或镀锌钢管),地面以上引至电力设备的接地线用镀锌扁钢。 (5)35kV、10kV电力设备接地,接地电阻$R\leqslant 1\Omega$。当采用微机保护时,接地电阻全年应$R\leqslant 0.5\Omega$
华南区	广东	除广州、深圳外:南网 广州:中性点接地方式(广州市,摘自《广州供电局中低压配电网设备技术原则》4.3条) (1)主要由架空线路构成的10kV配电网,当单相接地故障电容电流不超过20A时,宜采用不接地方式。 (2)主要由电缆线路构成的10kV配电网,当单相接地故障电容电流不超过30A时,可采用不接地方式;超过30A时,宜采用低电阻接地或消弧线圈接地方式。 深圳: (1)深圳10kV接地方式: 1)10kV中性点接地方式分为中性点经低阻抗接地、中性点不接地或经消弧线圈接地三种方式。 2)中性点接地方式选择应符合《交流电气装置的过电压保护和绝缘配合设计规范》GB 50064—2014的规定,选择中性点接地方式宜按以下要求进行: ①同一供电区宜采用同一种中性点接地方式。 ②由钢筋混凝土杆或金属杆塔的架空线路构成的6~20kV系统,当单相接地故障电容电流不大于10A时,可采用中性点不接地方式;当大于10A又需在接地故障条件下运行时,应采用中性点谐振接地方式。 ③由电缆线路构成的6~20kV系统,当单相接地故障电容电流不大于10A时,可采用中性点不接地方式;当大于10A又需在接地故障条件下运行时,宜采用中性点谐振接地方式。 (2)深圳380/220V接地方式: 1)低压配电系统的接地形式可分为TN、TT、IT三种系统,其中TN系统是指电源变压器中性点接地,设备外露部分与中性点相连。 2)380/220V系统可采用TN或TT接地形式,一个系统应只采用一种接地形式。 3)低压配电系统的接地宜采用TN-S、TN-C-S两种形式,当低压系统采用TN-C-S两种形式,当低压系统采用TN-C接地形式时,配电线路除主干线和各分支线的末端外,中性点应重复接地,且每回干线的接地点,不应小于三处;线路进入车间或大型建筑物的入口支架处的接户线,其中性线应重复接地。 4)低压配电系统接地电阻应符合下表的要求:

续表

<table>
<tr><th>地区</th><th>省、直辖市和自治区名称</th><th>电网接地形式(国网、南网)及相应要求</th></tr>
<tr><td rowspan="3">华南区</td><td>广东</td><td>
<table>
<tr><th colspan="2">接地系统的名称</th><th>接地电阻(Ω)</th></tr>
<tr><td rowspan="2">配电站高低压共用接地系统</td><td>配电变压器容量≥100kVA</td><td>≤4</td></tr>
<tr><td>配电变压器容量<100kVA</td><td>≤10</td></tr>
<tr><td colspan="2">380/220V 配电线路的 PE 线或 PEN 线的没一个重复接地系统</td><td>≤10</td></tr>
</table>
5)接地电阻应满足接地故障保护的有关技术要求,保证人身电击的电压限值在安全电压范围。电气装置的电击防护应满足《低压配电设计规范》GB 50054—2011 的规定
</td></tr>
<tr><td>广西</td><td>南网</td></tr>
<tr><td>海南</td><td>(1)防雷要求
1)与 10kV 架空线路相连的电缆,当电缆长度大于 50m 时,应在其两端装设避雷器;当电缆长度小于 50m 时,可在线路变换处一端装设。避雷器接地端应与电缆的金属外皮连接,避雷器安装点接地网接地电阻不应大于 30Ω。
2)配电站的 10kV 母线、变压器的高低压侧、架空线路分段开关的电源侧以及架空线路联络开关的两侧均应装设避雷器,避雷器安装点接地网接地电阻不应大于 10Ω。当配电站的高压配变柜与带外壳变压器相邻安装,且变压器高压侧安装避雷器有困难时,变压器高压侧的避雷器可安装在高压配变柜内。当变压器低压总柜安装有电涌保护器保护时,变压器低压侧可不配置低压避雷器。
3)配电站高压进线柜应安装避雷器,配电站高压出线柜应按以下原则安装避雷器:若由配电站高压出线柜引至另一配电站进线柜的 10kV 联络线路为电缆时,配电站高压出线环网柜可不装设避雷器,引出的 10kV 电缆有与 10kV 架空线连接时,配电站高压出线柜的避雷器应根据 1)要求装设。
4)在可能发生对地雷闪击的地区,低压电源线路的总配电箱、配电柜母线处应装设电涌保护器。
5)在多雷区的 10kV 架空线路应采取架设避雷线等必要的防雷措施。
6)容易遭受雷击且又不在防直击雷保护措施(含建筑物)的保护范围内的配电站,采用在建筑物上的避雷带进行保护,避雷带的每根引下线冲击接地电阻不宜大于 30Ω,其接地装置宜与电气设备等接地装置共用。
7)箱式变及室内型配电站的户内电气设备的外壳(支架、电缆外皮、钢框架、钢门窗等较大金属构件和突出屋面的金属物)均要可靠接地,金属屋面和钢筋混凝土屋面的钢筋应与配电站的接地网可靠连接。
(2)10kV 接地方式
1)10kV 中性点接地方式分为中性点经低阻抗接地、中性点不接地或经消弧线圈接地三种方式。
2)中性点接地方式选择应符合《交流电气装置的过电压保护和绝缘配合设计规范》GB/T 50064—2014 的规定,选择中性点接地方式宜按以下要求进行:
①同一供电区宜采用同一种中性点接地方式。
②由钢筋混凝土杆或金属杆塔的架空线路构成的 6~20kV 系统,当单相接地故障电容电流不大于 10A 时,可采用中性点不接地方式;当大于 10A 又需在接地故障条件下运行时,应采用中性点谐振接地方式。
③由电缆线路构成的 6~20kV 系统,当单相接地故障电容电流不大于 10A 时,可采用中性点不接地方式;当大于 10A 又需在接地故障条件下运行时,宜采用中性点谐振接地方式</td></tr>
</table>

续表

地区	省、直辖市和自治区名称	电网接地形式(国网、南网)及相应要求
西南区	重庆	(1)10kV配电网中性点宜选取不接地或经消弧线圈接地,确有必要时可选取经低电阻接地;380/220V配电网中性点应选取直接接地。 (2)同一区域内宜统一中性点接地方式,以利于负荷转供;中性点接地方式不同的配电网应尽量避免互带负荷。 (3)10kV配电网: 1)单相接地故障电容电流在10A及以下,宜采用中性点不接地方式。 2)单相接地故障电容电流在10~150A,宜采用中性点经消弧线圈接地方式。 3)单相接地故障电容电流达到150A以上,宜采用中性点经低电阻接地方式,并应将接地电流控制在150~800A范围内。 (4)380/220V低压配电网: 1)380/220V配电网可采用TN、TT接地方式,其中TN接地方式主要采用TN-C-S和TN-S。 2)380/220V电缆网接地运行方式: 宜优先采用TN-S接地方式。条件不具备时,一般以建筑物入口处为分界点,入口处至变压器为TN-C方式,建筑物内为TN-S方式,系统为TN-C-S。 (5)380/220V架空网接地运行方式: 城市、城镇区域公网范围为TN-C,建筑物内为TN-S,系统为TN-C-S;农村地区公网范围为TT,新建建筑物内为TN-S。 (6)380/220V中性点接地方式的一般要求: 1)同一个台区内,不允许两种中性点接地方式同时运行。 2)TT接地运行方式范围内的客户和无PE线的老旧居民住宅(楼)等产权方应完善自身接地系统并配置终端剩余电流保护器。 3)低压系统采用TN-C-S接地方式时,配电线路主干线和各分支线的末端中性线应重复接地,且不应少于3处。该类系统不宜装设剩余电流总保护和剩余电流中级保护,应装设终端剩余电流保护。 (7)变电所变压器采取"一点"接地方式。 (8)10kV线路设备及站房设备防雷保护宜选用方波冲击耐受电流和大电流冲击耐受技术指标较高的无间隙氧化锌避雷器。 (9)10kV架空绝缘线路在多雷地区应逐杆采取有效措施防止雷击断线,如:采用带间隙氧化锌避雷器、放电金具、防雷线夹等主动或被动防雷技术。 (10)配电变压器低压母线侧应安装两级浪涌保护装置。 (11)总容量100kVA及以上的变压器其接地装置的接地电阻不应大于4Ω,每个重复接地装置的接地电阻不应大于10Ω;总容量为100kVA以下的变压器,其接地装置的接地电阻不应大于10Ω。 (12)柱上开关、隔离开关和熔断器防雷装置的接地电阻,不应大于10Ω。 (13)开闭所、配电房、箱式变电站、户外环网柜接地装置的接地电阻不应大于4Ω

续表

<table>
<tr><th>地区</th><th>省、直辖市和自治区名称</th><th>电网接地形式(国网、南网)及相应要求</th></tr>
<tr><td>西南区</td><td>云南</td><td>
(1)10kV配电网中性点宜选取不接地或经消弧线圈接地,确有必要时可选取经低电阻接地;380/220V配电网中性点应选取直接接地。
(2)同一区域内宜统一中性点接地方式,以利于负荷转供;中性点接地方式不同的配电网应尽量避免互带负荷。
(3)10kV配电网:
10kV中性点接地方式分为中性点经低阻抗接地、中性点不接地或经消弧线圈接地三种方式。中性点接地方式选择应符合《交流电气装置的过电压保护和绝缘配合》DL/T 620—1997的规定,选择中性点接地方式宜按以下要求进行:
1)同一供电区宜采用同一种中性点接地方式。
2)当接入以架空线路为主的配电网时,单相接地故障电容电流不超过20A,宜采用不接地方式。当超过20A且要求在故障条件下继续运行时,宜采用消弧线圈接地方式。
3)当接入以电缆线路为主的配电网时,单相接地故障电容电流不超过30A时,可采用不接地方式;超过30A时,宜采用消弧线圈接地方式或小电阻接地方式。
(4)380/220V低压配电网:
1)低压配电系统的接地形式可分为TN、TT、IT三种系统,其中TN系统是指电源变压器中性点接地,设备外露部分与中性点相连。TN系统又可分为TN-C、TN-S、TN-C-S三种形式。TT系统是指电源变压器中性点接地,电气设备外壳采用保护接地。
2)380/220V系统可采用TN或TT接地型式,一个系统应只采用一种接地型式。
3)低压配电系统的接地宜采用TN-S、TN-C-S两种形式,当低压系统采用TN-C接地型式时,配电线路除主干线和各分支线的末端外,中性点应重复接地,且每回干线的接地点,不应小于三处;线路进入车间或大型建筑物的入口支架处的接户线,其中性线应再重复接地。
低压配电系统接地电阻应符合下表的要求:
低压配电系统接地电阻
<table>
<tr><th colspan="2">接地系统名称</th><th>接地电阻(Ω)</th></tr>
<tr><td rowspan="2">配电站高低压共用接地系统</td><td>配电变压器容量≥100kVA</td><td>≤4</td></tr>
<tr><td>配电变压器容量<100kVA</td><td>≤10</td></tr>
<tr><td colspan="2">380/220V配电线路的PE线或PEN线的每一个重复接地系统</td><td>≤10</td></tr>
</table>
4)接地电阻应满足接地故障保护的有关技术要求,保证人身电击的电压限值在安全电压范围。电气装置的电击防护应满足《低压配电设计规范》GB 50054的规定
</td></tr>
<tr><td colspan="3">注:河北、内蒙古、吉林、黑龙江、浙江、福建、山东、江西、江苏、湖北、湖南、河南、陕西、甘肃、新疆、青海、宁夏、四川、贵州、西藏:暂时未找到相关资料</td></tr>
</table>

2.6 电能计量要求、方式（子表设置要求）

<table>
<tr><th>地区</th><th>省、直辖市和自治区名称</th><th>电能计量要求、方式</th></tr>
<tr><td>华北区</td><td>北京</td><td>
(1)电能计量配置应符合供电方案要求。
(2)电能计量装置的安装位置：
电能计量点应设定在供电设施与受电设施的产权分界处，如产权分界处不适宜装表的，对专线供电的高压客户，可在供电变电站的出线侧出口装表计量；对公用线路供电的高压用户，可在用户受电装置的低压侧计量。
(3)电能计量装置安装位置应满足全封闭、集中安装要求，表计计量的用电负荷性质应与实际负荷性质一致。
(4)计量装置配置：
各类电能计量装置配备的电能表、互感器的准确度等级不应低于下表的规定准确度等级规定。
计量装置准确度等级规定
<table>
<tr><th rowspan="2">容量范围</th><th rowspan="2">电能计量装置类别</th><th colspan="4">准确度等级</th></tr>
<tr><th>有功电能表</th><th>无功电能表</th><th>电压互感器</th><th>电流互感器</th></tr>
<tr><td>S≥10000kVA</td><td>Ⅰ</td><td>0.2s</td><td>2.0</td><td>0.2</td><td>0.2s或0.2*</td></tr>
<tr><td>2000kVA≤S<10000kVA</td><td>Ⅱ</td><td>0.5s</td><td>2.0</td><td>0.2</td><td>0.2s或0.2*</td></tr>
<tr><td>315kVA≤S<2000kVA</td><td>Ⅲ</td><td>0.5s</td><td>2.0</td><td>0.5</td><td>0.5s</td></tr>
<tr><td>S<315kVA</td><td>Ⅳ</td><td>1.0</td><td>2.0</td><td>0.5</td><td>0.5s</td></tr>
<tr><td>单相供电(P<10kW)</td><td>Ⅴ</td><td>2.0</td><td>—</td><td>—</td><td>0.5s</td></tr>
<tr><td colspan="6">0.2*级电流互感器仅指发电机出口电能计量装置中配用</td></tr>
</table>
(5)电能表配置：
1)电能表按照确定的电价计费需要配置，电价的确定按国家电价政策执行。
2)根据国家电网公司用电信息采集系列标准《电力用户用电信息采集系统功能规范》Q/GDW 373的规定，立约容量在100kVA及以上的专变用户称为大型专变用户，立约容量在100VA以下的专变用户称为中小型专变用户，执行非居民电价的三相电力用户称为三相一般工商业用户执行非居民电价的单相电力用户称为单相一般工商业用户，执行居民电价的用户称为居民用户。
3)对于大型专变用户变压器容量在1000VA及以上的，应配置0.2s级三相智能电能表；对于容量在315kVA及以上的，应配置0.5s级三相智能电能表；对于容量在100～315kVA采用高供低量的，应配置1.0级三相智能电能表。
4)对于中小型专变用户（变压器容量在100kVA以下），应配置1.0级三相智能电能表。
5)对于仅有一个计量点的大型、中小型专变用户，宜采用0.5s级三相费控智能电能表（无线）或1级三相费控智能电能表（无线）。
6)对于低压供电的单、三相一般工商业用户，采用1.0级三相费控智能电能表或单相费控智能电能表。
</td></tr>
</table>

续表

<table>
<tr><th>地区</th><th>省、直辖市和自治区名称</th><th>电能计量要求、方式</th></tr>
<tr><td rowspan="3">华北区</td><td>北京</td><td>7)对于居民用户，采用单相费控智能电能表或1.0级三相费控智能电能表。
8)以上配置如有国家电价政策或技术标准调整，则按新的要求予以调整。
(6)用电信息采集：
1)客户计费计量装置应实现用电信息采集；
2)采集设计审图标准按照相关技术标准执行。
(7)互感器配置原则：
电能计量装置应按计量点配置专用电压、电流互感器或者具有计量专用二次绕组的互感器。
计量电压互感器(专用线圈)：0.2级，10/0.1kV，v/v接线；
计量电流互感器(专用线圈)：0.2s级，10kV，* */5A；
计量电流互感器(专用线圈)：0.5s级，0.66kV，* */5A。
(8)二次回路配置原则：
互感器二次回路不宜接入与电能计量无关的设备，不得任意改变互感器实际二次负荷。
未配置计量柜(箱)的互感器二次回路的所有接线端子、试验端子应能加封。
互感器二次回路的连接导线应采用铜质单芯绝缘线。对电流二次回路，连接导线截面积应按电流互感器的额定二次负荷计算确定，至少应不小于$4mm^2$。对电压二次回路，连接导线截面积应按允许的电压降计算确定，至少应不小于$2.5mm^2$</td></tr>
<tr><td>天津</td><td>按电力公司要求</td></tr>
<tr><td>河北</td><td>(1)接入中性点绝缘系统时，应采用三相三线接线方式，其电流互感器二次绕组与电能表之间应采用四线连接；接入中性点非绝缘系统时，应采用三相四线接线方式。
(2)各类电能计量装置配置的电能表、互感器的准确度等级应不低于下表所示值。
电能表、互感器的准确度等级
<table>
<tr><th rowspan="2">电能计量装置类别</th><th colspan="4">准确度等级</th></tr>
<tr><th>有功电能表</th><th>无功电能表</th><th>电压互感器</th><th>电流互感器</th></tr>
<tr><td>Ⅰ</td><td>0.2S或0.5S</td><td>2.0</td><td>0.2</td><td>0.2S或0.2*</td></tr>
<tr><td>Ⅱ</td><td>0.5S或0.5</td><td>2.0</td><td>0.2</td><td>0.2S或0.2*</td></tr>
<tr><td>Ⅲ</td><td>1.0</td><td>2.0</td><td>0.5</td><td>0.5S</td></tr>
<tr><td>Ⅳ</td><td>2.0</td><td>3.0</td><td>0.5</td><td>0.5S</td></tr>
<tr><td>Ⅴ</td><td>2.0</td><td>—</td><td>—</td><td>0.5S</td></tr>
</table>
注 1.0.2*级电流互感器仅指发电机出口电能计量装置中配用。“S”表示计量用。
2. Ⅰ、Ⅱ类用于贸易结算，电压互感器二次回路电压降应不大于其额定二次电压的0.2%；其他类电压互感器二次回路电压降应不大于其额定二次电压的0.5%。</td></tr>
</table>

续表

<table>
<tr><th>地区</th><th>省、直辖市和自治区名称</th><th>电能计量要求、方式</th></tr>
<tr><td rowspan="3">华北区</td><td>河北</td><td>(3)电能计量箱：
1)计量箱的箱体应采用高强度、阻燃、耐老化的环保材料，厚度不小于 2mm。室内计量箱可采用金属材料箱体，室外计量箱应设置雨檐，应具有良好的防腐和接地措施。计量表箱应根据现场环境确定安装方式(座装、挂装、镶装)。
2)单相表箱内的开关、电能表应分别装设在独立的区域内。开关室、电能表室应分别装设单独开启的门，能够加挂专用锁和一次性防窃电封锁，方便计量箱加锁封闭。
3)电能表室门宜采用全透明设计，否则每个表位须设立视窗，视窗固定应无外露的固定螺钉，视窗禁止使用无机玻璃。
4)电能表前设隔离刀闸，电能表后开关选用有过流保护跳闸功能的开关，开关的操作手柄外露，方便停送电操作。
5)接地要求：计量表箱内应设有专用接地排；表箱外壳应设置接地点</td></tr>
<tr><td>内蒙古</td><td>(1)计量点设置原则
1)10kV 开闭站就地安装的电能计量装置。10kV 进、出线；变压器高、低压侧；所内变低压侧设置计量点。电能计量装置均就地安装于开关柜计量小室内。
2)电量采集器安装在自动化柜内，并设独立间隔；所内变低压计量装置安装在 10kV 站用电柜内。其信号线由电能表辅助端子经通信电缆汇流至通信端子后接至采集器。
(2)计量装置配置。
计量装置配置
<table>
<tr><th>序号</th><th>名称</th><th>主要技术条件</th></tr>
<tr><td>1</td><td>多功能全电子式电能表(10kV 侧)</td><td>0.5S 级，100V，三相三线</td></tr>
<tr><td>2</td><td>多功能全电子式电能表(0.4kV 侧)</td><td>1.0 级，220V/380V，三相四线</td></tr>
<tr><td>3</td><td>电压互感器</td><td>0.5 级，10/0.1kV，Vv 联结</td></tr>
<tr><td>4</td><td>电流互感器(专用线圈)</td><td>0.5S 级，10kV，* * /5A</td></tr>
<tr><td>5</td><td>电流互感器(专用线圈)</td><td>0.66kV，0.5S 级，* * /5A</td></tr>
<tr><td>6</td><td>采集器</td><td>485 通信采集</td></tr>
<tr><td>7</td><td>表用接线盒</td><td>三相四线</td></tr>
<tr><td>8</td><td>电流二次回路</td><td>单芯铜质绝缘线不小于 $4mm^2$</td></tr>
<tr><td>9</td><td>电压二次回路</td><td>单芯铜质绝缘线不小于 $2.5mm^2$</td></tr>
<tr><td>10</td><td>通信电缆</td><td>屏蔽双绞线</td></tr>
</table></td></tr>
<tr><td>山西</td><td>开闭所进出线要加考核表</td></tr>
</table>

续表

<table>
<tr><th>地区</th><th>省、直辖市和自治区名称</th><th>电能计量要求、方式</th></tr>
<tr><td>东北区</td><td>吉林</td><td>(1)电能计量配置应符合供电方案要求。
(2)电能计量装置的安装位置：
315kVA 以下为低压计量，在低压总配电箱内计量，公配用电在产权分界点设计量表，专用变台、箱式变电站在主受处设计量表；
315kVA 以上为高压计量；计量点设置各地区不统一，部分农网采用用户分界点杆上计量方式，其余单台设备在箱变内设高压计量，多台设备可在环网箱或配电室计量柜内设置。
(3)电能计量装置安装位置应满足全封闭、集中安装要求，表计计量的用电负荷性质应与实际负荷性质一致。
(4)计量装置配置：
各类电能计量装置配备的电能表、互感器的准确度等级不应低于下表的规定准确度等级规定。
<table>
<tr><th rowspan="2">范围</th><th colspan="4">准确度等级</th></tr>
<tr><th>有功电能表</th><th>无功电能表</th><th>电压互感器</th><th>电流互感器</th></tr>
<tr><td>高压计量</td><td>0.5S</td><td>2.0</td><td>0.2</td><td>0.2S</td></tr>
<tr><td>低压计量</td><td>0.5S</td><td>2.0</td><td>0.2</td><td>0.5S</td></tr>
</table>
(5)负荷管理终端装置：
电力负荷管理终端装置，应与变(配)电工程同时设计、施工及验收。
(6)互感器配置原则：
电能计量装置应按计量点配置专用电压、电流互感器或者具有计量专用二次绕组的互感器。
计量电压互感器(专用线圈)：0.2 级，10/0.1kV，v/v 接线；
计量电流互感器(专用线圈)：0.2S 级，10kV，* * /5A；
计量电流互感器(专用线圈)：0.5S 级，0.66kV，* * /5A。
(7)二次回路配置原则：
互感器二次回路不宜接入与电能计量无关的设备，不得任意改变互感器实际二次负荷。
互感器二次回路的连接导线应采用铜质单芯绝缘线。对电流二次回路，连接导线截面积应按电流互感器的额定二次负荷计算确定，至少应不小于 $4mm^2$。对电压二次回路，连接导线截面积应按允许的电压降计算确定，至少应不小于 $2.5mm^2$</td></tr>
<tr><td>华东区</td><td>上海、安徽</td><td>(1)每路供电电源应在资产(责任)分界点的用户侧装设一套电能计量装置。10kV 供电的，电能计量装置应安装在电源进线隔离开关的负荷侧；35kV 供电的，应安装在电源进线断路器的负荷侧。
(2)有自备电厂或分布式能源的电力用户和电力系统联网时，应在与资产(责任)分界点的用户侧装设一套送、受电装置。
(3)用户的各路进线电源分别装表计量。宜考虑采取相应防窃电措施。非居民三相用户的计量装置应具有计量有功、无功最大需量的功能。
(4)量电电压为 10kV 的电能计量装置应配置 0.2 级计量专用电压互感器，0.2S 级计量专用电流互感器，0.5S 级电子式电能表。
(5)量电电压为 35kV 的电能计量装置应配置 0.2 级计量专用电压互感器，0.2S 级计量专用电流互感器，0.2S 级电子式电能表。
(6)量电电压为 110kV 的电能计量装置宜配置 0.2 电压互感器二次专用计量绕组，0.2S 电流互感器二次专用计量绕组，0.2S 级电子</td></tr>
</table>

续表

<table>
<tr><th>地区</th><th>省、直辖市和自治区名称</th><th>电能计量要求、方式</th></tr>
<tr><td rowspan="2">华东区</td><td>浙江</td><td>(1)电能计量配置应符合供电方案要求。
(2)电能计量装置的安装位置:
电能计量点应设定在供电设施与受电设施的产权分界处,如产权分界处不适宜装表的,对专线供电的高压客户,可在供电变电站的出线侧口装表计量;对公用线路供电的高压用户,可在用户受电装置的低压侧计量。
(3)电能计量装置安装位置应满足全封闭、集中安装要求,表计计量的用电负荷性质应与实际负荷性质一致。
(4)计量装置配置:
各类电能计量装置配备的电能表、互感器的准确度等级不应低于下表的规定准确度等级规定</td></tr>
<tr><td>福建</td><td>(1)电能计量点设置:
1)贸易结算用的电能计量装置原则上应设置在供用电设施的产权分界处。当电能计量装置不安装在产权分界处时,线路与变压器损耗的有功与无功电量均须由产权所有者负担。
2)受电变压器容量在315kVA及以上的10kV供电用户,应在10kV侧计量;受电变压器容量在315kVA以下(不含315kVA)10kV供电用户,原则上应在10kV侧计量,在10kV侧计量确有困难的,可在0.4kV侧计量。
3)具有两路及以上线路分别来自不同供电点或多个受电点的用户,应满足在不同运行方式下每路电源只配置一套贸易结算用电能计量装置,且各路电源进线柜应预留用电信息采集终端取样回路,若现场不具备条件的,可只装一套贸易结算用电能计量装置,且各路电源进线柜应预留电源监测终端(考核电能表)取样回路及其相应的安装位置。
4)用户一个受电点内不同电价类别的用电,应分别装设计费电能计量装置。但在用户受电点内难以按电价类别分别装设用电计量装置时,经批准可装设总的用电计量装置,然后按其不同电价类别的用电设备容量的比例或实际可能的用电量,确定不同电价类别用电量的比例或定量进行计算,分别计价。
5)送、受电量的地方电网和有自备电厂的用户,应在并网点上装设送、受电电能计量装置。
6)专线供电线路的另一端应设置考核用电能计量点,预留电能表和用电信息采集终端安装位置。
7)接入公共电网的分布式电源根据运营模式设置计量点:①发电量全部上网的,在供用电设施产权分界处设置关口计量点;②自发自用余电上网的,上网电量、发电量、用电客户自用电量应分别设置计量点;③自用电从发电设备外获取工作电源的,发电设备自发自用电量和外部工作电源用电电量应分别设置计量点。
(2)10kV供电用户,在10kV侧计量的应采用高压计量柜,在0.4kV侧计量的永久性用电用户应采用低压计量柜,0.4kV侧计量的不具备安装计量柜条件的临时性用电用户可采用杆上分体式计量箱;380V/220V供电用户,应采用低压计量箱。各类电能计量装置配置的电能表、互感器的准确度等级不应低于下表。
<table>
<tr><th rowspan="2">供电电压</th><th colspan="2">电能表</th><th colspan="2">电力互感器</th></tr>
<tr><th>有功</th><th>无功</th><th>电压互感器</th><th>电流互感器</th></tr>
<tr><td>10kV</td><td>0.5S</td><td>2.0</td><td>0.2</td><td>0.2S</td></tr>
<tr><td>380V</td><td>1.0</td><td>2.0</td><td>—</td><td>0.2S</td></tr>
<tr><td>220V</td><td>2.0</td><td>—</td><td>—</td><td>0.2S</td></tr>
</table></td></tr>
</table>

续表

地区	省、直辖市和自治区名称	电能计量要求、方式
华东区	福建	(3)具有正、反向送电的计量点应配置计量正向和反向有功电量以及四象限无功电量的电能表。 (4)低压计量箱(住宅小区) 计量箱分单相和三相计量箱。三相计量箱分为直接接入式、经互感器接入式、混合式(直接接入式和经互感器式电能表共用一个箱体)三种。单相计量箱表位数分为1、4、6、9、12五种规格,三相直接接入式计量箱表位数分为1、2、4三种规格,经互感器式计量箱为1表位,混合式计量箱为2表位
	山东	同北京
	江西	(1)电能计量点设置 电能计量点应设置在供电设施与受电设施的产权分界处。如产权分界处不适宜装设计量装置的,计量装置应安装在公共通道处。有两路及以上线路分别来自不同供电点或有多个受电点的用户,应分别装设电能计量装置。用户一个受电点内不同电价类别的用电,应分别装设计费电能计量装置。送、受电量的地方电网和有自备电厂的用户,应在并网点上装设送、受电电能计量装置。 (2)电能计量方式 10kV供电的用户,宜在高压侧计量。集中器、台区考核表应在低压侧计量。 (3)电能计量装置的配置 1)高供高计(柱上安装式):架空线进线并安装于户外杆上的专变高供高计计量装置应采用高压组合互感器、带预付费功能的10kV真空断路器(也可选用10kV带真空断路器型预付费高压计量箱)和电表箱,组合互感器需可靠接地,接地电阻≤4Ω。组合式互感器须抽出一组220V电压,供预付费断路器工作。 2)高供高计(高压落地计量柜):电缆入户高供高计的箱式变、室内台变计量装置宜采用全不锈钢箱体,内置组合式电压、电流互感器(带预付费功能应选用10kV带真空断路器型预付费高压计量箱)、三相智能表、采集终端的高压计量柜。柜体分两室,一侧为电压、电流组合式互感器,另一侧为智能电能表、采集终端安装室。两室间绝缘采用环氧树脂板隔离。 3)专变高供低计(大型专变用户、中小型专变用户)应采用专变低计分体式表箱(互感器箱+电表箱),并配置费控控制柜。 (4)安装位置 1)计量屏、柜应安装在变(配)电室。 2)分散的单户住宅计量箱应安装在客户门外或院墙门外左右侧;集中住宅用户计量箱应安装在电气间、竖井、楼道墙体或户外地面; 3)计量箱体与供暖管、煤气管道距离不小于300mm,与给、排水管道距离不小于200mm;与门、窗框边或洞口边缘不小于400mm。 (5)配电间空间 电表配电间应预留足够的操作维护空间,人员出入的电表配电间表箱前操作维护空间及门宽均不得小于800mm,门高不得小于1800mm;不需人员进入(借用配电间外面空间作表箱操作维护空间)的电表配电间净深不得小于550mm,门宽不得小于表箱宽度,门顶端标高不得低于安装后表箱顶端标高(且不得小于1800mm)。 (6)计量箱(屏、柜)安装高度 1)计量柜(屏)应落地固定安装,计量箱应适合墙面、电杆、落地安装。 2)电能计量柜(屏)电能表安装高度宜在800~1800mm之间。

续表

地区	省、直辖市和自治区名称	电能计量要求、方式
华东区	江西	3)计量箱最高观察窗中心线及门锁距地面高度不超过 1.8m。 4)多表位计量箱下沿距地面高度不小于 0.8m,当安装在地下建筑物时(如车库、人防工程等)则不应小于 1.0m。 5)独立式单表位计量箱、单排排列箱组式计量箱下沿距地面高度不小于 1.4m。 (7)计量箱(屏、柜)的选型 1) 电能计量屏、柜宜采用国家统一标准,外形和尺寸应符合《电力系统二次回路保护及自动化机柜(屏)基本尺寸系列》GB/T 7267 的要求、电能计量箱应符合《低压计量箱技术规范》Q/GDW 11008 附录 E 的规定。 2)计量箱(屏、柜)应有足够空间,安装电能表、互感器、采集终端、联合试验接线盒及其二次回路。 3)电能计量屏、柜内计量单元和辅助单元应分区设计,尺寸相对固定,并满足计量设备维护、更换和周期检验的要求,各分区具体要求应符合 GB/T 16934、Q/GDW 347 等要求。电能计量箱应依据相应功能配置进线配电单元、计量单元、电气保护与控制单元、防窃电单元(可选)。 4)计量箱(屏、柜)外壳应具有永久固定、防脱落的产品铭牌,铭牌所载信息包括:产品名称、型号、质量、尺寸等信息;额定工作电压、额定电流、表位数;产品执行标准;制造厂名、制造日期;3C 认证标志;产品编号、资产条形码。计量箱(屏、柜)内表面应有电气原理接线图标识、条码等其他必要信息。计量箱(屏、柜)箱门(盖)应有相应的安全警示语、企业标识、服务提示语等信息。多表位计量箱分路(户)开关、电能表、观察窗的安装处应有户号标贴定位安装的结构措施并在出厂时粘贴或压铸一一对应的序号标识,标识应清晰、准确。 5)条码编制规则采用《2014 江西省电力公司计量器具条码编制规则》,例:条形码上方为"国家电网+No. 9 位序列号",下方为 22 位条码。单、三相计量箱统一进行编码;单相集中式表箱对应一个条码,单相组合式表箱每表位对应一个条码。计量箱条形码段号由地市公司(含供电区域的县公司)编制,提供给对应的厂商。 国家电网 NO.00101010101010 0110001001010101010107 6)计量箱必须具备防窃电功能,能满足铅封、塑封、封帽、锁具等多种加封的需求,加封部位除强外力破坏外应无法开启。计量箱(屏、柜)前后门采用内嵌式设计,不得采用铰链,单表位计量箱箱门可采用盒盖式门板。当箱体分计量室与用电管理终端室的,应分别封闭。为满足用户对复电/查询按钮的操作要求,计量箱应不开箱能操作复电/查询按钮。三相计量箱需实现开箱报警等防窃电功能。 7)导线、母排、端子颜色标识:黄(U)、绿(V)、红(W),中性线蓝(N)、保护线黄绿(PE);通信线黄(A)、蓝(B);开关控制线红(+/L)、黑(−/N)。计量箱(屏、柜)内的电能表、互感器、联合试验接线盒、分线端子排的连接导线端应有一一对应标识,其标识应符合相应技术规范。 8)计量屏、柜内宜设置观察和检修用的照明灯具。 (8)计量箱(屏、柜)的安全防护 1)专用计量柜与进线开关柜应有防误操作闭锁装置;整体式计量柜应设置防误操作安全联锁装置。计量箱进线开关手柄不外露,出线开关手柄外露;多个表后断路器并排排列时,相互间应有隔离绝缘板。

续表

地区	省、直辖市和自治区名称	电能计量要求、方式
华东区	江西	2)计量屏底部应配置接地铜排(不小于 100mm²)并与接地网可靠连接。计量柜底部应配置接地铜排(不小于 100mm²)或 PE 接地端子,并与接地网可靠连接。计量箱应配置 PE 接地端子并与接地网可靠连接。 3)计量箱(屏、柜)全封闭设计,进出线部位应加装绝缘板或绝缘套管进行密封。导线进出线过线孔必须采用安装绝缘过线圈(密封垫圈)等防水措施。 (9)新建住宅计量装置的安装 1)居民住宅用电应采用一户一表计量方式,每条进户线两侧须标注有“客户房号标记”。 2)单相供电的客户应配置单相费控智能电能表。三相供电的商铺或居民用户且单相最大电流不大于 60A(或 39kW)的可配置三相四线费控智能电能表(开关内置)计量,单相最大电流大于 60A(或 39kW)的应配置三相四线费控电能表(开关外置),并配置相应的费控控制柜。 3)别墅住宅原则上电能表应集中安装在公共通道处。表箱应设在别墅底层防盗门外,有封闭式院墙的,应设置在院墙门外,以便于工作人员抄表、维护。 4)对于满足低压供电条件高层建筑、小区配套建设且具备产权到户的联排商铺,原则上应集中安装电能表。 5)楼层在六层及以下的多层住宅应以一个单元设置集中表箱,表箱应设在一层或地下负一层且装设在防盗门外;六层以上高层住宅,可分层设置表箱。 6)高层住宅分层设置的计量表箱宜装设在专用的电表间内或开放的公共通道处。电表配电间应预留足够的操作维护空间,人员出入的电表配电间表箱前操作维护空间及门宽均不得小于 800mm,门高不得小于 1800mm;不需人员进入(借用配电间外面空间作表箱操作维护空间)的电表配电间净深不得小于 550mm,门宽不得小于表箱宽度,门顶端标高不得低于安装后表箱顶端标高(且不得小于 1800mm),以满足在配电间外面空间抄表与操作维护要求。 7)计量表箱安装高度原则上高出自然地面 0.8～1.4m 之间。安装于户外的表箱必须有防雨措施,避免阳光直射。 8)电能表室内应配置导线安装槽,所有导线、通信线应布置在线槽内。 9)住宅小区内应在变压器低压侧须配置计量箱(屏、柜),计量箱(屏、柜)应有足够空间,安装电能表、互感器、集中器、联合试验接线盒及其二次回路。集中器安装现场必须具备无线 2G 通信信号
华南区	广东	1. 广州:供电部门何时采用高压计量(摘自《10kV 及以下业扩受电工程技术导则(2018 版)》8.5.5 条) 10kV、315kVA 及以上用户专用变压器高压侧配置Ⅲ类关口计量装置,采用高压电能计量柜或电能计量箱。 2. 深圳:1)电能计量应满足南方电网计量装置典型设计的相关要求。 2)电能计量点原则上应设置在供电设施与受电设施的产权分界处。 3)Ⅲ类电能计量装置是指月平均用电量 100MWh 以上或负荷容量为 315kVA 及以上的计费用户、100MW 以下发电机的发电企业厂(站)用电量、供电企业内部用于承包考核的计量点、110kV 及以上电压等级的送电线路有功电量平衡的考核用、无功补偿装置的电能计量装置。 4)Ⅳ类电能计量装置是指负荷容量为 315kVA 以下的计费用户、发供电企业内部经济指标分析、考核用的电能计量装置。 5)10kV、315kVA 及以上用户专用变压器高压侧配置Ⅲ类关口计量装置,采用高压电能计量柜或电能计量箱。 6)10kV、315kVA 以下用户专用变压器低压侧配置Ⅳ类关口计量装置,采用低压电能计量柜或电能计量箱。

续表

地区	省、直辖市和自治区名称	电能计量要求、方式
华南区	广东	7)居民住宅、别墅小区应按政府有关规定实施“一户一表,按户装表”,消防、水泵、电梯、过道灯、楼梯灯等公用设施应单独装表。 8)低压电能计量柜(计量表箱)应安装在干燥、无灰尘、无振动、无强电场或强磁场的场所。计量柜采用固定式开关装置时其空间或配电间屏前操作通道宽度不小于1500mm,双列并排(面对面)安装中间通道宽度不少于2000mm,计量柜采用抽屉式开关装置时其空间或配电间屏前操作通道宽度不小于1800mm,双列并排(面对面)安装中间通道宽度不少于2300mm,并且要有适当的通风和保证安全工作的照明,以便于操作、维护及抄表;多层住户的计费电能表应集中安置在每个楼梯的首层或地下室专用电表间,高层住户的计费电能表可集中在首层或相对集中的方式将几个楼层住户的计费电能表集中安装于某一层的专用电表间。 9)低压电能计量柜的电能表安装高度及间距:要求电能表安装高度距地面在800~1800mm之间(表底端离地尺寸);低压计量柜要求低压计量装置在总开关前。挂墙计量表箱安装在1700~2300的高度(表箱箱顶离地尺寸)。
	广西	用电计量分居民生活用电(一户一表)、一般工商业用电(分非居、非普和商业)、大工业用电和农业生产用电。 (1)电能计量配置应符合供电部门的《供电方案答复通知书》要求。 (2)电能计量装置的安装位置:电能计量点应设定在供电设施与受电设施的产权分界处(好像不是产权分界处),315kVA及以上变压器,须在10kV进线侧进行计量。 (3)电能计量装置安装位置应满足全封闭、集中安装要求,表计计量的用电负荷性质应与实际负荷性质一致。 (4)低压侧设置分项计量时需单独设置计量柜
	海南	(1)电能计量应满足南方电网计量装置典型设计的相关要求。 (2)电能计量点原则上应设置在供电设施与受电设施的产权分界处。 (3)Ⅲ类电能计量装置是指月平均用电量100MWh以上或负荷容量为315kVA及以上的计费用户、100MW以下发电机的发电企业厂(站)用电量、供电企业内部用于承包考核的计量点、110kV及以上电压等级的送电线路有功电量平衡的考核用、无功补偿装置的电能计量装置。 (4)Ⅳ类电能计量装置是指负荷容量为315kVA以下的计费用户、发供电企业内部经济指标分析、考核用的电能计量装置。 (5)10kV、315kVA及以上用户专用变压器高压侧配置Ⅲ类关口计量装置,采用高压电能计量柜或电能计量箱。 (6)10kV、315kVA以下用户专用变压器低压侧配置Ⅳ类关口计量装置,采用低压电能计量柜或电能计量箱。 (7)居民住宅、别墅小区应按政府有关规定实施“一户一表,按户装表”,消防、水泵、电梯、过道灯、楼梯灯等公用设施应单独装表。 (8)低压电能计量柜(计量表箱)应安装在干燥、无灰尘、无振动、无强电场或强磁场的场所。计量柜采用固定式开关装置时其空间或配电间屏前操作通道宽度不小于1500mm,双列并排(面对面)安装中间通道宽度不少于2000mm,计量柜采用抽屉式开关装置时其空间或配电间屏前操作通道宽度不小于1800mm,双列并排(面对面)安装中间通道宽度不少于2300mm,并且要有适当的通风和保证安全工作的照明,以便于操作、维护及抄表;多层住户的计费电能表应集中安置在每个楼梯的首层或地下室专用电表间,高层住户的计费电能表可集中在首层或相对集中的方式将几个楼层住户的计费电能表集中安装于某一层的专用电表间。 (9)低压电能计量柜的电能表安装高度及间距:要求电能表安装高度距地面在800~1800mm之间(表底端离地尺寸);低压计量柜要求低压计量装置在总开关前。挂墙计量表箱安装在1700~2300的高度(表箱箱顶离地尺寸)

地区	省、直辖市和自治区名称	电能计量要求、方式
西北区	青海	同北京
	宁夏	住宅用电集中计量，18层及以下住宅在一层或地下层集中装设电表，18层以上分层集中装设电表。小型商业集中装设电表。
西南区	重庆	(1)10kV贸易结算电能计量装置 1)10kV贸易结算电能计量装置，应设置在供用电设施产权分界处。产权分界处装设计量装置确有困难时，由双方协商确定安装地点，并按照以下原则执行： ①10kV专线供电客户，电能计量装置应设置在变电站、或开闭所、或配电房出线开关柜处。 ②10kV非专线供电客户，当采用架空电缆或架空线供电，且变压器容量在630kVA以下时，可采用户内式或户外式电能计量装置；变压器容量在630kVA及以上时，应在客户配电房内安装户内式电能计量装置。采用地下电缆供电时，应采用户内式电能计量装置。 2)客户用电设施具有2个及以上电源供电时，每个电源点应分别设置计量装置。 3)电能计量装置应按不同电价类别分别设置，并采用“总—分”方式，对高电价、高电量用电负荷不设置计量装置。 4)计量装置应装设在执行不同电价受电装置出线处。 5)专用变压器容量在315kVA及以上时，应采用高供高计方式计量。 6)专用变压器容量在630kVA以下时，可采用组合式互感器计量。 (2)低压三相贸易结算电能计量装置 1)专用变压器容量在315kVA以下，或由公用变压器供电且用电设备容量在100kVA及以下的三相供电客户，应按照以下原则执行： 2)电能计量装置原则上应设置在供用电设施产权分界处，产权分界处装设计量装置确有困难时可适当调整。 3)电能计量装置应按不同电价类别分别设置，并采用“总—分”方式，对高电价、高电量用电负荷不设置计量装置。 4)计量装置应安装在执行不同电价受电装置出线处。 5)低压单相居民贸易结算电能计量装置设置要求如下： ①居民住宅用电应实行一户一表计量方式。 ②居民住宅用电容量在12kW及以下时，应采用单相供电到户计量方式；用电容量超过12kW时，可采用三相供电到户计量方式；超过20kW时，应采用三相供电到户计量方式。 ③计量表计集中安装时，应采用单户表箱，可实现单户表箱组合，除满足该处居民用电计量需求外，应预留一只远程自动抄表装置表位。 ④单户住宅(含别墅)用电，应采用单户表箱。表箱宜安装在户外，便于抄表和维护，应具有防雨和防阳光直射计量表计等防护措施。 (3)贸易结算电能计量装置应按照下表配置：

10kV及以下贸易结算电能计量装置配置

计量方式	准确等级			
	多功能电能表(有功/无功)	普通电子表(有功)	电压互感器	电流互感器
三相三线	0.5S/2.0	—	0.2	0.2S或0.2*
三相四线	0.5S/2.0	1.0	—	0.2S
单相供电		2.0	—	—

注：0.2*级电流互感器仅指发电机出口电能计量装置中配用。

续表

<table>
<tr><th>地区</th><th>省、直辖市和自治区名称</th><th>电能计量要求、方式</th></tr>
<tr><td rowspan="2">西南区</td><td>重庆</td><td>(4)各类计量表箱应按国家和电力行业相关技术标准制造，并经当地供电单位确认后使用。
(5)电能计量装置及以上供配电设施经供电单位验收合格后方可投入使用。
(6)分布式电源接入时，应安装双向计量表计</td></tr>
<tr><td>四川</td><td>(1)电能计量点
电能计量点应设定在供电设施与受电设施的产权分界处，如产权分界处不适宜装表的，对专线供电的高压客户，可在供电变电站的出线侧出口装表计量；对公用线路供电的高压客户，可在客户受电装置的低压侧计量。
(2)电能计量方式
1)低压供电的客户，负荷电流为60A及以下时，电能计量装置接线宜采用直接接入式，负荷电流为60A以上时，宜采用经电流互感器接入式。
2)高压供电的客户，宜在高压侧计量；但对10kV供电且容量在315kVA及以下、35kV供电且容量在500kVA及以下的，高压侧计量确有困难时，可在低压侧计量，即采用高供低计方式。
3)有两路及以上线路分别来自不同供电点或有多个受电点的客户，应分别装设电能计量装置。
4)客户一个受电点内不同电价类别的用电，应分别装设计费电能计量装置。
5)有送、受电量的地方电网和有自备电厂的客户，应在并网点上装设送、受电电能计量装置。
(3)电能计量装置的接线方式
接入中性点绝缘系统的电能计量装置，宜采用三相三线接线方式；接入中性点非绝缘系统的电能计量装置，应采用三相四线接线方式。
(4)电能计量装置配置
各类电能计量装置配备的电能表、互感器的准确度等级应不低于下表所示值。
<table>
<tr><th rowspan="2">容量范围</th><th rowspan="2">电能计量装置类别</th><th colspan="4">准确度等级</th></tr>
<tr><th>有功电能表</th><th>无功电能表</th><th>电压互感器</th><th>电流互感器</th></tr>
<tr><td>$S \geq 10000$kVA</td><td>Ⅰ</td><td>0.2S或0.5S</td><td>2.0</td><td>0.2</td><td>0.2S或0.2*</td></tr>
<tr><td>2000kVA$\leq S <$10000kVA</td><td>Ⅱ</td><td>0.5S或0.5</td><td>2.0</td><td>0.2</td><td>0.2S或0.2*</td></tr>
<tr><td>315kVA$\leq S <$2000kVA</td><td>Ⅲ</td><td>1.0</td><td>2.0</td><td>0.5</td><td>0.5S</td></tr>
<tr><td>$S <$315kVA</td><td>Ⅳ</td><td>2.0</td><td>3.0</td><td>0.5</td><td>0.5S</td></tr>
<tr><td>单相供电($P <$10kW)</td><td>Ⅴ</td><td>2.0</td><td>—</td><td></td><td>0.5S</td></tr>
</table>
注：0.2*级电流互感器仅指发电机出口电能计量装置中配用。
(5)电能表配置
1)电能表按照确定的电价计费需要配置，电价的确定按国家电价政策执行。</td></tr>
</table>

续表

<table>
<tr><th>地区</th><th>省、直辖市和自治区名称</th><th>电能计量要求、方式</th></tr>
<tr><td rowspan="2">西南区</td><td>四川</td><td>2)根据国家电网公司用电信息采集系列标准《电力用户用电信息采集系统功能规范》Q/GDW 373 的规定，立约容量在 100kVA 及以上的专变用户称为大型专变用户，立约容量在 100VA 以下的专变用户称为中小型专变用户，执行非居民电价的三相电力用户称为三相一般工商业用户执行非居民电价的单相电力用户称为单相一般工商业用户，执行居民电价的用户称为居民用户。
3)对于大型专变用户变压器容量在 1000VA 及以上的，应配置 0.2S 级三相智能电能表；对于容量在 315kVA 及以上的，应配置 0.5S 级三相智能电能表；对于容量在 100～315kVA 采用高供低量的，应配置 1.0 级三相智能电能表。
4)对于中小型专变用户(变压器容量在 100kVA 以下)，应配置 1.0 级三相智能电能表。
5)对于仅有一个计量点的大型、中小型专变用户，宜采用 0.5S 级三相费控智能电能表(无线)或 1 级三相费控智能电能表(无线)。
6)对于低压供电的单、三相一般工商业用户，采用 1.0 级三相费控智能电能表或单相费控智能电能表。
7)对于居民用户，采用单相费控智能电能表或 1.0 级三相费控智能电能表。
8)以上配置如有国家电价政策或技术标准调整，则按新的要求予以调整。
(6)用电信息采集
1)客户计费计量装置应实现用电信息采集；
2)采集设计审图标准按照相关技术标准执行。
(7)互感器配置原则
电能计量装置应按计量点配置专用电压、电流互感器或者具有计量专用二次绕组的互感器。
计量电压互感器(专用线圈)：0.2 级，10/0.1kV，v/v 接线；
计量电流互感器(专用线圈)：0.2S 级，10kV，* * /5A；
计量电流互感器(专用线圈)：0.5S 级，0.66kV，* * /5A。
(8)二次回路配置原则
互感器二次回路不宜接入与电能计量无关的设备，不得任意改变互感器实际二次负荷。
未配置计量柜(箱)的互感器二次回路的所有接线端子、试验端子应能加封。
互感器二次回路的连接导线应采用铜质单芯绝缘线。对电流二次回路，连接导线截面积应按电流互感器的额定二次负荷计算确定，至少应不小于 $4mm^2$。对电压二次回路，连接导线截面积应按允许的电压降计算确定，至少应不小于 $2.5mm^2$</td></tr>
<tr><td>云南</td><td>(1)电能计量应满足南方电网计量装置典型设计的相关要求。
(2)电能计量点原则上应设置在供电设施与受电设施的产权分界处。
(3)Ⅲ类电能计量装置是指月平均用电量 100MWh 以上或负荷容量为 315kVA 及以上的计费用户、100MW 以下发电机的发电企业厂(站)用电量、供电企业内部用于承包考核的计量点、110kV 及以上电压等级的送电线路有功电量平衡的考核用、无功补偿装置的电能计量装置。
(4)Ⅳ类电能计量装置是指负荷容量为 315kVA 以下的计费用户、发供电企业内部经济指标分析、考核用的电能计量装置。
(5)10kV、315kVA 及以上用户专用变压器高压侧配置Ⅲ类关口计量装置，采用高压电能计量柜或电能计量箱。
(6)10kV、315kVA 以下用户专用变压器低压侧配置Ⅳ类关口计量装置，采用低压电能计量柜或电能计量箱。</td></tr>
</table>

地区	省、直辖市和自治区名称	电能计量要求、方式
西南区	云南	(7)居民住宅、别墅小区应按政府有关规定实施“一户一表，按户装表”，消防、水泵、电梯、过道灯、楼梯灯等公用设施应单独装表。 (8)低压电能计量柜(计量表箱)应安装在干燥、无灰尘、无振动、无强电场或强磁场的场所。安装计量柜空间或配电间的维护通道宽度不小于1500mm，双列并排(面对面)安装中间通道宽度不少于2300mm，并且要有适当的通风和保证安全工作的照明，以便于操作、维护及抄表；多层住户的计费电能表应集中安置在每个楼梯的首层或地下室专用电表间，高层住户的计费电能表可集中在首层或相对集中的方式将几个楼层住户的计费电能表集中安装于某一层的专用电表间。 (9)低压电能计量柜的电能表安装高度及间距：要求电能表安装高度距地面在800～1800mm之间(表底端离地尺寸)；低压计量柜要求低压计量装置在总开关前。挂墙计量表箱安装在1700～2300的高度(表箱箱顶离地尺寸)。
	贵州	一般按照中国南方电网公司《10kV及以下业扩受电工程技术导则(2018版)》的要求。
	西藏	(1)电能计量配置应符合供电方案要求 (2)电能计量方式 对10kV供电且容量在315kVA以上的，采用高供高计方式；对10kV供电且容量在315kVA及以下的，高压侧计量却有困难时，可在低压侧计量，即采用高供低计方式。 有两路及以上线路分别来自不同供电点或有多个受电点的客户，应分别装设电能计量装置。 客户一个受电点内不同电价类别的用电，应分别装设计费电能计量装置。 (3)电能计量装置安装位置应满足全封闭、集中安装要求，表计计量的用电负荷性质应与实际负荷性质一致。 (4)电能表配置 1)电能表按照确定的电价计费需要配置，电价的确定按国家电价政策执行。 2)根据国家电网公司用电信息采集系列标准《电力用户用电信息采集系统功能规范》Q/GDW 1373的规定，用电容量在100kVA及以上的专变用户称为大型专变用户，用电容量在100kVA以下的专变用户称为中小型专变用户，执行非居民电价的低压三相电力用户称为三相一般工商业用户，执行非居民电价的低压单相电力用户称为单相一般工商业用户，执行居民电价的用户称为居民用户。 3)对于大型专变用户变压器容量在1000VA及以上的，应配置0.2S级三相智能电能表；对于容量在315kVA及以上的，应配置0.5S级三相智能电能表；对于容量在100～315kVA采用高供低量的，应配置1.0级三相智能电能表。 4)对于中小型专变用户(变压器容量在100kVA以下)，应配置1.0级三相智能电能表。 5)对于仅有一个计量点的大型、中小型专变用户，宜采用0.5S级三相费控智能电能表(无线)或1级三相费控智能电能表(无线)。 6)对于低压供电的单、三相一般工商业用户，采用1.0级三相费控智能电能表或单相费控智能电能表。 7)对于居民用户，采用单相费控智能电能表或1.0级三相费控智能电能表。 8)以上配置如有国家电价政策或技术标准调整，则按新的要求予以调整。 (5)用电信息采集 1)客户计费计量装置应实现用电信息采集； 2)采集设计审图标准按照相关技术标准执行。

续表

地区	省、直辖市和自治区名称	电能计量要求、方式
西南区	西藏	(6)互感器配置原则 电能计量装置应按计量点配置专用电压、电流互感器或者具有计量专用二次绕组的互感器。 计量电压互感器(专用线圈):0.2级,10/0.1kV,v/v接线; 计量电流互感器(专用线圈):0.2S级,10kV,* */5A; 计量电流互感器(专用线圈):0.5S级,0.66kV,* */5A。 (7)二次回路配置原则 互感器二次回路不宜接入与电能计量无关的设备,不得任意改变互感器实际二次负荷。 未配置计量柜(箱)的互感器二次回路的所有接线端子、试验端子应能加封。 互感器二次回路的连接导线应采用铜质单芯绝缘线。对电流二次回路,连接导线截面积应按电流互感器的额定二次负荷计算确定,至少应不小于$4mm^2$。对电压二次回路,连接导线截面积应按允许的电压降计算确定,至少应不小于$2.5mm^2$
辽宁、黑龙江、江苏、湖北、湖南、河南、陕西、甘肃、新疆:暂时未找到相关资料		

2.7 继电保护要求及配电自动化

地区	省、直辖市和自治区名称	继电保护要求及配电自动化
华北区	北京	(1)继电保护配置的要求 1)基本配置原则: ①继电保护和安全自动装置的配置应考虑上下级变电站(配电室)的配合关系; ②继电保护和安全自动装置应符合可靠性、选择性、灵敏性和速动性的要求,同时简化配置。继电保护装置宜采用具有成熟运行经验的保护控制、测量、采集及通信功能的综合数字式保护装置; ③继电保护装置所用电流量应取自保护级电流互感器,互感器性能应能够满足继电保护装置正确动作的需求。 2)10kV继电保护的普遍配置 ①当所在10kV电网中性点现状或规划为低电阻接地时,应配置零序保护,零序电流保护应装设专用的零序电流互感器; ②进、出线断路器柜应配置相间电流和零序保护,带变压器的出线断路器柜保护还应具备两段温度保护功能; ③母联断路器应配置过流保护; ④当配电变压器容量小于1250kVA时,可配置高压熔断器保护。

续表

地区	省、直辖市和自治区名称	继电保护要求及配电自动化
华北区	北京	3)10kV 调度户继电保护的特殊配置 ①母联柜应配置备自投装置： ②进线保护动作闭锁备自投； ③电力用户有并路倒闸操作的需求，经供电企业批准，必须配置独立的合环电流保护。 (2)配电网自动化、通信的要求 1)根据地区配电网自动化规划实施配网自动化工程。 2)关键结点分界室(环节点、较长线路的分段点)配置遥测、遥信、遥控功能，一般结点分界室配置遥信功能。 3)根据配电网站点具体情况和不同功能的要求，因地制宜选择合适的通信方式，采用光纤、无线专网、无线公网、电力线载波、RS-485 等多种方式相结合，解决配电网通信需求。 4)对于配电室、电缆分界室、箱式变电站等站点，宜选择光纤通信方式，不具备敷设条件时，可采用公网有线或无线通信方式。光纤通信方式依据一次线路的网架结构灵活采用总线型、树型、星型、环型相结合的组网模式。 5)对于用电信息采集的本地通信，宜选择光纤通信方式，不具备条件时可选择电力线载波、RS-485 等有线通信或微功率无线通信方式
	天津	按电力公司要求
	内蒙古	选用保护与测控合一的综合自动化装置或远动装置(RTU)。 1)继电保护和自动装置：进、出线配置过流、速断保护装置，并根据现场实际情况决定是否投入运行；中性点经低电阻接地系统应增设零序电流保护。 2)配电自动化功能配置：原则上在一般区域内(现有的开闭站、环网柜、分支箱及配电室)，应具备两遥(遥测、遥信)功能，留有遥控接口；在配网自动化规划区(开闭站和重要的配电室)，应实现四遥(遥测、遥信、遥控、遥视)功能
	山西	中低压配网自动化，符合国家电网要求。
东北区	吉林	继电保护配置的要求 (1)进线保护(一线带多变)的配置应符合：10kV 进线装设速断或延时速断、过电流及失压保护。 (2)10kV 变压器应设置过电流、速断、过负荷、瓦斯、温度、压力释放保护。 (3)6～10kV 线路保护应设置过电流、速断、零序保护。 (4)电力电容器应设置过电流、速断、中性点电压或电流不平衡、过电压和低电压保护
华东区	上海、安徽	(1)在变电站、110kV 开关站、35kV 开关站及送第一级开关站的线路两侧应配置光纤纵差保护。对于中性点经小电阻接地系统或直接接地系统应增加零序电流保护。 (2)分段开关上均应装设备用电源自动切换装置。 (3)在 10kV 系统中若采用小电阻接地方式，考虑到零序电流保护整定值很难与熔断器的熔断曲线配合，因此当小电阻接地系统 800kVA 以上和不接地系统 1000kVA 以上时，配电变压器应配置反映相间故障的电流保护和反映接地故障的零序保护。

续表

<table>
<tr><th>地区</th><th>省、直辖市和自治区名称</th><th>继电保护要求及配电自动化</th></tr>
<tr><td rowspan="3">华东区</td><td>上海、安徽</td><td>(4)110kV 开关站、35kV 开关站应配置变电站综合自动化系统，按省、直辖市电网 110kV 及 35kV 变电站自动化技术原则要求执行。
(5)10kV 开关站、P 型站按省、直辖市电网 10kV 配电自动化技术原则规定配置自动化设备。
(6)100kV 开关站、35kV 开关站、10kV 开关站采用分布式自动化监控装置，保护与测控合一，10kV P 型站采用故障诊断自动化装置</td></tr>
<tr><td>浙江</td><td>同北京</td></tr>
<tr><td>福建</td><td>(1)继电保护配置的要求
1)电力设备和线路应装设反应短路故障和异常运行的继电保护和自动装置。继电保护和自动装置应能及时反应设备和线路的故障和异常运行状态，并应尽快切除故障和恢复供电。
2)电力设备和线路的继电保护应有主保护、后备保护和异常运行保护，必要时可增设辅助保护。
3)继电保护和自动装置配置应满足可靠性、选择性、灵敏性、速动性的要求，继电保护装置宜采用成熟可靠的微机保护装置。继电保护和自动装置配置应符合现行国家标准《继电保护和安全自动装置技术规程》GB/T 14285 和《电力装置的继电保护和自动装置设计规范》GB/T 50062 的规定。
4)继电保护及自动化装置配置宜按下表的规定配置。

继电保护和自动化装置配置
<table>
<tr><th colspan="2">被保护设备名称</th><th>保护配置</th></tr>
<tr><td rowspan="4">10/0.4kV 配电变压器</td><td>油式<800kVA</td><td rowspan="2">10kV 侧采用熔断器式负荷开关环网柜，用限流熔断器作为速断和过流、过负荷保护</td></tr>
<tr><td>干式<1000kVA</td></tr>
<tr><td>油式≥800kVA</td><td rowspan="2">10kV 侧采用断路器柜、配速断、过流、过负荷、温度、瓦斯(油浸式)保护，对重要变压器，当电流速断保护灵敏度不符合要求时也可采用纵差保护</td></tr>
<tr><td>干式≥1000kVA</td></tr>
<tr><td colspan="2">10kV 配电线路</td><td>1. 宜采用三相、两段式电流保护，视线路长度、重要性及选择性要求设置瞬时或延时速断，保护装在电源侧，远后备方式，配用自动重合闸装置；
2. 环网线路宜开环运行，平行线路不宜并列运行，合环运行的配电网应配置纵差保护；
3. 对于低电阻接地系统应配置两段式零序保护；
4. 零序电流构成方式：电缆线路或经电缆引出的架空线路，宜采用零序电流互感器；对单相接地电流较大的架空线路，可采用三相电流互感器组成零序电流滤过器。
5. 用户接入产权分界处、小电源(小水电及分布式电源)接入点，电网侧应配置带保护的分界断路器。小电源接入点分界断路器保护应具有过压、高频、低频等解列保护功能。因小电源接入，重合闸需投检无压方式的架空线路断路器应配置两侧 PT</td></tr>
</table></td></tr>
</table>

续表

<table>
<tr><th>地区</th><th>省、直辖市和自治区名称</th><th>继电保护要求及配电自动化</th></tr>
<tr><td rowspan="3">华东区</td><td>福建</td><td>续表 | 被保护设备名称	保护配置
0.4kV配电线路	配置短路过负荷、接地保护，各级保护应具有选择性。空气断路器或熔断器的长延动作电流应大于线路计算负荷电流，小于工作环境下配电线路的长期允许载流量
自动投入装置	1. 具有双重电供电的配电装置或专用应急母线，在按原定计划进线侧应设置备用电源自动投入装置； 2. 具有10kV双回供电的配电室，10kV进线侧不宜设置备用电源自动投入装置； 3. 开关站、环网室内有互为备用的母线段，宜在母线联络处设置备用电源自动投入装置； 4. 配电室内有互为备用的母线段，当具有10kV双重电供电时，应在10kV母线联络处设置自动投入装置，宜在低压母线联络处设置自动投入装置；当具有10kV双回路供电时，宜在10kV母线及低压母线联络处设置自动投入装置，用户专用配电室的低压母线联络处可根据情况而定； 5. 具有10kV功率穿越的开关站、环网室、配电室，10kV进线侧及母线联络处不应设置备用电源自动接入装置； 6. 对多路电源供电的中、低配电装置，电源进线侧应设置闭锁装置，防止不同电源并列 | 注：1. 保护信息的传输宜采用光纤通道。对于线路电流差动保护的传输通道，往返均应采用一信号通道传输。 2. 非有效接地系统，保护装置宜采用三相配置。 (2)配电网自动化、通信的要求 1)配电自动化配置应遵循“采用标准化设计，开展差异化实施”原则。 2)公共配电站房宜配置“三遥”站房配电自动化终端，配电自动化终端规格应按终期规模选择。 3)配电自动化终端主要技术参数及功能应符合《配电网自动化远方终端》DL/T 721—2013的规定</td></tr>
<tr><td>山东</td><td>同北京</td></tr>
<tr><td>江西</td><td>(1)继电保护设置的基本原则：
1)用户变电所(含用户自建移交供电公司维护的变电所，下同)中的电力设备和线路，应装设反应短路故障和异常运行的继电保护和安全自动装置，满足可靠性、选择性、灵敏性和速动性的要求，电源侧进线保护配置应满足电网各级保护配合要求；
2)用户变电所中的电力设备和线路的继电保护应有主保护、后备保护和异常运行保护，必要时可增设辅助保护；
3)10kV断路器柜宜采用数字型继电保护装置，其电子元器件、组建及整机应符合国家标准、部颁标注及行业标准，具有可靠性、互换性及较强的抗干扰能力。</td></tr>
</table>

续表

地区	省、直辖市和自治区名称	继电保护要求及配电自动化
华东区	江西	(2)保护方式配置要求如下： 1)继电保护和自动装置的设置应符合GB/T 50062、GB/T 14285的规定。 2)10kV进线装设速断或延时速断、过电流保护。对小电阻接地系统，宜装设零序方向保护。 (3)主变压器保护的配置应符合下列规定： 1)容量在400kVA及以上车间内油浸变压器和800kVA及以上油浸变压器，均应装设瓦斯保护。其余非电量保护按照变压器厂家要求配置。 2)干式变压器应采用温度保护。 3)电压在10kV及以下的变压器，采用电流速断保护和过电流保护分别作为变压器主保护和后备保护。 4)在同一配电站房内加装高压开关柜，宜采用原有同一型号的微机保护装置
华南区	广东	深圳：(1)一般原则 1)配电站中的电力设备和线路，应装设反映短路故障和异常运行的继电保护和安全自动装置，满足可靠性、选择性、灵敏性和速动性的要求。设计图纸应标明断路器分闸时间参数以及用户受电装置设备选型应满足与电力系统继电保护上下级配合的要求。继电保护数据表格详见本导则配套的《10kV及以下业扩受电工程典型设计图集》附录I。 2)配电站中的电力设备和线路的继电保护应有主保护、后备保护和异常运行保护，必要时可增设辅助保护。 3)配电站宜采用数字式继电保护装置。 (2)配置要求 1)保护装置与测量仪表不宜共用电流互感器的二次线圈。保护用电流互感器(包括中间电流互感器)的稳态误差不应大于10%。 2)在正常运行情况下，当电压互感器二次回路断路器或其他故障能使保护装置误动作时，应装设断线闭锁或采取其他措施，将保护装置解除并发出信号；当保护装置不致误动作时，应设有电压回路断线信号。 3)在保护装置内应设置由信号继电器或其他元件等构成的指示信号，且应在直流电压消失时不自动复归，或在直流恢复时仍能维持原动作状态，并能分别显示各保护装置的动作情况。 4)当客户10(6)kV断路器台数较多、负荷(客户)等级较高时，宜采用直流操作。直流系统的电压宜选择为220V、110V或48V。 5)当采用交流操作的保护装置时，短路保护可由被保护电力设备或线路的电压互感器取得操作电源。变压器的瓦斯保护，可由电压互感器或配电站变压器取得操作电源。 (3)电气测量 仪表的测量范围和电流互感器变比的选择，宜满足当被测量回路以额定值的条件运行时，仪表的指示在满量程的70%。 (4)二次回路电气参数 二次回路设备元件的电气参数宜按以下标准选择：直流电压220V、110V或48V，交流电压220V；电流互感器二次电流5A或1A，测量精度要求0.5级，保护精度要求5P或10P级，计量精度按《南方电网公司计量装置典型设计》的要求；电压互感器的二次电压为100V，测量精度要求0.5级，计量精度按《南方电网公司计量装置典型设计》的要求
	广西	当配电变压器容量小于1250kVA时，可配置高压熔断器保护。800kVA以上的变压器需采用高压断路器保护
	海南	同广东深圳

续表

地区	省、直辖市和自治区名称	继电保护要求及配电自动化
西北区	陕西	西安：配网要求自动化信息全覆盖
	青海	(1)继电保护配置的要求 1)基本配置原则： ①继电保护和安全自动装置的配置应考虑上下级变电站(配电室)的配合关系； ②继电保护和安全自动装置应符合可靠性、选择性、灵敏性和速动性的要求，同时简化配置。继电保护装置宜采用具有成熟运行经验的保护控制、测量、采集及通信功能的综合数字式保护装置； ③继电保护装置所用电流量应取自保护级电流互感器，互感器性能应能够满足继电保护装置正确动作的需求。 2)10kV 继电保护的普遍配置 ①进、出线断路器柜应配置相间电流，带变压器的出线断路器柜保护还应具备两段温度保护功能； ②母联断路器应配置过流保护。 3)10kV 调度户继电保护的特殊配置 ①母联柜应配置备自投装置： ②进线保护动作闭锁备自投。 (2)配电网自动化、通信的要求 1)根据地区配电网自动化规划实施配网自动化工程。 2)用户配电室宜配置遥测、遥信、遥控功能。 3)根据配电网站点具体情况和不同功能的要求，因地制宜选择合适的通信方式，采用光纤、无线专网、无线公网、电力线载波、RS-485 等多种方式相结合，解决配电网通信需求。 4)对于配电室、电缆分线箱、箱式变电站等站点，宜选择光纤通信方式，不具备敷设条件时，可采用无线通信方式。 5)对于用电信息采集的本地通信，宜选择光纤通信方式，不具备条件时可选择电力线载波、RS-485 等有线通信或微功率无线通信方式
西南区	重庆	(1)继电保护要求 1)10kV 及以下配电网应按照《继电保护和安全自动装置技术规程》GB/T 14285 要求配置继电保护，配电网继电保护装置应具备自动化接口。 2)变电站 10kV 出线应采用过流、速断、零序等保护，架空线路还应配置重合闸装置。 3)开闭所出线应采用断路器，并配置微机保护。 4)架空主干线与分支线分界处应采用具有保护功能的开关设备。 5) 配电房 10kV 出线可采用负荷开关，并配置熔断器保护，熔断器保护应与上下级保护相配合。有更高可靠性要求，或变压器容量较大时(≥1250kVA)，应采用断路器，并配置微机保护。 6)对接入环网的分布式电源，其客户侧应配置具有保护功能的开关设备。 7)接入 380/220V 的分布式电源： ①以母联分段或出线方式接入分布式电源的 380/220V 断路器应选择框架型智能断路器。

续表

地区	省、直辖市和自治区名称	继电保护要求及配电自动化
西南区	重庆	②断路器其脱扣器可根据需要选配逆功率保护、失压保护、数据采集和通信功能模块。 ③断路器其脱扣器选用无触点连续可调数显型，具备长延时、短延时、瞬时、接地等保护功能，单相接地故障保护实现方式宜采用三相差值型，保护定值应与总路断路器相配合。 (2)配电自动化 1)配电自动化应满足与相关应用系统间的信息交互、共享和综合管理应用的需求，实现配电网运行状况监视和控制，并兼顾配电网智能化方面的扩展功能与应用。应在城市建设基本稳定、网架结构和一次设备条件成熟的区域或具有实施条件的成片新建区域实现配电自动化，实施馈线自动化的线路应具备负荷转移路径和足够的备用容量，并符合经济、实用、简洁、可靠的原则 2)配电自动化系统主要采用两层体系架构，具备 SCADA、馈线自动化、PAS 应用及与相关应用系统互联等功能，主要由配电主站、配电终端和配电通信通道组成，片区可设置通信汇聚交换子站。 3)配电自动化功能配置 ①A 类、B 类、C 类供电区域 10kV 架空主干线路分段点及联络点，主干电缆线路环网柜，开闭所，重要配电房，重要分支线路的断路器或负荷开关，宜按实现遥测、遥信、遥控“三遥”功能进行配置。 ②A 类、B 类、C 类供电区域其他 10kV 断路器或负荷开关，宜按实现遥测，遥信“两遥”功能进行配置。 ③D 类、E 类区域具备条件的 10kV 架空线路宜按重合器方式实现故障自动隔离功能。 ④配电房 380/220V 侧的断路器配备相应智能模块且具备通信等条件时，可经现场总线、配变终端、站所终端与配电自动化主站实现信息交互，选择实现遥信、遥测、遥控、遥调一至四遥功能配置。 4)新建及改造的 10kV 一、二次设备主要要求 ①按照标准化、通用化配置电动操作机构，预留控制屏、通信屏等装置位置。 ②10kV 配电装置设置二次综合小室，小室内配置各个回路(交流回路、直流回路和控制回路等)的端子排，配电终端等配电自动化装置与二次综合小室间的互联宜采用航空插头。 ③按照配电自动化实施标准配置信息采样设备。 ④配电自动化实施区域的站点应提供适用的站用交直流工作电源，开闭所宜采用 DC220V，户外环网柜宜采用 DC24V；交流电源应采用 AC220V，可引自站用变、临近配电站点 380/220V 电源、电源式 PT 等。 5)配电网通信 ①在配电网建设和改造时，应同步实施配网通信网的建设。 ②配电接入层宜以光纤通信网为主要方式，应在敷设电缆时同步建设光纤通信专网；对于光缆难以到达或经济代价不合理的区域，可采用 GPRS 等宽带、无线通信方式。 ③配电通信光缆宜采用专用电力排管或沟槽等方式敷设，光缆规模一般为 8～12 根。光缆的芯数应结合网络的最终规模和智能电网整体发展规划综合考虑，适当超前，光缆芯数不宜小于 24 芯。 ④配电自动化实施区域的站点应提供适用的站用交直流工作电源，开闭所宜采用 DC220V，户外环网柜宜采用 DC24V；交流电源应采用 AC220V，可引自站用变、临近配电站点 380/220V 电源、电源式 PT 等

地区	省、直辖市和自治区名称	继电保护要求及配电自动化
西南区	四川	(1)继电保护配置的基本原则 1)客户变电所中的电力设备和线路,应装设反应短路故障和异常运行的继电保护和安全自动装置,满足可靠性、选择性、灵敏性和速动性的要求。 2)客户变电所中的电力设备和线路的继电保护应有主保护、后备保护和异常运行保护,必要时可增设辅助保护。 3)10kV 及以上变电所宜采用数字式继电保护装置。 (2)保护方式配置 1)继电保护和自动装置的设置应符合《电力装置的继电保护和自动装置设计规范》GB/T 50062、《继电保护和安全自动装置技术规程》GB/T 14285 的规定。 2)进线保护的配置应符合下列规定: ①110kV 及以上进线保护的配置,应根据经评审后的二次接入系统设计确定。 ②35kV 进线应装设延时速断及过电流保护;对于有自备电源的客户也可采用阻抗保护。 ③10kV 进线装设速断或延时速断、过电流保护。对于小电阻接地系统,宜装设零序保护。 3)主变压器保护的配置应符合下列规定: ①容量在 0.4MVA 及以上车间内油浸变压器和 0.8MVA 及以上油浸变压器,均应装设瓦斯保护。其余非电量保护按照变压器厂家要求配置。 ②电压在 10kV 及以下、容量在 10MVA 及以下的变压器,采用电流速断保护和过电流保护分别作为变压器主保护和后备保护。 ③电压在 10kV 及以下、容量在 10MVA 及以上的变压器,采用纵差保护和过电流保护(或复压过电流)分别作为变压器主保护和后备保护。对于电压为 10kV 的主要变压器,当电流速断保护灵敏度不符合要求时也可采用纵差保护作为变压器主保护。 ④220kV 主变压器除非电量保护外,应采用两套完整、独立的主保护和后备保护。 4)220kV 母线和 110kV 双母线宜配置专用母线保护。 (3)备用电源自动投入装置 1)备用电源自动投入装置,应具有保护动作闭锁的功能。 2)10～220kV 侧进线断路器处,不宜装设自动投入装置。 3)0.4kV 侧,采用具有故障闭锁的“自投不自复”、“手投手复”的切换方式,不宜采用“自投自复”的切换方式。 4)一级负荷客户,宜在变压器低压侧的分段开关处,装设自动投入装置。其他负荷性质客户,不宜装设自动投入装置。 (4)通信和自动化 1)35kV 及以下供电、用电容量不足 8000kVA 且有调度关系的客户,可利用电能量采集客户端的电流、电压及负荷等相关信息,配置专用通信市话与调度部门进行联络。 2)35kV 供电、用电容量在 8000kVA 及以上或 110kV 及以上的客户宜采用专用光纤通道或其他通信方式,通过远动设备上传客户端的遥测、遥信信息,同时配置专用通信市话或系统调度电话与调度部分进行联络。 3)其他客户应配置专用通信市话与当地供电公司进行联络

续表

地区	省、直辖市和自治区名称	继电保护要求及配电自动化
西南区	云南	(1)一般原则 1)配电站中的电力设备和线路，应装设反映短路故障和异常运行的继电保护和安全自动装置，满足可靠性、选择性、灵敏性和速动性的要求。设计图纸应标明断路器分闸时间参数以及用户受电装置设备选型应满足与电力系统继电保护上下级配合的要求。继电保护数据表格详见本导则配套的《10kV及以下业扩受电工程典型设计图集》附录I。 2)配电站中的电力设备和线路的继电保护应有主保护、后备保护和异常运行保护，必要时可增设辅助保护。 3)配电站宜采用数字式继电保护装置。 (2)配置要求 1)保护装置与测量仪表不宜共用电流互感器的二次线圈。保护用电流互感器(包括中间电流互感器)的稳态误差不应大于10%。 2)在正常运行情况下，当电压互感器二次回路断路器或其他故障能使保护装置误动作时，应装设断线闭锁或采取其他措施，将保护装置解除并发出信号；当保护装置不致误动作时，应设有电压回路断线信号。 3)在保护装置内应设置由信号继电器或其他元件等构成的指示信号，且应在直流电压消失时不自动复归，或在直流恢复时仍能维持原动作状态，并能分别显示各保护装置的动作情况。 4)当客户10(6)kV断路器台数较多、负荷(客户)等级较高时，宜采用直流操作。直流系统的电压宜选择为220V、110V或48V。 5)当采用交流操作的保护装置时，短路保护可由被保护电力设备或线路的电压互感器取得操作电源。变压器的瓦斯保护，可由电压互感器或配电站变压器取得操作电源
	贵州	一般按照中国南方电网公司《10kV及以下业扩受电工程技术导则》的要求
	西藏	(1)继电保护配置的要求 1)基本配置原则： ①继电保护和安全自动装置的配置应考虑上下级变电站(配电室)的配合关系； ②继电保护和安全自动装置应符合可靠性、选择性、灵敏性和速动性的要求，同时简化配置。继电保护装置宜采用具有成熟运行经验的保护控制、测量、采集及通信功能的综合数字式保护装置； ③继电保护装置所用电流量应取自保护级电流互感器，互感器性能应能够满足继电保护装置正确动作的需求。 2)10kV继电保护的普遍配置 ①当所在10kV电网中性点现状或规划为低电阻接地时，应配置零序保护，零序电流保护应装设专用的零序电流互感器； ②10kV进线设置过电流、延时速断保护； ③10kV出线设置过电流、速断保护。 (2)配电网自动化、通信的要求 根据地区配电网自动化规划实施配网自动化工程
河北、辽宁、黑龙江、江苏、湖北、湖南、河南、甘肃、新疆、宁夏：暂时未找到相关资料		

2.8 高压接入方式及户外环网柜等其他供电部门要求

地区	省、直辖市和自治区名称	高压接入方式及户外环网柜等其他供电部门要求
华北区	北京	(1)客户由电缆网供电时，除专用电缆设备以外，客户应建设高压电缆分界室。高压电缆分界室，宜在用电客户的贴近红线内侧独立地上建设(门向红线外侧开启)，也可设置在客户建筑物的首层，同时需满足地区建设相关要求，电缆分界室占地面积不小于 25m²；高压电缆分界室高压出线配置不小于二进六出；非土建的户外高压电缆分界室原则上应采用混凝材质的房屋。 (2)客户由架空线路供电时，在与客户分界处应安装用于隔离客户内部故障的分界负荷开关。 (3)客户临时用电或高压不带联络的永久用电，可采用箱式变电站供电。 (4)在五环路以内城市道路、规划新城范制内城市道路以及市人民政府确定的其他区域内供电的高压客户不得新设置架空线、不应采用柱上变压器供电。 (5)在上述区域以外供电的高压客户容量在 315kVA 及以下可采用柱变
	内蒙古	(1)外部公共电网原则： 1)为了保护有效的通道走廊资源，一般情况下不考虑专线供电，当客户的报装容量在 6000～30000kVA 时，可考虑从变电站专线供电，并且不能沿市区主要街道布线；当客户的报装容量在 630～6000kVA(不含 6000kVA)时，双电源客户可从变电站、开闭所或电缆分支各出一回路供电。双电源应最终来自不同的变电站或同一变电站的不同母线段。 2)有自备电源客户接入电网时，应装设线路的无压检定设备，解列点应设在客户侧。 3)用电容量在 400kVA 以上的客户接入公用线路时，在资产分界点配置断路器；400kVA 及以下的客户接入公用线路时，在资产分界点配置跌落熔断器，熔断器和断路器脱扣电流应考虑躲过变压器励磁涌流。 (2)环网单元(环网柜、分接箱)： 1)环网单元一般采取 2 路电缆进线、4 路电缆出线，必要时可采取 6 路电缆出线。 2)环网单元开关柜应选用全密封全绝缘开关柜(内配真空断路器或负荷开关)；在采用共箱式时，不宜多于 4 路。 3)新建环网单元应配置电压互感器；每路进出线均应配置三相电流互感器，且宜选用在套管处固定安装。 4)新建环网单元应同步安装配网自动化测控终端，或预留足够位置便于今后安装配网自动化测控终端，测控终端应使用单独运维通道。环网单元结合用户建筑物建设或与用户配电室贴建时，应具有独立的进出通道，预留电气设备吊装口，以便于巡视和故障应急处理； 5)环网单元不适宜结合建筑物建设的，可在用户内部择地修建。 (3)新建商业、住宅小区应采用电缆线路、户内开闭所和配电室方式供电，或采用全封闭、全绝缘的户外环网柜和组合箱式变压器等方式供电。采用户外环网柜方式供电：客户报装容量 4000kVA 及以上，进线采用真空断路器带保护，出线采用真空负荷开关加熔断器；2000～4000kVA，进线采用真空断路器带保护，出线采用负荷开关；2000kVA 及以下，进线全部采用真空负荷开关
	山西	要符合国家电网典设

续表

地区	省、直辖市和自治区名称	高压接入方式及户外环网柜等其他供电部门要求
华东区	江西	(1)10kV 用户接入方式 1)电缆进线方式： ① 50kVA≤业扩工程用户报装容量≤630kVA，宜从环网柜出线分支箱接入； ②630kVA＜业扩工程用户报装容量≤2000kVA，宜从环网柜单独间隔新增分支箱直接接入； ③2000kVA＜业扩工程用户报装容量≤4000kVA，应新增环网柜接入； ④业扩工程用户报装容量＞4000kVA； ⑤新增环网柜标准配置为 2 进 4 出；新增分支箱标准配置为 1 进 4 出，严禁分支箱串接。 2)架空进线方式： ① 业扩工程用户报装容量＜500kVA，产权分界点处应装设断路器或快速熔断器； ② 业扩工程用户报装容量≥500kVA，产权分界点处应装设断路器(具备配电自动化功能)； ③业扩工程用户报装容量＞4000kVA。 3)接入方式典型设计方案图见下图。 10kV 接入方案： 10kV 及以下电力业扩用户电源接入电网的典型设计示例见图 1～图 4(双电源，多电源可根据现场和网络情况选择适当的方式接入电网)。 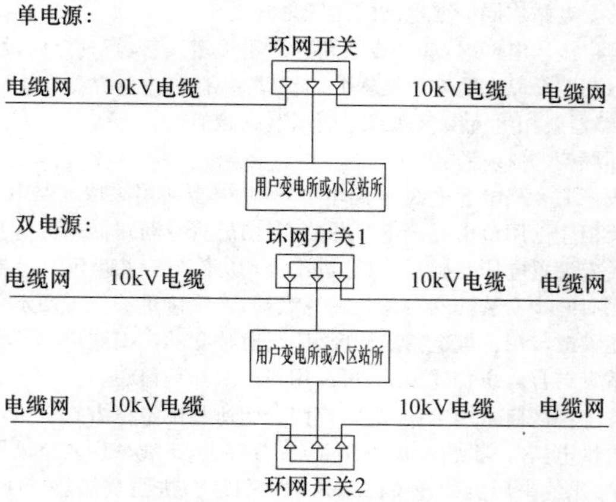 单电源： 环网开关 电缆网 10kV电缆 10kV电缆 电缆网 用户变电所或小区站所 双电源： 环网开关1 电缆网 10kV电缆 10kV电缆 电缆网 用户变电所或小区站所 电缆网 10kV电缆 10kV电缆 电缆网 环网开关2 图 1 电缆网环网接入

续表

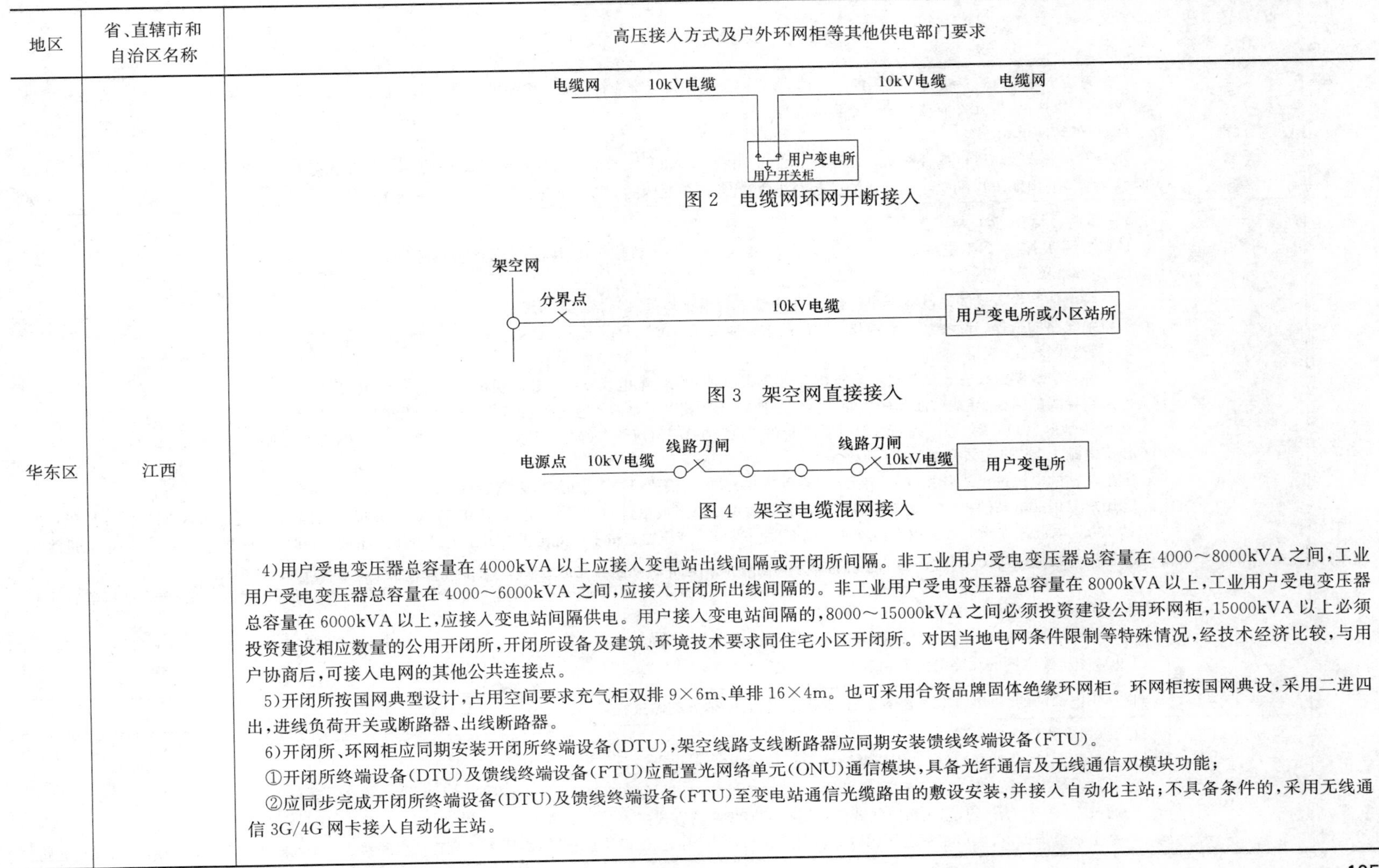

地区	省、直辖市和自治区名称	高压接入方式及户外环网柜等其他供电部门要求
华东区	江西	电缆网 10kV电缆 10kV电缆 电缆网 用户变电所 用户开关柜 图 2　电缆网环网开断接入 架空网 分界点 10kV电缆 用户变电所或小区站所 图 3　架空网直接接入 线路刀闸 线路刀闸 电源点 10kV电缆 10kV电缆 用户变电所 图 4　架空电缆混网接入 4)用户受电变压器总容量在 4000kVA 以上应接入变电站出线间隔或开闭所间隔。非工业用户受电变压器总容量在 4000～8000kVA 之间，工业用户受电变压器总容量在 4000～6000kVA 之间，应接入开闭所出线间隔的。非工业用户受电变压器总容量在 8000kVA 以上，工业用户受电变压器总容量在 6000kVA 以上，应接入变电站间隔供电。用户接入变电站间隔的，8000～15000kVA 之间必须投资建设公用环网柜，15000kVA 以上必须投资建设相应数量的公用开闭所，开闭所设备及建筑、环境技术要求同住宅小区开闭所。对因当地电网条件限制等特殊情况，经技术经济比较，与用户协商后，可接入电网的其他公共连接点。 5)开闭所按国网典型设计，占用空间要求充气柜双排 9×6m、单排 16×4m。也可采用合资品牌固体绝缘环网柜。环网柜按国网典设，采用二进四出，进线负荷开关或断路器、出线断路器。 6)开闭所、环网柜应同期安装开闭所终端设备(DTU)，架空线路支线断路器应同期安装馈线终端设备(FTU)。 ①开闭所终端设备(DTU)及馈线终端设备(FTU)应配置光网络单元(ONU)通信模块，具备光纤通信及无线通信双模块功能； ②应同步完成开闭所终端设备(DTU)及馈线终端设备(FTU)至变电站通信光缆路由的敷设安装，并接入自动化主站；不具备条件的，采用无线通信 3G/4G 网卡接入自动化主站。

续表

地区	省、直辖市和自治区名称	高压接入方式及户外环网柜等其他供电部门要求
华东区	江西	7)通过变电站10kV专线间隔接入的用户,其接入间隔的建设标准应符合该变电站的建设要求,间隔设置原则上应采用与变电站现有设备相同型号、相同厂家产品,各元件应按系统短路容量进行校验。 (2)户外环网单元 环网单元一般选用进口或合资品牌,环网单元宜选用满足环境要求的小型化全绝缘、全封闭的SF_6共气箱或独立气箱型(或固体绝缘柜)。户外环网单元须留有电源PT、配电终端及通信设备安装位置,环网单元内的PT应经隔离开关和熔断器连接母线
华南区	广东	1. 深圳:(1)高压客户接入方式 1)单电源T接入;2)双电源T接入;3)多电源T接入;4)客户专线接入;5)住宅小区配电站环网接入。 (2)电缆线路接入规定 1)各种电缆敷设方式的建设标准应符合《电力电缆工程设计规范》GB 50217的规定。 2)电缆线路的路径、导线截面、绝缘及其附件的选择应参照《10kV及以下业扩受电工程技术导则(2018版)》7.5.4规定。 (3)架空线路接入规定 1)各种架空线路敷设方式的建设标准应符合《10kV及以下架空配电线路设计技术规程》DL/T 5220的规定。 2)架空导线的路径、导线截面及杆塔的选择应参照《10kV及以下业扩受电工程技术导则(2018版)》7.5.5规定。 2. 其他地区:(1)35kV进出线开关何时采用断路器,何时采用负荷开关(摘自《10kV及以下业扩受电工程技术导则(2018版)》8.2.3) 1)配电站10kV进出线开关的应用原则: ①配电站的电源进出线开关宜采用断路器或负荷开关,当有快速保护需求时,应采用断路器。 ②用户专用配电站的单台干式变压器容量在800kVA及以下或单台油浸式变压器容量在630kVA及以下,且配电站变压器不超过2台时,用户配电站10kV电源进线开关可采用断路器或负荷开关。当单台变压器容量不在此范围时或配电站变压器超过2台时,用户配电站的10kV电源进线开关应采用断路器。 2)单台干式变压器容量在800kVA及以下或单台油浸式变压器容量在630kVA及以下时,配变柜可采用带熔断器的负荷开关,单台变压器容量不在上述范围时,配变柜应采用断路器。 (2)短路电流(广州市,摘自《广州供电局中低压配电网设备技术原则》4.4条) 10kV中压配电网的短路电流不超过20kA等级
	广西	根据供电部门的《供电方案答复通知书》要求实施;各个地方的做法有差异。
	海南	(1)高压客户接入基本原则 1)通过配电站、户外开关箱、电缆分接箱接入时,宜采用全电缆方式接入。 2)通过系统变电站10kV开关间隔接入的,应根据各地的城市规划和各地配电网的规划,采用经济合理的方式接入。 3)通过10kV杆(塔)的,采用架空线或架空线—电缆线路的方式接入。 4)市中心繁华街道、人口密集地区、高层建筑区、污秽严重地区及线路走廊狭窄,高压客户宜首选电缆接入,如果采用绝缘架空导线接入,架空线路

续表

地区	省、直辖市和自治区名称	高压接入方式及户外环网柜等其他供电部门要求
华南区	海南	应根据城市地形、地貌特点和城市道路规划要求，沿山体、河渠、绿化带、道路架设；路径选择宜短捷顺直，减少与道路铁路的交叉，避免近电远供、迂回供电。 5)新建架空线路走廊位置不应选择在具有发展潜力的地区，应尽可能避开现状发展区、公共休憩用地、环境易受破坏地区或严重影响景观的地区。 (2)高压客户接入方式 1)单电源 T 接入；2)双电源 T 接入；3)多电源 T 接入；4)客户专线接入；5)住宅小区配电站环网接入；6)小区内 10kV 供电系统可采用放射式或环网式供电方式，当采用环网供电方式时，一个单环网节点的数量不宜超过 6 个，采用开环运行方式 (3)10kV 电缆分接箱 1)电缆分接箱箱内分支全部不带开关，分支数不宜超过 4 分支。总母线不预留扩展接口。 2)电缆分接箱宜采用屏蔽型全固体绝缘，外壳应满足使用场所的要求，应具有防水、耐雨淋及耐腐蚀性能，外壳防护等级不应低于 IP34D 级。 3)10kV 电缆分接箱的接地系统应符合《交流电气装置接地的设计规范》GB/T 50065 的要求，外壳、开关设备外壳等可能触及的金属部件均应可靠接地，接地导体和接地连接应能承受接地回路的额定短时和峰值耐受电流。 (4)10kV 户外开关箱 1)户外开关箱箱内开关设备应采用 10kV 真空开关设备或箱式固定式交流金属封闭开关设备(全封闭、全绝缘)；宜采用小型真空开关设备，减少对于 SF6 应用的依赖，提高设备的环境友好性；分支全部带开关，分支数不应超过 6 分支。 2)开关设备应符合南方电网公司企业标准南方电网公司《10kV 箱式固定式交流金属封闭开关设备技术规范》要求，可配断路器、负荷开关及负荷开关一组合电器。 3)若选用带电动操作机构的开关，开关箱外壳适当加宽，预留 PT 和自动化终端的安装位置。 4)开关设备应具备完善的五防联锁功能(要求机械联锁)。 5)户外开关箱的接地系统应符合《交流电气装置接地的设计规范》GB/T 50065 的要求，外壳、开关设备外壳等可能触及的金属部件均应可靠接地，接地导体和接地连接应能承受接地回路的额定短时和峰值耐受电流。 (5)10kV 高压开关柜 高压开关柜宜采用 10kV 真空断路器开关柜或负荷开关柜。 1)开关柜结构型式为全金属封闭式，应符合《3.6kV～40.5kV 交流金属封闭开关设备和控制设备》GB 3906 规定要求。开关柜的外壳至少要满足 IP4X 的防护等级。 2)为了保证安全和便于操作，金属封闭开关设备和控制设备中，不同元件之间应装设联锁，宜采用机械联锁。机械联锁装置的部件应有足够的机械强度，以防止因操作不正确而造成变形或损坏。 3)开关柜断路器及接地开关应预留辅助开关接点并引至端子排。所选用的其他设备宜预留遥控、遥信、遥测接口，并接入端子排，以适应远方监控需要

续表

地区	省、直辖市和自治区名称	高压接入方式及户外环网柜等其他供电部门要求
西南区	重庆	专用变压器接入电网。 1)单台变压器容量不宜大于 2500kVA。 2)单侧电源母线段装接变压器总容量在 1250kVA 及以上,客户侧配电房 10kV 进线开关柜宜采用断路器,并配置微机保护。 3)干式变压器单台容量在 1250kVA 及以上,客户侧配电房 10kV 出线开关柜宜采用断路器,并配置微机保护;干式变压器单台容量 1250kVA 以下客户侧配电房 10kV 出线开关柜宜采用负荷开关,并配置熔断器。 4)油浸式变压器单台容量在 800kVA 及以上,客户侧配电房 10kV 出线开关柜应采用断路器,并配置微机保护;油浸式变压器单台容量在 800kVA 以下,客户侧配电房 10kV 出线开关柜宜采用负荷开关,并配置熔断器。 5)设备选型和保护配置应与公用配电网协调配合。客户设备接入架空线时,当装接容量在 2000kVA 及以上,或装接变压器在 5 台及以上,或线路长度在 500m 及以上,宜在 T 接点处装设具有单相接地和相间短路保护功能的分界断路器,其他情况时宜在 T 接点处装设跌落保险;客户设备接入开闭所时,宜配置中置式手车断路器柜,并配置微机保护;接入户外环网柜时,宜配置负荷开关;接入配电房时,宜采用负荷开关,并配置熔断器,有更高可靠性要求或变压器总容量在 1250kVA 及以上时,宜采用断路器,并配置微机保护。 6)10kV 多电源客户其专用配电房高压侧不得设置联络。 7)380/220V 供电的客户,架空供电时宜由架空线 T 接接入;电缆供电时宜由配电房或电缆分支箱接入。 8)根据现行规定,用电客户需配置不同类型的采集终端
	云南	(1)一般规定 1)接入工程的设计,应以经供电企业与客户协商确定后的供电方案为依据,并符合本导则的相关规定。 2)对客户电源的接入方式,应根据区域整体规划以及电力通道因素,综合考虑架空线、电缆的选择。 3)杆(塔)的选型要与城市环境相协调;杆(塔)的设计应考虑到配电网发展的分支线和配电变压器的 T 接,并有利于带电作业。 4)电缆工程敷设方式,应视工程条件、环境特点和电缆类型、数量等因素而定,且按满足运行可靠、便于维护的要求和技术经济合理的原则来选择,并应符合 GB 50217 的规定。 5)架空线路供电的双电源客户,其供电电源不应取自同杆架设的两回线路。 6)对具有谐波源的客户,其在供电系统中的谐波电压和在供电电源点注入的谐波电流允许限值应符合 GB/T 14549 的规定;对波动负荷客户所产生的电压波动在供电电源点的限值应符合 GB/T 12326 的规定。 7)非线性负荷客户应委托有资质的专业机构出具非线性负荷设备接入电网的电能质量评估报告(其中大容量非线性客户,须提供省级及以上专业机构出具的电能质量评估报告)。并应依据经评审的电能质量评估报告,按照“谁污染、谁治理”的原则,明确治理措施。 (2)高压客户接入 1)高压客户接入基本原则 ①通过配电站、户外开关箱、电缆分接箱接入时,宜采用全电缆方式接入。 ②通过系统变电站 10kV 开关间隔接入的,应根据各地的城市规划和各地配电网的规划,采用经济合理的方式接入。 ③通过 10kV 杆(塔)的,采用架空线或架空线一电缆线路的方式接入。

地区	省、直辖市和自治区名称	高压接入方式及户外环网柜等其他供电部门要求
西南区	云南	④市中心繁华街道、人口密集地区、高层建筑区、污秽严重地区及线路走廊狭窄，高压客户宜首选电缆接入，如果采用绝缘架空导线接入，架空线路应根据城市地形、地貌特点和城市道路规划要求，沿山体、河渠、绿化带、道路架设；路径选择宜短捷顺直，减少与道路铁路的交叉，避免近电远供、迂回供电。 ⑤新建架空线路走廊位置不应选择在具有发展潜力的地区，应尽可能避开现状发展区、公共休憩用地、环境易受破坏地区或严重影响景观的地区。 2)高压客户接入方式 ①单电源 T 接入；②双电源 T 接入；③多电源 T 接入；④客户专线接入；⑤住宅小区配电站环网接入。 3)电缆线路接入规定 ①各种电缆敷设方式的建设标准应符合《电力电缆工程设计规范》GB 50217 的规定。 ②电缆线路的路径、导线截面、绝缘及其附件的选择应参照《10kV 及以下业扩受电工程技术导则(2018 版)》7.5.4 规定。 4)架空线路接入规定 ①各种架空线路敷设方式的建设标准应符合《10kV 及以下架空配电线路设计技术规程》DL/T 5220 的规定。 ②架空导线的路径、导线截面及杆塔的选择应参照《10kV 及以下业扩受电工程技术导则(2018 版)》7.5.5 规定。 (3)低压客户接入 1)低压客户的接入方式 ①通过配电站、箱式变电站的低压出线断路器应采用电缆接入。 ②通过低压电缆分接箱出线断路器或熔断器应采用电缆接入。 ③通过低压架空线可采用架空或电缆方式接入。 2)采用架空接入的接户线应符合下列规定： ①宜采用低压交联聚乙烯绝缘导线。 ②第一支持物离地面高度一般不高于 4m，不低于 3m，在主要街道不应低于 3.5m，在特殊情况下最低不应低于 2.6m，否则应采取加高措施。 ③接户线不宜由变压器构架两侧顺线路的方向引出。 ④接户线杆一般应采用水泥电杆。 3)通过低压电缆线路接入时，应符合下列规定： ①宜设置低压电缆分接箱，分接箱内应预留 1～2 个备用间隔。 ②通过电缆接入时应根据现场施工条件等因素，宜采用管、沟等敷设方式，当采用埋管方式时，应预埋备用管道。穿越道路时应采取加固等保护措施，敷设上应避免外部环境等因素影响。 (4)电力系统变电站配套工程 1)开关间隔 当业扩工程项目需从变电站新建线路时，电源点变电站宜扩建开关间隔，间隔设备和保护装置原则上应采用与变电站现有设备相匹配的产品，各元件应按系统短路容量进行校验。

续表

地区	省、直辖市和自治区名称	高压接入方式及户外环网柜等其他供电部门要求
西南区	云南	2)主变压器 当新增业扩工程项目的容量增加使主变压器年运行最大负载达到或超过了主变压器额定负载的80%,又无法通过调整线路负荷释放变压器容量时,应考虑增加主变压器的台数增容。 3)负荷调整 当业扩工程项目增加的用电容量使电源点变电站的主变压器年运行最大负载达到或超过了主变压器额定负载的80%时,可以采用系统调整负荷方案,将该电源变电站的一些线路负荷调整到另外的变电站供电,以释放变压器容量。采用负荷调整方案时应进行详细技术经济比较。 4)通信和远动 所有专变客户宜装设负荷管理装置采集相关电流、电压及负荷信息。 (5)接入工程设备技术要求 1)一般原则 ①电气设备应技术先进、绿色节能、安全可靠,严禁使用国家明令淘汰的产品。 ②按照南网配网设备技术规范的相关标准,各地区客户的设备选型需按照电力负荷等级及重要电力客户分类进行选取。 ③采用的线路、设备等全部供配电设施,必须选用具备国家生产许可的厂家提供的出厂合格证、产品说明书、出厂试验或特殊试验记录、合格证件等技术文件的产品;其中变压器、高压开关柜、高压电缆分接箱、低压开关柜须具备型式试验报告。 2)高压电气设备 ①10kV 电缆分接箱 电缆分接箱的技术参数除应满足应遵循的主要标准外,还应满足《南方电网公司 10kV 电缆分接箱技术规范》要求。 a)电缆分接箱箱内分支全部不带开关,分支数不宜超过 4 分支。总母线不预留扩展接口。 b)电缆分接箱宜采用屏蔽型全固体绝缘,外壳应满足使用场所的要求,应具有防水、耐雨淋及耐腐蚀性能,防护等级不应低于 IP3X 级。 c)10kV 电缆分接箱的接地系统应符合《交流电气装置接地的设计规范》GB/T 50065 的要求,外壳、开关设备外壳等可能触及的金属部件均应可靠接地,接地导体和接地连接应能承受接地回路的额定短时和峰值耐受电流。 ②户外开关箱 户外开关箱的技术参数除应满足应遵循的主要标准外,还应满足《南方电网公司 10kV 户外开关箱技术规范》的要求。 a)户外开关箱箱内开关设备应采用 10kV 真空开关设备或箱式固定式交流金属封闭开关设备(全封闭、全绝缘);宜采用小型真空开关设备,减少对于 SF_6 应用的依赖,提高设备的环境友好性;分支全部带开关,分支数不应超过 6 分支。 b)开关设备应符合南方电网公司企业标准南方电网公司《10kV 箱式固定式交流金属封闭开关设备技术规范》要求,可配断路器、负荷开关及负荷开关-组合电器。 c)若选用带电动操作机构的开关,开关箱外壳适当加宽,预留 PT 和自动化终端的安装位置。 d)开关设备应具备完善的五防联锁功能(要求机械联锁)。 e)户外开关箱的接地系统应符合《交流电气装置接地的设计规范》GB/T 50065 的要求,外壳、开关设备外壳等可能触及的金属部件均应可靠接地,

续表

地区	省、直辖市和自治区名称	高压接入方式及户外环网柜等其他供电部门要求
西南区	云南	接地导体和接地连接应能承受接地回路的额定短时和峰值耐受电流。 ③高压开关柜 高压开关柜宜采用10kV真空断路器开关柜或负荷开关柜，其技术参数除应满足国家和行业相关标准外，还应满足南网现行相关规范的要求。 a)开关柜结构型式为全金属封闭式，应符合《3.6～40.5kV交流金属封闭开关设备和控制设备》GB 3906规定要求。开关柜的外壳至少要满足IP4X的防护等级。 b)为了保证安全和便于操作，金属封闭开关设备和控制设备中，不同元件之间应装设联锁，宜采用机械联锁。机械联锁装置的部件应有足够的机械强度，以防止因操作不正确而造成变形或损坏。开关柜断路器及接地开关应预留辅助开关接点并引至端子排。所选用的其他设备应预留遥控、遥信、遥测接口，并接入端子排，以适应远方监控需要。 ④户外柱上开关 户外柱上开关包括真空断路器、SF_6断路器、真空负荷开关、SF_6负荷开关和隔离开关，其技术参数除应满足应遵循的国家、行业标准外，还应满足南网现行相关标准的要求。 a)户外柱上开关适用于交流50Hz，额定工作10kV，额定工作电流630A及以下的架空线路中，作为电网用电设备分断、关合负荷电流，以及过载电流、短路电流控制和保护的户外开关设备使用。 b)户外柱上真空断路器、SF_6断路器、真空负荷开关、SF_6负荷开关宜具备电动操作和自动化接口，控制接口采用航空接插件。 c)户外柱上真空断路器、SF_6断路器、真空负荷开关、SF_6负荷开关壳体防护等级不低于IP67。 d)户外柱上隔离开关隔离断口应清晰易见，位置指示应可靠、清晰易见。 ⑤跌落式熔断器 10kV户外跌落式熔断器的技术参数除应满足应遵循的国家、行业标准外，还应满足南网现行相关标准的要求。 a)熔断器由底座、载熔件、熔断件等部件组成。熔断器除熔体外的零件、材料及介质的最高允许温度及允许温升按《高压开关设备和控制设备标准的共用技术要求》GB/T 11022的规定。 b)熔断器载熔件的上端应有能用专用工具进行合分操作的结构，下端应有便于用专用工具装上或取下载熔件的结构。 c)熔断器应性能可靠，寿命长，体积小，无爆炸危险，不污染环境。 3)低压电气设备 ①低压开关柜 低压开关柜及其内部电器元件的技术参数除应满足国家和行业相关标准外，还应满足南网现行相关标准的要求。 a)低压开关柜有抽出式开关柜和固定式开关柜两种。主要包括进线柜、母联柜、出线柜三种柜型。 b)低压开关柜所选用的电器元件，其技术性能应不低于相关的国家标准，并且是通过正式鉴定、取得3C认证的定型产品。 c)配备就地操作按钮，预留远方控制端子，并带远方、就地控制转换开关；带操作次数计数器；就地控制时，所有框架断路器均带预储能，远方控制时，要求直接合闸，自保持。 d)所配用的电能计量装置应满足《电能计量装置技术管理规程》DL/T 448和《南方电网公司电能计量装置典型设计》的规定。

续表

地区	省、直辖市和自治区名称	高压接入方式及户外环网柜等其他供电部门要求
西南区	云南	e)进线柜断路器要求可以实现就地/远方电动操控。 ②低压电缆分接箱 a)低压电缆分接箱外壳应优先采用不锈钢板、强化树脂材料；钢板厚度应大于1.5mm。箱体防护等级不低于《外壳防护等级(IP代码)》GB/T 4208规定的IP33要求。 b)低压电缆分接箱应优先采用全绝缘的母线系统。进出线采用断路器或绝缘封闭刀熔开关保护，具备下进线和侧进线功能。 4)电缆线路 ①以下情况应采用电缆线路： a)在繁华地段、市区主干道、高层建筑群区以及城市规划和市容环境有特殊要求的地区。 b)重点风景旅游区。 c)对架空线路有严重腐蚀性的地区。 d)通道狭窄，架空线路走廊难以解决的地区。 e)沿海地区易受热带风暴侵袭的城市的重要供电区域。 f)对供电可靠性有特殊要求，需使用电缆线路供电的重要用户。 g)电网运行安全需要的地区。 ②电缆路径选择 a)应根据城市道路网规划，与道路走向相结合，设在道路一侧，并保证地下电缆线路与城市其他市政公用工程管线间的安全距离。 b)在满足安全的条件下使电缆较短。 c)应避开电缆易遭受机械性外力、过热、化学腐蚀和白蚁等危害的场所。 d)应避开地下岩洞、水涌和规划挖掘施工的地方。 e)应便于敷设、安装和维护。 ③电缆型式的选择 a)高压电缆宜选用铜芯电力电缆。 b)高压电缆宜采用交联聚乙烯绝缘电力电缆，并根据使用环境选用。对处于地下水位较高环境、可能浸泡在水内的电缆，应采用防水外护套，进入高层建筑内的电缆，应选用阻燃型，电缆线路土建设施如不能有效保护电缆时，应选用铠装电缆。 低压配电导体选择应符合下列规定： Ⅰ电缆、电线可选用铜芯或铝芯，民用建筑宜采用铜芯电缆或电线；下列场所应选用铜芯电缆或电线： ⅰ易燃、易爆场所； ⅱ重要的公共建筑和居住建筑； ⅲ特别潮湿场所和对铝有腐蚀的场所； ⅳ人员聚集较多的场所；

续表

地区	省、直辖市和自治区名称	高压接入方式及户外环网柜等其他供电部门要求
西南区	云南	ⅴ重要的资料室、计算机房、重要的库房； ⅵ移动设备或有剧烈振动的场所； ⅶ有特殊规定的其他场所。 Ⅱ低压电缆的绝缘类型应符合以下规定： ⅰ在一般工程中，在室内正常条件下，可选用聚氯乙烯绝缘聚氯乙烯护套的电缆或聚氯乙烯绝缘电线；有条件时，可选用交联聚乙烯绝缘电力电缆和电线； ⅱ一类高层建筑以及重要的公共场所等防火要求高的建筑物，应采用阻燃低烟无卤交联聚乙烯绝缘电力电缆、电线或无烟无卤电力电缆、电线。 ⅲ建筑高度为100m或35层及以上的住宅建筑，用于消防设施的供电干线应采用矿物绝缘电缆；建筑高度为50～100m且19～34层的一类高层住宅建筑，用于消防设施的供电干线应采用阻燃耐火线缆，宜采用矿物绝缘电缆；10～18层的二类高层住宅建筑，用于消防设施的供电干线应采用阻燃耐火类线缆。 ⅳ19层及以上的一类高层住宅建筑，公共疏散通道的应急照明应采用低烟无卤阻燃的线缆。10～18层的二类高层住宅建筑，公共疏散通道的应急照明宜采用低烟无卤阻燃的线缆。 c)低压电缆的芯数根据低压配电系统的接地型式确定，IT系统采用三芯电缆；TT系统、TN-C(或TN-C-S系统，PEN线分开之前电源端部分)系统采用四芯电缆；TN-C-S系统PEN线分开之后负荷端部分、TN-S系统采用五芯电缆。 ④电缆截面的选择 a)电力电缆截面的确定，除根据不同的供电负荷和电压损失进行选择后，还应综合考虑温升、热稳定、安全和经济运行等因素。 b)电缆线路干线截面的选择，应力求简化、规范、统一，并满足规划、设计要求。 c)高低客户接入工程的电力电缆截面确定如下： Ⅰ高压电缆：铜芯或铝芯为$70mm^2$、$120mm^2$、$150mm^2$、$240mm^2$、$300mm^2$、$400mm^2$。 Ⅱ低压电缆：按实际负荷选用。 ⑤电缆附件的选择 10kV电缆头宜采用冷收缩、预制式，户外电缆头不得采用绕包式。电缆终端应根据电压等级、绝缘类型、安装环境以及与终端连接的电缆和电器型式选择，满足可靠、经济、合理的要求。 5)架空线路 ①架空电力线路的路径选择，应遵循以下原则： a)应根据城市地形、地貌特点和城市道路网规划，沿道路、河渠、绿化带架设；路径力求短捷、顺直，减少同公路、铁路、河流、河渠的交叉跨越，尽量避免跨越建筑物。 b)应综合考虑电网的近、远期发展，减少与其他架空线路的交叉跨越。 c)规划新建的高压架空电力线路，不应穿越市中心地区或重点风景旅游区。 d)宜避开易燃、易爆和严重污染的地区。

续表

地区	省、直辖市和自治区名称	高压接入方式及户外环网柜等其他供电部门要求
西南区	云南	e)应满足与电台、领(导)航台之间的安全距离和航空管制范围的要求,对邻近通信设施的干扰和影响应符合有关规定。 f)应满足防洪的要求。 ②下列地区不具备条件采用电缆线路时,应采用架空绝缘线路: a)线路走廊狭窄,裸导线架空线路与建筑物净距不能满足安全要求时。 b)高层建筑群地区。 c)人口密集,繁华街道区。 d)风景旅游区及林带区。 e)重污秽区。 ③架空导线宜选择以下型式: a)高压架空线宜选用钢芯铝绞线、铝芯交联聚乙烯绝缘线或铜芯交联聚乙烯绝缘线。 b)低压配电线路宜采用交联聚乙烯绝缘导线。 ④导线截面的确定应符合下列规定: a)按敷设方式、环境条件确定的导体截面,其导体载流量不应小于预期负荷的最大计算电流和按保护条件所确定的电流。导体截面选择留有适当的裕度,考虑维护施工方便,同一地区内,相同应用条件的导线规格应尽量统一。 b)导线宜采用铜/铝芯绝缘线,并满足末端电压的要求。导体应满足动稳定与热稳定的要求。 c)各地市在使用时应根据各自的需要选择 2 至 3 种常用截面的导线,可使杆型选择、施工备料、运行维护得以简化。 ⑤杆塔 高压架空配电线路宜采用 12m 或 15m 水泥杆,必要时也可采用 18m 水泥杆。水泥杆的强度应按最大受力条件进行校验。城区架空配电线路的承力杆(耐张杆、转角杆、终端杆)宜采用窄基塔或钢管杆
	贵州	一般按照中国南方电网公司《10kV 及以下业扩受电工程技术导则》的要求。 需要报送图纸审批

注:天津、河北、辽宁、吉林、黑龙江、上海、安徽、浙江、福建、山东、江苏、湖北、湖南、河南、陕西、甘肃、新疆、青海、宁夏、四川、西藏:暂时未找到相关资料

3　0.4kV/0.23kV 低压配电系统

3.1　主接线形式及要求（含母联要求、备用母线及柴油机接口等）

地区	省、直辖市和自治区名称	主接线形式及要求	扫码看图
华北区	河北	(1)住宅小区低压配电网，宜采用放射式结构，低压供电半径不得超过 150m。 (2)住宅供电线路应装设剩余电流动作保护装置，采用分级保护。每幢住宅的总电源进线应装设剩余电流动作保护或剩余电流动作报警，套内除壁挂式分体空调电源插座外，电源插座回路应设置剩余电流保护装置。 (3)0.4kV 电缆分接可采用低压电缆分支箱。低压线路应采用多点及末端接地方式。 (4)配电室每路低压出线接带负荷不宜超过 200kW，用电负荷较小的居民住宅用户，通过低压电缆分支箱出线断路器或熔断器接入。 (5)住宅小区电源应经断路器设备接入主网。 (6)小型开关站(不超过 2 进 4 出)可采用单母线接线方式；中型开关站(2 进 6～8 出)和大型开关站(2 进 8～14 出)应采用单母线分段接线方式，并应设置母联开关。 (7)具备两台及以上配变的配电室应装设 0.4kV 母联开关，低压进线开关与母联开关之间加装闭锁装置(电气联锁＋机械联锁)，确保低压进线开关与母联开关不能同时合上。 (8)为公建设施供电的低压线路不应与为居民住宅供电的低压线路共用一路，并独立设置敷设路径	
	山西	符合用电设备接入供电系统要求	
华南区	广东	广州：供电局《10kV 及以下客户受电工程施工图设计内容及深度要求(2016 版)》 (1)进线和联络断路器三极/四极选用要求：1)一般单台变压器进线：三极；2)两台/三台变压器(分列运行)：三极；3)市发电转换开关：四极。 (2)多台变压器的低压联锁原则：1)两台相邻贴近的变压器应进行低压侧联络，设可靠机械电气联锁(3 合 2)；2)三台变压器联络时，其中两台采用“3 合 2”机械电气联锁，第三台的进线 开关和联络开关之间采用“2 合 1”机械电气联锁；3)不允许四台及以上变压器低压侧联络。	

续表

地区	省、直辖市和自治区名称	主接线形式及要求	扫码看图
华南区	广东	(3)统建小区 0.4kV 系统接线一般应在第一级低压进线柜增加应急电源接口，发电电源侧设隔离开关，隔离开关与市电开关设可靠联锁。 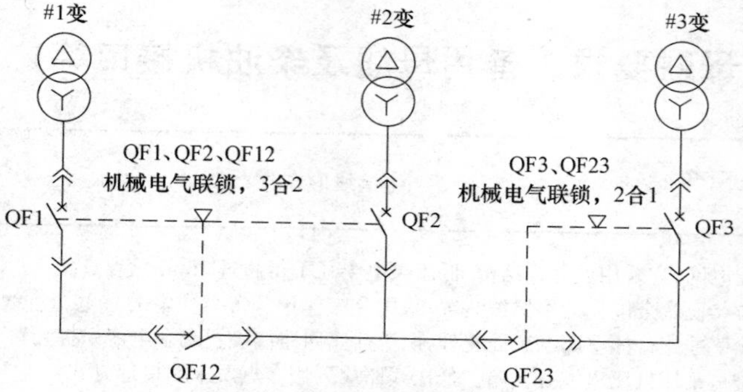 #1变 #2变 #3变 QF1、QF2、QF12 机械电气联锁，3合2 QF3、QF23 机械电气联锁，2合1 QF1 QF2 QF3 QF12 QF23 3台变压器低压联锁示意图 (4)对于统建小区及重要用户，若发电车接口离发电车可进入通道的距离大于 50m 时，应由该接口新敷电缆至发电车可进入位置并新装隔离刀箱，保供电客户可参照执行。 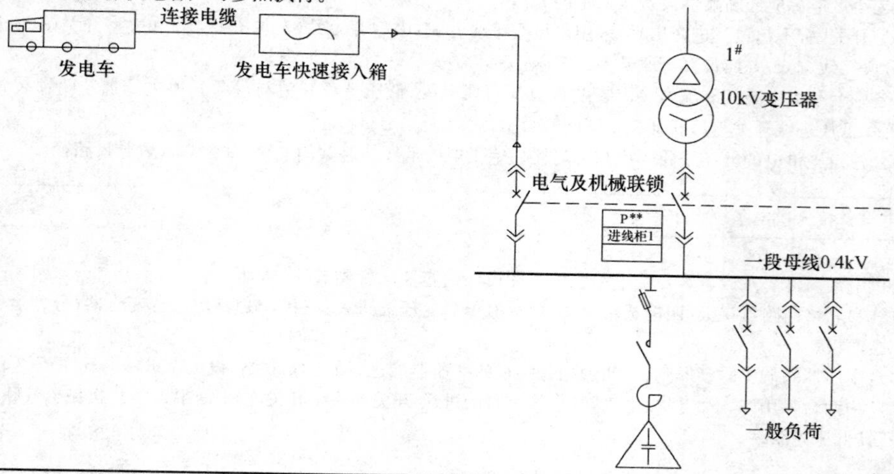 连接电缆 发电车 发电车快速接入箱 1# 10kV变压器 电气及机械联锁 P** 进线柜1 一段母线0.4kV 一般负荷	

续表

地区	省、直辖市和自治区名称	主接线形式及要求	扫码看图
华南区	海南	(1)2 台变压器相互联络时，一般分列运行。 (2)市、发电转换开关之间设电气及机械联锁，设手动、自动转换。发电转换开关采用 4 级开关。 (3)柴油机采集变压器低压进线柜处电压、电流信号，均失去时启动发电机	
中南区	湖北	无	附图 3.1-1～3：湖北低压主接线形式及要求图示 1～3
西北区	青海	0.4kV 低压配电系统不设置母联，柴油机接口须专用断路器	
西南区	重庆	(1)380/220V 配电网实行分区供电，应结构简单、安全可靠，一般采用放射式结构。当供电可靠性要求较高或有其他特殊情况时，可采用双电源供电，必要时 380/220V 电缆线路可采用环式结构。 (2)柴油发电机组作为消防负荷应急电源时，可兼作保障负荷的备用电源，但应从共用的柴油发电机组配电总柜处分别配出消防负荷应急电源和保障负荷备用电源，非消防负荷严禁接入应急母线段	附图 3.1-4～18：重庆 0.4kV/0.23kV 低压配电系统主接线典型作法图示 1～15
	四川	无	附图 3.1-19、20：四川 0.4kV/0.23kV 低压配电系统主接线典型作法图示 1、2
	贵州	一般按照中国南方电网公司《10kV 及以下业扩受电工程技术导则》的要求 需要报送图纸审批	
	西藏	无	附图 3.1-21：西藏 0.4kV/0.23kV 低压配电系统主接线典型作法图示

注：北京、天津、内蒙古、辽宁、吉林、黑龙江、上海、安徽、浙江、福建、山东、江苏、广西、湖南、河南、陕西、甘肃、新疆、宁夏：暂时未找到相关资料

3.2 电力监控系统及分项计量要求

地区	省、直辖市和自治区名称	电力监控系统及分项计量要求	扫码看图
华北区	北京	参考《公共机构办公建筑用电分类计量技术要求》DB11/T 624	
	内蒙古	在高低压开关设备的选用时同步配置具备综合测控功能的微机保护装置(开闭站)和低压综合测控装置(配电室),以实现事故报警和数据采集的基本功能	
	山西	详见国家电网要求	
东北区	吉林	参考《公共建筑能耗监测系统技术规程》DGJ32/T J111	
华东区	山东	按绿色建筑设计标准 、公共建筑节能设计标准执行,无明确要求	附图 3.2-1～3:山东能耗监测系统图 1～3
华南区	广东	1. 广州:广州供电局《10kV 及以下客户受电工程施工图设计内容及深度要求(2016 版)》 (1)供电低压计量电流互感器采用 1 组 3CT,单绕组,双接线盒、精度为 0.2S 级; (2)除美式箱变外,低压总计量表柜需设独立计量柜,柜内不允许含进出线开关; (3)互感器型号可按需要选用环氧树脂(LMZ)和塑料(BH)等;计量互感器精度 0.2S,测量互感器精度 0.5 或以上;计量互感器额定电压 0.5kV,测量互感器额定电压 0.66kV;二次电流原则上取 5A 或 1A;互感器变比应为计算电流的 1.3 倍,同时比相应开关额定电流大,以防烧毁。 2. 深圳:国家机关办公建筑和大型公共建筑的所有权人或者使用权人应当建立健全民用建筑节能管理制度和操作规程,对建筑用能系统进行监测、维护,并定期将分项用电量报县级以上地方人民政府建设主管部门。国家机关办公建筑和大型公共建筑供暖、制冷、照明的能源消耗情况应当依照法律、行政法规和国家其他有关规定向社会公布	
	海南	(1)电力监控系统 1)对空调通风系统的冷热源、风机、水泵等设备必须进行有效监控,常用的控制策略有定值控制、最优控制、逻辑控制、时序控制和反馈控制等;对照明系统,在保证照明质量的前提下应尽量减小照明功率,可采用人体感应、照度或延时等自动控制方式; 2)对于 10 万 m^2 以下的住宅区和 2 万 m^2 以下的公共建筑,可以不设置设备自动监控系统,但应设置简易有效的控制措施,如对风机水泵的变频控制、不联网的就地控制器、简单的单回路反馈控制等。 (2)分项计量 1)对于采用集中空调的建筑,冷热源、输配系统和照明等各部分能耗应进行独立分项计量。 2)对于居住建筑,应对车库、底层商业网点及公共部分的照明、电梯等设备进行分项计量。 3)对于建筑面积不小于 $5000m^2$ 的公共建筑,应参照《国家机关办公建筑和大型公共建筑能耗监测系统分项能耗数据采集技术导则》等相关技术规范要求进行分项计量设计	

续表

地区	省、直辖市和自治区名称	电力监控系统及分项计量要求	扫码看图
西南区	重庆	(1)设有集中空调系统的大型公共建筑应设置电能监测与计量系统。 (2)建筑的冷热源及输配电系统等各部分用电能耗应设置独立计量。 (3)根据建筑功能特点,按照功能区域及照明插座、空调、动力、特殊用电等用电分项设置电能监测与计量系统,并进行能效分析与管理	
	云南	(1)设有集中空调系统的大型公共建筑应设置电能监测与计量系统。 (2)建筑的冷热源及输配电系统等各部分用电能耗应设置独立计量。 (3)根据建筑功能特点,按照功能区域及照明插座、空调、动力、特殊用电等用电分项设置电能监测与计量系统,并进行能效分析与管理	
	贵州	有	
注:北京、天津、河北、辽宁、黑龙江、上海、安徽、浙江、福建、江苏、广西、湖北、湖南、河南、陕西、甘肃、新疆、青海、宁夏、四川、西藏:暂时未找到相关资料			

3.3 功率因数补偿

地区	省、直辖市和自治区名称	功率因数补偿
华北区	北京	(1)功率因数执行标准 100kVA 及以上高压供电的电力客户,在高峰负荷时的功率因数不宜低于 0.95;其他电力客户和大、中型电力排灌站、趸购转售电企业,功率因数不应低于 0.90;农业用电功率因数不低于 0.85。 (2)无功补偿的配置原则 1)无功电力应分层分区、就地平衡。客户应在提高自然功率因数的基础上,按有关标准设计并安装无功补偿设备。 2)并联电容器装置,其容量和分组应根据就地补偿,便于调整电压及不发生谐振的原则进行配置。 3)无功补偿装置采用成套装置,并应装设在受压器低压侧。为提高客户电容器的投运率,并防止无功倒送,采用自动投切方式。 (3)无功补偿容量计算 当不具备计算条件时,电容器安装容量的确定应符合下列规定: 1)35kV 及以上客户可按变压器量的 10%～30%确定; 2)10kV 客户可按变压器容量的 20%～30%确定

续表

地区	省、直辖市和自治区名称	功率因数补偿
华北区	天津	功率因数补偿后不低于0.9
	河北	每台变压器应装设低压自动无功补偿装置，电容器容量应满足不小于30%变压器容量
	内蒙古	无功补偿容量配置 1)配电变压器(含配电室、箱变、柱上变压器)配置电容器的容量应根据配电变压器容量和负荷性质，通过计算确定。一般按配电变压器容量的20%～40%配置电容器，应使高峰负荷时配电变压器低压侧功率因数达到0.95以上，在低谷负荷时不应向系统倒送无功功率； 2)在供电距离远、功率因数低的10(20)kV架空线路上也可适当安装并联补偿电容器，安装容量需经计算确定，一般可按线路上配电变压器总容量(含客户)的7%～10%配置，但不应在低谷负荷时向系统倒送无功
	山西	根据负荷性质确定符合国家电网功率因数补偿要求。
东北区	吉林	(1)功率因数执行标准 无功电力应就地平衡。用户在电网高峰负荷时的功率因数，应达到下列规定：100kVA及以上10kV供电的电力客户，在高峰负荷时的功率因数为0.90以上；其他电力用户和大、中型电力排灌站，功率因数为0.85以上；农业用电功率因数为0.80。 (2)无功补偿的配置原则 1)0.38～10kV电容器应装设抑制谐波或涌流的装置。 2)无功补装置宜采用成套装置，并应装设在受压器低压侧。0.38kV电容器应装设自动投切方式。 (3)无功补偿容量计算 电容器的安装容量，应根据用户的自然功率因数计算后确定。当不具备设计计算条件时，电容器安装容量：10k变电所可按变压器容量的20%～30%确定
华东区	上海、安徽	为提高无功补偿精度与效率，改善低压配电的电压质量，兼顾经济性，配电站变压器的低压侧应根据负荷性质可采用静止无功发生器与电容组相结合的混合式低压智能动态无功补偿装置，实现负荷三相分相分组控制
	浙江	同北京
	福建	(1)无功补偿应按照分层分和就地平衡原则，采用分散和集中相结合的方式，并能随负荷或电压进行调整，不得向电网倒送无功，保证用户受电电压符合现行国家标准《电能质量　供电电压偏差》GB/T 12325和《并联电容器装置设计规范》GB 50227的有关规定。 (2)100kVA及以上10kV供电的电力用户，在高峰负荷时的功率因数不宜低于0.95：其他电力用户和大、中型电力排灌站、趸购转售电企业，功率因数不宜低于0.90；农业用电用功率因数不宜低于0.85。 (3)10kV配电变压器(含配电室、箱式变电站、柱上变压器)安装无功自动补偿装置时，应符合下列规定： 1)在低压侧母线上装设，容量可按变压器容量10%～30%考虑； 2)以电压为约束条件，根据无功需量进行分组自动投切，无投切振荡，无补偿呆区，防止在低谷负荷时向系统倒送无功；

续表

地区	省、直辖市和自治区名称	功率因数补偿
华东区	福建	3)对居民单相负荷为主的供电场所,宜采取三相共补与分相补偿相结合的方式,分相补偿容量不宜小于总补偿容量的30%; 4)宜采用交流接触器一晶闸管复合投切方式,或其他无涌流投切方式; 5)10kV(6kV)电容器装置宜设置在单独的房间内,当采用非可燃介质的电容器且电容器组容量较小时,可设置在10kV配电室内。低压电容器装置可设置在低压配电室内,当电容器总容量较大时,宜设置在单独的房间内。 (4)电容器应采取抑制谐波或涌流的措施。高压电容器组宜根据预期的涌流采取相应的限流措施。低压电容器组宜加大投切容量且采用专用投切器件。在受谐波量较大的用电设备影响的线路上装设电容器组时,宜串联电抗器
	山东	(1)功率因数执行标准 功率因数不应低于0.90。 (2)无功补偿的配置原则 1)无功电力应分层分区、就地平衡。客户应在提高自然功率因数的基础上,按有关标准设计并安装无功补偿设备。 2)并联电容器装置,其容量和分组应根据就地补偿,便于调整电压及不发生谐振的原则进行配置。 3)无功补装置采用成套装置,并应装设在受压器低压侧。为提高客户电容器的投运率,并防止无功倒送,采用自动投切方式。 (3)无功补偿容量计算 当不具备计算条件时,电容器安装容量的确定应符合下列规定:10kV客户可按变压器容量的30%确定
	江西	(1)一般采取配电变压器配置低压电容器进行无功补偿,电容器容量应根据配电变压器容量和负荷性质,通过计算确定。 (2)配电变压器低压无功补偿与运行数据采集应采用一体化装置。 (3)供电距离较远、功率因数较低的10kV架空线路上可适当安装10kV并联补偿电容器,宜采用分相自动投切方式。10kV架空线路补偿点以一处为宜,宜不超过两处,安装容量需依据局部电网配电变压器空载损耗和无功基荷两部分确定。 (4)在三相不平衡的居民住宅及其他场所,宜采用分相补偿或混合补偿方式。当采用混合补偿时,分相补偿容量不小于总补偿容量的30%。 (5)区宜采用电容器本体与控制器一体化的干式智能电容器,具有过零自动投切功能的分相补偿或混合补偿方式,并应符合DL/T 842的规定。
	江苏	(1)功率因数执行标准 100kVA及以上高压供电的电力客户,功率因数不宜低于0.95;其他电力客户和大、中型电力排灌站,功率因数不应低于0.90;农业用电功率因数不低于0.85。 (2)无功补偿的配置原则 1)低压无功补偿装置应采用复合开关电器、半导体开关电器等,具有过零自动投切功能。 2)低压无功补偿装置应采用分相补偿或混合补偿,实施等容量或不等容量分组循环自动投切。 3)当采用混合补偿时,分相补偿容量不小于总补偿容量的40%。 (3)无功补偿容量计算 当不具备计算条件时,电容器安装容量的确定应符合下列规定: 1)35kV变电所可按变压器量的10%~30%确定; 2)10kV、20kV变电所客户可按变压器容量的20%~30%确定

续表

地区	省、直辖市和自治区名称	功率因数补偿
华南区	广东	广州:广州供电局《10kV及以下客户受电工程施工图设计内容及深度要求(2016版)》 (1)静态补偿应选用接触器、动态补偿可选用复合开关、晶闸管开关、调节器; (2)静态补偿须设热继电器,动态补偿不需要; (3)补偿容量范围宜为变压器容量值的20%~40%。 深圳:(1)无功功率补偿配置原则 1)应合理选择配电变压器容量、线缆及敷设方式等措施,减少线路感抗以提高客户的自然功率因数。 2)无功功率补偿应采用分区或就地平衡、就地补偿与集中补偿、高压补偿与低压补偿相结合的原则。 3)配电变压器的容量大于或等于100kVA时,应配置无功补偿装置。 4)配电站设置的无功补偿装置,宜安装在低压母线侧,无功补偿装置应据备进行分组自动投切的功能,分组电容投切时不应发生谐振。 (2)无功功率补偿容量 1)客户补偿后的功率因数低压侧不宜低于0.9,高压侧的功率因数指标应符合当地供电企业的规定。当不具备计算条件时,宜按配电变压器容量的20%~40%进行配置。 2)有谐波源的客户,在装设低压电容器时,应采取措施避免谐波污染
	广西	低压大于0.9,高压侧大于0.85,投切速度为毫秒级,否则供电部门会罚款
	海南	同广东深圳
中南区	湖北	(1)功率因数执行标准 100kVA及以上高压供电的电力客户,在用户高峰负荷时变压器高压侧功率因数不宜低于0.95;其他电力客户,功率因数不宜低于0.90。 (2)无功补偿的配置原则 1)无功补偿配置应根据电网情况,实施分散就地补偿与变电站集中补偿相结合,电网补偿与用户补偿相结合,高压补偿与低压补偿相结合,满足降损和调压的需要。 2)并联电容器装置,其容量和分组应根据就地补偿,便于调整电压及不发生谐振的原则进行配置。 3)无功补装置采用成套装置,并应装设在受压器低压侧。为提高客户电容器的投运率,并防止无功倒送,采用自动投切方式。 (3)供电部门通常要求补偿容量不低于变压器装机容量的30%
西北区	青海	(1)功率因数执行标准 100kVA及以上高压供电的电力客户,在高峰负荷时的功率因数不宜低于0.90;农牧业用电功率因数不低于0.85。 (2)无功补偿的配置原则 1)无功电力应分层分区、就地平衡。客户应在提高自然功率因数的基础上,按有关标准设计并安装无功补偿设备。 2)并联电容器装置,其容量和分组应根据就地补偿,便于调整电压及不发生谐振的原则进行配置。 3)无功补装置采用成套装置,并应装设在受压器低压侧。为提高客户电容器的投运率,并防止无功倒送,采用自动投切方式。 (3)无功补偿容量计算 当不具备计算条件时,电容器安装容量的确定应符合下列规定: 1)35kV及以上客户可按变压器量的10%~30%确定; 2)10kV客户可按变压器容量的20%~30%确定

续表

<table>
<tr><th>地区</th><th>省、直辖市和自治区名称</th><th>功率因数补偿</th></tr>
<tr><td rowspan="4">西南区</td><td>重庆</td><td>(1)无功补偿装置应根据分层分区、就地平衡、便于调整电压和提高功率因数的原则进行配置。可采用分散和集中补偿相结合的方式，分散安装在用电端的无功补偿装置主要用于提高功率因数、降低线路损耗；集中安装在变电站内的无功补偿装置有利于稳定电压水平。
(2)功率因数要求：
1)100kVA 及以上高压供电电力客户，在高峰负荷时功率因数不宜低于 0.95。
2)其他电力客户和大、中型电力排灌站、趸购转售电企业，功率因数不宜低于 0.90。
3)农业用电功率因数不宜低于 0.85。
(3)公用 10kV 配电变压器(含配电室、箱式变电站、柱上变压器)和 380/220V 网络负荷端安装无功自动补偿装置时，应符合下列规定：
1)在配电房低压侧母线、箱变低压侧母线、柱上变低压出线处装设时，容量宜按变压器容量的 20%～40%考虑，如有必要也可经计算确定。
2)在公网负荷端安装，容量宜按用户装接容量的 15%～30%考虑，或根据负荷性质进行配置。
3)在客户专变负荷端安装，容量宜按补偿计算容量的 100%考虑。
4)以电压为约束条件，根据无功需量进行分组分相自动投切，不允许倒送无功。
5)宜采用交流接触器一晶闸管复合投切方式。
6)合理选择配电变压器分接头或档位，避免电压过高电容器无法投入运行。
7)柱上变压器使用的无功补偿装置应为户外型产品，容量在 10Kvar 以上宜配置自动投切装置。
(4)在供电距离远、功率因数低的 10kV 架空线路上可适当安装无功补偿装置，其容量(包括客户)一般按线路上配电变压器总容量的 7%～10%配置，或经计算确定，但不应在低谷负荷时向系统倒送无功；也可安装电压调节装置。
(5)单相负荷较多的供电系统应采用分相或混合无功自动补偿装置</td></tr>
<tr><td>四川、贵州</td><td>同北京</td></tr>
<tr><td>云南</td><td>(1)无功功率补偿配置原则
1)应合理选择配电变压器容量、线缆及敷设方式等措施，减少线路感抗以提高客户的自然功率因数。
2)无功补偿应采用分区和就地平衡、就地补偿与集中补偿、高压补偿与低压补偿相结合的原则。
3)配电变压器的容量大于或等于 100kVA 时，应配置无功补偿装置。
4)配电站设置的无功补偿装置，宜安装在低压母线侧，无功补偿装置应具备进行分组自动投切的功能，分组电容投切时不应发生谐振。
(2)无功功率补偿容量
1)客户补偿后的功率因数低压侧不宜低于 0.9，高压侧的功率因数指标应符合当地供电企业的规定。当不具备计算条件时，宜按配电变压器容量的 20%～40%进行配置。
2)有谐波源的客户，在装设低压电容器时，应采取措施避免谐波污染</td></tr>
<tr><td>西藏</td><td>(1)补偿后，变压器高低压侧功率因数均在 0.9 以上；
(2)补偿量可按照变压器容量的 30%计算</td></tr>
</table>

注：辽宁、黑龙江、湖南、河南、陕西、甘肃、新疆、宁夏：暂时未找到相关资料

3.4 电能质量及谐波治理标准

地区	省、直辖市和自治区名称	电能质量及谐波治理标准
华北区	北京	(1)电能质量标准 在电力系统正常状况下,供电企业供到客户受电端的供电电压允许偏差为: 1)35kV及以上电压供电的,电压正、负偏差的绝对值之和不超过额定值的10%。 2)10kV及以下三相供电的,为额定值的±7%。 3)220V单相供电的,为定值的+7%,-10%。 (2)谐波治理标准 1)当客户有非线性负荷设备接入电网时,在供电方案中应告知客户委托有资质的专业机构出具非线性负荷设备接入电网的电能质量评估报告(其中大容量非线性客户,须提供省级及以上专业机构出具的电能质量评估报告)。 2)按照“谁污染,谁治理”和“同步设计,同步施工,同步投运,同步达标”的原则进行治理,在供电方案中,应明确客户治理电能质量污染的责任及技术方案,要求客户采取治理污染电能质量的措施,确保谐波限值、电压波动和闪变的允许值达到国家标准。 3)非线性负荷设备主要包括: ①换流和整流装置,包括电气化铁路,电车整流装置、动力蓄电池用的充电设备等; ②冶金单位的轧钢机,感应炉和电弧炉; ③电解槽和电解化工设备; ④大容量电弧焊机; ⑤大容量,高密度变频装置; ⑥其他大容量冲击设备的非线性负荷。 4)客户负荷注入公用电网连接点的谐波电压限值及谐波电流允许值应符合《电能质量 公用电网谐波》GB/T 14549国家标准的限值。 5)客户的冲击性负荷产生的电压波动允许值,应符合《电能质量 电压波动和闪变》GB/T 12326国家标准的限值
	天津	(1)供配电系统的电压允许偏差为:35kV的供电电压正、负偏差的绝对值之和不超过额定电压的10%;10kV及以下三相供电电压允许偏差为额定电压的正负7%;0.4kV供电电压允许偏差为额定电压的正负5%。一般0.4kV供电干线的最大工作压降不大于2%,分支线路的最大工作压降不大于3%。 (2)供配电系统的谐波: 1)供配电系统的谐波电压(相电压)限值见下表:

<table>
<tr><th>地区</th><th>省、直辖市和自治区名称</th><th>电能质量及谐波治理标准</th></tr>
<tr><td rowspan="3">华北区</td><td>天津</td><td>
<table>
<tr><th rowspan="2">供电系统额定电压(kV)</th><th rowspan="2">电压总谐波畸变率(%)</th><th colspan="2">各次谐波电压含有率(%)</th></tr>
<tr><th>奇次</th><th>偶次</th></tr>
<tr><td>0.4</td><td>5.0</td><td>4.0</td><td>2.0</td></tr>
<tr><td>10</td><td>4.0</td><td>3.2</td><td>1.6</td></tr>
<tr><td>35</td><td>3.0</td><td>2.4</td><td>1.2</td></tr>
</table>
2)供配电系统的谐波电流限值见下表：
<table>
<tr><th rowspan="2">供电系统额定电压(kV)</th><th rowspan="2">基准短路容量(MVA)</th><th colspan="12">各次谐波电流含有率(%)</th></tr>
<tr><th>2</th><th>3</th><th>4</th><th>5</th><th>6</th><th>7</th><th>8</th><th>9</th><th>10</th><th>11</th><th>12</th><th>13</th></tr>
<tr><td>0.4</td><td>10</td><td>78</td><td>62</td><td>39</td><td>62</td><td>26</td><td>14</td><td>19</td><td>21</td><td>16</td><td>28</td><td>13</td><td>24</td></tr>
<tr><td>10</td><td>100</td><td>26</td><td>20</td><td>13</td><td>20</td><td>8.5</td><td>15</td><td>6.4</td><td>6.8</td><td>5.1</td><td>9.3</td><td>4.3</td><td>7.9</td></tr>
<tr><td>35</td><td>250</td><td>15</td><td>12</td><td>7.7</td><td>12</td><td>5.1</td><td>8.8</td><td>3.8</td><td>4.1</td><td>3.1</td><td>5.6</td><td>2.6</td><td>4.7</td></tr>
</table>
3)低压配电系统应以电压总谐波畸变率 $THD_u \leqslant 5\%$、谐波电流以满足限值要求为谐波治理目标值。对于直接涉及人身安全的设施或场所电压总谐波畸变率 $THD_u \leqslant 3\%$。
4)当系统谐波或设备谐波超出谐波限制规定时，应对谐波源的性质、谐波参数等进行分析，有针对性地采取谐波抑制及谐波治理措施。当供配电系统中具有较大谐波干扰的地点宜设置滤波装置
</td></tr>
<tr><td>内蒙古</td><td>(1)客户因畸变负荷、冲击负荷、波动负荷和不对称负荷对公用电网造成污染的，应提交有关评估报告，并按照，“谁污染，谁治理”和“同步设计，同步施工，同步投运，同步达标”的原则进行治理；
(2)电压敏感负荷客户应自行装设电能质量监测及补偿装置</td></tr>
<tr><td>山西</td><td>电能质量参照国家电网对电能质量的相关标准。
谐波治理：一般不做，根据具体项目和甲方的要求设计，充电桩要做</td></tr>
</table>

续表

地区	省、直辖市和自治区名称	电能质量及谐波治理标准
东北区	辽宁	客户因畸变负荷、冲击负荷、波动负荷和不对称负荷对公用电网造成污染的，应提交有关评估报告，并按照“谁污染，谁治理”和“同步设计，同步施工，同步投运，同步达标”的原则进行同步设计
	吉林	(1)电能质量标准 在电力系统正常状况下，供电企业到客户受电端的供电电压允许偏差为：10kV及以下三相供电的，为额定值的±7%。在电力系统非正常状态下，用户受电端的电压最大允许偏差不应超过额定值的±10%。 (2)谐波治理标准 非线性用户设备接入电网前，对消谐装置应组织验收。验收不合格，不允许接电。接电后，要进行谐波实测，如果实测谐波超过国家标准的规定时，不允许该非线性设备接入电网运行
华东区	上海、安徽、浙江	同北京
	福建	(1)非线性负荷设备的主要种类： 1)换流和整流装置，包括电气化铁路、电车整流装置、动力蓄电池用的充电设备等； 2)冶金部门的轧钢机、感应炉和电弧炉； 3)电解槽和电解化工设备； 4)大容量电弧焊机； 5)变频装置； 6)其他大容量冲击设备的非线性负荷。 (2)用户因畸变负荷、冲击负荷、波动负荷、不对称负荷和分布式电源对公用电网造成污染的，应提交有关评估报告，并按照“谁污染，谁治理”“同步设计，同步施工，同步投运，同步达标”的原则进行治理。 (3)用户受电端供电电压的偏差允许值，应符合下列要求： 1)10kV及以下三相供电电压允许偏差应为标称系统电压的±7%； 2)220V单相供电电压允许偏差应为标称系统电压的+7%、−10%； 3)对供电点短路容量较小、供电距离较长以及对供电电压偏差有特殊要求的用户，由供、用电双方协议确定。 (4)电压敏感用户应自行装设电能质量补偿或治理装置。 (5)用户的波动负荷产生的电压变动和闪变在公用电网公共连接点的限值，应符合现行国家标准《电能质量 电压波动和闪变》GB/T 12326的规定。 (6)用户的配电系统中的谐波电压和在公共连接点注入的谐波电流允许限值，应符合现行国家标准《电能质量 公用电网谐波》GB/T 14549的规定

续表

地区	省、直辖市和自治区名称	电能质量及谐波治理标准
华东区	山东	(1)电能质量标准 在电力系统正常状况下，供电企业供到客户受电端的供电电压允许偏差为： 1)35kV 及以上电压供电的，电压正、负偏差的绝对值之和不超过额定值的 10%。 2)20kV 及以下三相供电的，为额定值的±7%。 3)220V 单相供电的，为定值的+7%，−10%。 (2)谐波治理标准 1)当客户有非线性负荷设备接入电网时，在供电方案中应告知客户委托有资质的专业机构出具非线性负荷设备接入电网的电能质量评估报告(其中大容量非线性客户，须提供省级及以上专业机构出具的电能质量评估报告)。 2)按照“谁污染，谁治理”和“同步设计，同步施工，同步投运，同步达标”的原则进行治理，在供电方案中，应明确客户治理电能质量污染的责任及技术方案，要求客户采取治理污染电能质量的措施，确保谐波限值、电压波动和闪变的允许值达到国家标准。 3)非线性负荷设备主要包括： ①换流和整流装置，包括电气化铁路，电车整流装置、动力蓄电池用的充电设备等； ②冶金单位的轧钢机，感应炉和电弧炉； ③电解槽和电解化工设备； ④大容量电弧焊机； ⑤大容量，高密度变频装置； ⑥其他大容量冲击设备的非线性负荷。 4)客户负荷注入公用电网连接点的谐波电压限值及谐波电流允许值应符合《电能质量公用电网谐波》GB/T 14549 国家标准的限值。 5)客户的冲击性负荷生的电压波动允许值，应符合《电能质量电压波动和闪变》GB/T 12326 国家标准的限值 (3)谐波治理措施 通常采取如下谐波治理措施： ①低压补偿柜中加装串联电抗器。 ②加装静止(动态)无功补偿装置 SVG。 ③在低压侧或产生大量谐波的设备末端(变频器、UPS 电源装置、可控硅调光装置等)加装有源滤波装置 APF。 ④个别项目如机场，因负荷特性原因，采用 SVG+APF 的治理方式
	江苏	电能质量标准 在电力系统正常状况下，供电企业供到客户受电端的供电电压允许偏差为： 1)35kV 及以上电压供电的，电压正、负偏差的绝对值之和不超过额定值的 10%。 2)10kV 及以下三相供电的，为额定值的±7%。 在电力系统非正常状况下，用户受电端的电压最大允许偏差不应超过额定值的±10%

续表

地区	省、直辖市和自治区名称	电能质量及谐波治理标准
华南区	广东	1. 广州：广州供电局《10kV 及以下客户受电工程施工图设计内容及深度要求（2016 版）》 （1）对于有可能造成谐波污染的负荷，电容补偿控制器应带谐波监测； （2）当负荷可能存在较多谐波时柜内需配电抗器，当负荷谐波严重时需另作有源滤波处理； 2. 深圳：电能质量标准 在电力系统正常状况下，供电企业供到客户受电端的供电电压允许偏差为： （1）110kV 及以上用户供电电压正、负偏差的绝对值之和不超过额定值的 10%。 （2）20kV 及以下三相供电电压允许偏差为额定值的±7%以下。 （3）220V 单相供电电压允许偏差为额定电压+7%～−10%
	海南	（1）产生谐波源的电力客户，其注入公用配电网的谐波电流和引起的电压畸变率，必须满足《电能质量 公用电网谐波》GB/T 14549 的规定。 （2）冲击负荷及波动负荷（如短路试验负荷、电气化铁路、电弧炉、电焊机、轧钢机等）引起的电网电压波动、闪变，必须满足《电能质量 电压波动和闪变》GB/T 12326 的规定。 （3）不对称负荷所引起的三相电压允许不平衡度，必须满足《电能质量 三相电压不平衡度》GB/T 15543 的规定。 （4）产生谐波、电力冲击、电压波动、闪变等干扰性负荷的特殊电力客户，对配电网影响的治理工作应贯彻“谁污染，谁治理”的原则，由电力客户自行投资，并采取有效治理措施
西南区	重庆	（1）一般要求： 在电力系统正常运行条件下，客户端的电能质量，在电压偏差、谐波和波形畸变、电压波动和闪变、电压不平衡度等方面应满足国家相关标准。 （2）电压偏差： 在电力系统正常运行条件下，客户端的电压允许偏差范围： 1）10kV：+7%～−7%（10.7～9.3kV）； 2）380V：+7%～−7%（406～355V）； 3）220V：+7%～−10%（235～198V）； （3）谐波和波形畸变： 在电力系统正常运行条件下，客户端的谐波电压应满足《电能质量 公用电网谐波》GB/T 14549 规定，应不超过下表中规定的允许值。

电网谐波电压

电网标称电压（kV）	电压总畸变率（%）	各次谐波电压含有率（%）	
		奇次	偶次
0.38	5.0	4.0	2.0
10	4.0	3.2	1.6

续表

地区	省、直辖市和自治区名称	电能质量及谐波治理标准
西南区	重庆	见下文

在电力系统正常运行条件下，客户端的总谐波电流分量（方均根）应满足《电能质量 公用电网谐波》GB/T 14549 规定，应不超过下表中规定的允许值。

电网总谐波电流分量

		谐波次数谐波电流允许值（A）							
标称电压	基准短路容量	2	3	4	5	6	7	8	9
380V	10MVA	78	62	39	62	26	44	19	21
10kV	100MVA	26	20	13	20	8.5	15	6.4	6.8
谐波次数		10	11	12	13	14	15	16	17
380V	10MVA	16	28	13	24	11	12	9.7	18
10kV	100MVA	5.1	9.3	4.3	7.9	6.1	6.8	5.3	10
谐波次数		18	19	20	21	22	23	24	25
380V	10MVA	8.6	16	7.8	8.9	7.1	14	6.5	12
10kV	100MVA	4.7	9	4.3	4.9	3.9	7.4	3.6	6.8

（4）电压波动和闪变：

在电力系统正常运行条件下，客户端的电压波动和闪变应满足《电能质量 电压波动和闪变》GB/T 12326 规定。电压波动限值见下表。

电网电压波动限值

r（次/小时）	电压变动限值（%）
	LV，MV
$r \leqslant 1$	4
$1 < r \leqslant 10$	3*
$10 < r \leqslant 100$	2
$100 < r \leqslant 1000$	1.25

注1. 很少的变动频度 r（每日少于1次），电压变动限值 d 还可以放宽，但不在本表中规定。

2. 对于随机性不规则的电压波动，如电弧炉负荷引起的电压波动，表中标有“*”的值为其限值。

3. 参照 GB/T 156，本标准中系统标称电压为低压（LV）≤1kV 和中压（MV）1kV～35kV。

续表

<table>
<tr><th>地区</th><th>省、直辖市和自治区名称</th><th>电能质量及谐波治理标准</th></tr>
<tr><td rowspan="2">西南区</td><td>重庆</td><td>闪变的限值为，以一个星期（7天）为测量周期，所有10kV以下电压等级的长时间闪变值 $P_{lt} \leqslant 1$。
（5）电压不平衡度：
在电力系统正常运行条件下，客户端的三相电压不平衡度应不超过《电能质量 三相电压不平衡》GB/T 15543规定的限值，负序电压不平衡度应不超过2%，短时不得超过4%要求。
（6）大型用电设备（250kW及以上）、大型可控硅调光设备、电动机变频调速控制装置等谐波源较大设备，宜就地设置谐波抑制装置</td></tr>
<tr><td>四川</td><td>（1）供电电压允许偏差
在电力系统正常状况下，供电企业供到客户受电端的供电电压允许偏差为：
1）35kV及以上电压供电的，电压正、负偏差的绝对值之和不超过额定值的10%。
2）10kV及以下三相供电的，为额定值的±7%。
3）220V单相供电的，为定值的+7%，−10%。
（2）非线性负荷设备接入电网
1）非线性负荷设备主要包括：
①换流和整流装置，包括电气化铁路，电车整流装置、动力蓄电池用的充电设备等；
②冶金单位的轧钢机，感应炉和电弧炉；
③电解槽和电解化工设备；
④大容量电弧焊机；
⑤变频装置；
⑥其他大容量冲击设备的非线性负荷。
2）客户应委托有资质的专业机构出具非线性负荷设备接入电网的电能质量评估报告（其中大容量非线性客户，须提供省级及以上专业机构出具的电能质量评估报告）。
3）按照“谁污染，谁治理”和“同步设计、同步施工、同步投运、同步达标”的原则，在供电方案中，应明确客户治理电能质量污染的责任及技术方案，要求客户采取治理污染电能质量的措施，确保谐波限值、电压波动和闪变的允许值达到国家标准。
4）客户负荷注入公用电网连接点的谐波电压限值及谐波电流允许值应符合《电能质量 公用电网谐波》GB/T 14549国家标准的限值。
5）客户的冲击性负荷生的电压波动允许值，应符合《电能质量 电压波动和闪变》GB/T 12326国家标准的限值</td></tr>
</table>

续表

地区	省、直辖市和自治区名称	电能质量及谐波治理标准
西南区	云南	(1)根据国家、行业、公司颁布的有关电能质量的标准规定，在新建和改扩建的电力客户用电报装审查程序中应加入电能质量评估的审查环节。 (2)产生谐波源的电力客户，其注入公用配电网的谐波电流和引起的电压畸变率，必须满足《电能质量-公用电网谐波》GB/T 14549 的规定。 (3)冲击负荷及波动负荷(如短路试验负荷、电气化铁路、电弧炉、电焊机、轧钢机等)引起的电网电压波动、闪变，必须满足《电能质量 电压波动和闪变》GB/T 12326 的规定。 (4)不对称负荷所引起的三相电压允许不平衡度，必须满足《电能质量 三相电压不平衡度》GB/T 15543 的规定。 (5)产生谐波、电力冲击、电压波动、闪变等干扰性负荷的特殊电力客户，对配电网影响的治理工作应贯彻"谁污染，谁治理"的原则，由电力客户自行投资，并采取有效治理措施
	西藏	同山东
注：河北、黑龙江、江西、广西、湖北、湖南、河南、陕西、甘肃、新疆、青海、宁夏、贵州：暂时未找到相关资料		

3.5 低压保护装置

地区	省、直辖市和自治区名称	低压保护装置
华北区	北京	(1)低压配电装置满足所在网络的标称电压、频率及所在回路的计算电流。 (2)低压配电装置满足所在网络短路条件下的动、热稳定。 (3)低压配电装置的断路器、熔断器满足所在网络最大短路条件下的通断能力。 (4)低压主开关采用框架式断路器，并配置三段保护：长延时、短延时和速断电流保护(变压器容量为 315kVA 及以下可以采用塑壳开关)。 (5)低压主开关(断路器)的额定电压满足运行要求，额定电流大于变压器低压侧额定电流，并考虑工作时导体温度升高和散热条件影响，适当降低容量使用。 (6)低压主开关(断路器)的额定运行分断能力大于变压器低压母线短路时的最大短路电流。 (7)低压出线开关一般采用塑壳断路器(当计算电流 800A 及以上，宜采用框架断路器)，低压出线开关宜配置两段保护：长延时和速断电流保护。 (8)低压出线开关的额定电压满足运行要求，额定电流大于计算电流，考虑工作时导体温度升高和散热条件影响，适当降低容量使用。 (9)设备导体均应绝缘封闭。 (10)低压进线母联开关脱扣器宜选用分励脱扣器。 (11)进线失压保护取变压器低压出口两相电压均无压，掉进线开关，进线开关掉闸后自投母联开关。进线开关因过载、短路故障时应闭锁母自投。 (12)用户低压配电系统(进线、出线、母联)所配置的保护应该满上下级配合关系，即故障时应能够保证保护动作的选择性。 (13)低压系统为双电源时的要求： 1)两个进线断路器和母联断路器之间设有防止电源合环的电气闭锁回路； 2)低压母联断路器应设有自投自复、自投手复、自投停用(手动操作)三种状态的位置选择开关，运行方式宜采用 PLC 装置实现

续表

地区	省、直辖市和自治区名称	低压保护装置
华北区	山西	双电源要求可靠机械电气闭锁
华南区	广东	1. 广州：广州供电局《10kV及以下客户受电工程施工图设计内容及深度要求（2016版）》 （1）单台变压器容量630kVA及以下，可选用固定式低压柜（如GGD等）或抽屉柜（如GCK、GCL、MNS等）；变压器总容量800kVA及以上推荐选用抽屉柜； （2）低压总进线断路器选型： 1）额定电流取变压器计算电流的1.3倍，框架电流按额定电流值以上最小级选取； 2）采用三段及以上保护，智能式控制器 3）当变压器容量少于160kVA时，可改用塑壳开关作进线总开关。 （3）若采用PC级市发电切换开关，应加装断路器作保护。 2. 深圳：（1）配电线路应装设短路保护和过负荷保护。 （2）配电线路装设的上下级保护电器，其动作特性应具有选择，且各级之间应能协调配合，非重要负荷的保护电器，可采用部分选择或无选择性切断。 （3）用电设备末端配电线路的保护，除应符合本规范的规定外，尚应符合现行国家标准《通用用电设备配电设计规范》GB 50055的有关规定。 （4）除当回路相导体的保护装置能保护中性导体的短路，而且正常工作时通过中性导体的最大电流小于其载流量外，尚应采取当中性导体出现过电流时能自动切断相导体的措施
西南区	重庆	（1）10/0.4kV变压器低压系统采用固定式配电装置时，单电源系统的主保护断路器的电源侧应装设隔离电器，或选用具有隔离功能的断路器；当为双电源时，主保护断路器和母线联络断路器两侧均应装设隔离电器（若主保护断路器具有隔离功能，其电源侧可不装设隔离电器，但其出线侧应装设隔离电器）。 （2）消防风机、消防水泵等动力设备，其过负荷突然断电会造成较大的损失，设备引起的过负荷应作用于信号而不切断电路；过负荷作用于信号设置位置应合理，尽量靠近设备末端，避免保护电器不能对线路提供应有的保护。 （3）应急照明配电回路应设置对线缆的过负荷保护
	云南	（1）配电线路应装设短路保护和过负荷保护。 （2）配电线路装设的上下级保护电器，其动作特性应具有选择性，且各级之间应能协调配合。 （3）消防风机、消防水泵等动力设备，其过负荷突然断电会造成较大的损失，设备引起的过负荷应作用于信号而不切断电路；过负荷作用于信号设置位置应合理，尽量靠近设备末端，避免保护电器不能对线路提供应有的保护。 （4）应急照明配电回路应设置对线缆的过负荷保护

续表

地区	省、直辖市和自治区名称	低压保护装置
西南区	西藏	(1)0.4kV 进线断路器设置长延时过载保护、短路短延时保护(0.4s); (2)0.4kV 母线联络断路器设置长延时保护、短路短延时保护(0.2s); (3)0.4kV 侧向消防动力设备供电回路设置短路瞬时保护,过载仅报警不作用跳闸; (4)对 0.4kV 侧向普通设备供电回路设置短路瞬时保护,长延时过载保护
注:天津、河北、内蒙古、辽宁、吉林、黑龙江、上海、安徽、浙江、福建、山东、江西、江苏、广西、海南、湖北、湖南、河南、陕西、甘肃、新疆、青海、宁夏、四川、贵州:暂时未找到相关资料		

3.6 0.4kV 设备保护定值整定指导原则

地区	省、直辖市和自治区名称	0.4kV 设备保护定值整定指导原则
华北区	北京	(1)低压设备保护配置原则 1)低压主开关、联络开关应配置至少带有长延时、短延时保护功能的电子脱扣器,馈线开关宜配置至少带有长延时、瞬时保护功能的电子脱扣器; 2)电子脱扣器长延时保护功能一般应为将允通能量定为常数的反时限曲线;短延时保护一般应为定时限,反时限可选; 3)一般情况下,电子脱扣器自身具备的失压脱扣、零序等其他保护功能应停用; 4)低压联络开关应装设自投设备、自投方式选择开关应有手动(即自投停用)、自投自复和自投不自复三个位置; 5)低压主开关保护动作应同时闭锁低压联络开关自投; 6)对于接线、设备特殊的低压配电系统,应根据实际运行以及安全需求考虑相应保护配置以及定值整定方案。 (2)电子脱扣器电流保护定值整定原则 1)低压配电系统各级脱扣器保护应具备良好的上下级配合关系,以确保故障时,各级脱扣器保护动作的选择性,避免停电范围扩大; 2)为保证上下良好的配合天系,一般情况下,同一电源上下级脱扣器动作曲线应没有交叉点,脱扣器动作曲线通过脱扣器各定值确定; (3)常规低压配电系统中低压主开关、联络开关、馈线定值整定原则 1)低压主开关定值整定原则 ①一般投入长延时,短延时保护功能,其余保护功能能退出; ②长延时保护一般应采用反时限,具体如下: a)长延时电流定值应可靠躲过变压器负荷电流。

续表

地区	省、直辖市和自治区名称	0.4kV设备保护定值整定指导原则
华北区	北京	电流定值一般取1.2～1.3倍变压器额定电流。当变压器允许最大负荷电流超过变压器额定电流时，电流定值取1.2～1.3倍最大负荷电流（变压器最大负荷电流不宜超过变压器额定电流的1.3倍，下同）。 当变压器低压有联路开关并投入自投设备时，长延时电流定值应充分考虑自投后带两台变负荷的情况。 b)长延时时间定值在6倍长延时电流时应在5～10s之间。 ③短延时保护一应采用定时限，具体如下： a)短延时电流定值一般取3.5～4倍变压器额定电流。 b)短延时时间定值一般取0.3s ④应校验并保证低压主开关定值与配电变压器高压侧继电保护定值之间的配合关系，必要时可适当提高变压器高压侧过流保护的电流定值，以确保低压设备故障时，高压侧继电保护设备不越级掉闸。 2)低压联络开关定值整定原则 ①一般投入长延时、短延时保护功能，其余保护功能退出。 ②长延时保护一般应采用反时限，具体如下： a)长延时电流定值一般取低压主开关最小长延时电流定值的75%～80%。 b)长延时时间定值一般取同低压主开关长延时时间定值。 ③短延时保护一般应采用定时限，具体如下： a)短延时电流定值一般取低压主开关最小短延时电流定值的75%～80%。 b)短时时间定值一般取0.1s。 3)低压馈线定值整定原则 ①一般投入长延时、瞬时保护功能，其余保护功能退出。 ②长延时保护一般应采用反时限，具体如下： a)长延时电流定值不应大于主开关长延时最小电流定值的75%～80%；有联络开关时，不应大于联络开关长延时电流定值的75%～80%。 b)长延时电流定值应可靠躲过馈线正常可能出现的最大负荷电流。馈线最大负荷电流获取困难时，可考虑一次设备最大允许负荷。 c)长延时电流定值应保证馈线路末端故障（含相线对零线短路故障）有足够的灵敏度，灵敏度建议不小于3。 d)长延时时间定值不应大于主开关最小长延时时间定值，有联络开关时不应大于联络开关长延时时间定值。 ③瞬时保护电流定值一般不应大于2倍变压器额定电流。
华南区	广东	广州：广州供电局《10kV及以下客户受电工程施工图设计内容及深度要求（2016版）》 （1）对于已有两路市电联络的，第二路市电电源和发电机电源投入的优先级和时间需配合好，并在图中描述投运次序； （2）对于有精密仪器负荷等重要用户，需要装设延时低压脱扣，延时脱扣时间 设定为： 1）当用户 10kV 供电为单电源时，低压总进线开关失压脱扣采用延时 3～5s； 2）当用户 10kV 供电为双电源时，低压总进线开关失压脱扣采用延时 5s。

续表

地区	省、直辖市和自治区名称	0.4kV设备保护定值整定指导原则
西南区	重庆	10/0.4kV变压器0.4kV侧母线的进线断路器和母联断路器参数整定宜满足以下要求； 1)变压器0.4kV侧主保护断路器的过负荷长延时保护整定值(I_{zd1})应与变压器允许的正常过负荷相适应，还应与低压配电出线断路器有良好的选择性，宜等于或接近于变压器低压侧额定电流(I_n)，并考虑可靠系数(取1.1)； 2)变压器0.4kV主保护断路器的过短路短延时保护整定值(I_{r2})按3～5倍的过负荷长延时保护整定值(I_{r1})整定，并考虑可靠系数(取1.3)；短延时动作时间可取0.4s； 3)0.4kV母联柜内断路器一般按高于一级负荷和二级负荷总容量配置长延时过负荷保护和短路短延时保护，当无一级负荷和二级负荷时长延时过负荷保护整定值可比主保护断路器低一～二级，短延时动作时间可取0.2s
注：天津、河北、内蒙古、山西、辽宁、吉林、黑龙江、上海、安徽、浙江、福建、山东、江西、江苏、广西、海南、湖北、湖南、河南、陕西、甘肃、新疆、青海、宁夏、四川、云南、贵州、西藏：暂时未找到相关资料		

3.7 配电干线系统要求（电气竖井、电缆分支箱、电缆桥架、箱盘安装）

地区	省、直辖市和自治区名称	配电干线系统要求	扫码看图
华北区	河北	(1)低压线路应采用三相四线制，保护接地中性线与相线截面应相等。 (2)多层住宅低压供电，以住宅楼单元为供电单元，采用经低压电缆分支箱向各单元放射式供电。 (3)二类高层住宅，视用电负荷的具体情况，可以采用放射式或树干式向楼层供电。 (4)一类及以上高层住宅，宜采用分区树干式供电；向高层住宅供电的垂直干线，采用预分支电缆方式或插接母线式，并根据负荷要求分段供电。 (5)别墅区，以单栋别墅为供电单元，采用放射式的方式供电	
	山西	居民照明电缆与公建电缆敷设于不同电缆桥架中，居民照明电缆分支箱、箱盘与公建电缆分支箱独立分开	
华东区	山东	青岛住宅户表供电干线采用母线，电表分层设置	附图3.7-1、2：山东低压电缆分支箱接线图、山东表箱进线及户表箱配电系统图

续表

<table>
<tr><th>地区</th><th>省、直辖市和自治区名称</th><th>配电干线系统要求</th><th>扫码看图</th></tr>
<tr><td rowspan="3">华南区</td><td>广东</td><td>深圳：(1)电气竖井内布线适用于多层和高层建筑内强电及弱电垂直干线的敷设。可采用金属导管、金属线槽、电缆、电缆桥架及封闭式母线等布线方式。
(2)竖井的位置和数量应根据建筑物规模、用电负荷性质、各支线供电半径及建筑物的变形缝位置和防火分区等因素确定，并应符合下列要求：
1)宜靠近用电负荷中心；
2)不应和电梯井、管道井共用同一竖井；
3)邻近不应有烟道、热力管道及其他散热量大或潮湿的设施；
4)在条件允许时宜避免与电梯井及楼梯间相邻。
(3)电缆在竖井内敷设时，不应采用易延燃的外护层。
(4)竖井的井壁应是耐火极限不低于1h的非燃烧体。竖井在每层楼应设维护检修门并应开向公共走廊，其耐火等级不应低于丙级。楼层间钢筋混凝土楼板或钢结构楼板应做防火密封隔离，线缆穿过楼板应进行防火封堵。
(5)竖井大小除应满足布线间隔及端子箱、配电箱布置所必需尺寸外，宜在箱体前留有不小于0.8m的操作、维护距离，当建筑平面受限制时，可利用公共走道满足操作、维护距离的要求。
(6)竖井内垂直布线时，应考虑下列因素：
1)顶部最大变位和层间变位对干线的影响；
2)电线、电缆及金属保护导管、罩等自重所带来的荷重影响及其固定方式；
3)垂直干线与分支干线的连接方法。
(7)竖井内高压、低压和应急电源的电气线路之间应保持不小于0.3m的距离或采取隔离措施，并且高压线路应设有明显标志。
(8)电力和电信线路，宜分别设置竖井。当受条件限制必须合用时，电力与电信线路应分别布置在竖井两侧或采取隔离措施。
(9)竖井内应设电气照明及单相三孔电源插座。
(10)竖井内应敷有接地干线和接地端子。
(11)竖井内不应有与其无关的管道等通过</td><td></td></tr>
<tr><td>广西</td><td>电表箱前操作空间需大于800mm，其他无</td><td></td></tr>
<tr><td>海南</td><td>电井设在外走廊时，一般不采用密集母线槽配电</td><td></td></tr>
</table>

续表

地区	省、直辖市和自治区名称	配电干线系统要求	扫码看图
西南区	重庆	(1)设计文件中应对电气竖井防火封堵作要求,明确防火封堵材料及封堵措施。 (2)商铺配电、弱电干线(管)应设置在建筑的公共空间内,不应穿越不同商铺。 (3)电线接头应设在接线盒或器具内,不得设在导管和线槽内;对于采用线槽敷设的一个电源回路多次引出线槽至不同用电设备时,应在设计文件中要求增设专用接线盒(箱)	
注:北京、天津、内蒙古、辽宁、吉林、黑龙江、上海、安徽、浙江、福建、江西、江苏、湖北、湖南、河南、陕西、甘肃、新疆、青海、宁夏、四川、云南、贵州、西藏,暂时未找到相关资料			

3.8 风机、水泵及空调配电典型设计及控制要求

地区	省、直辖市和自治区名称	风机、水泵及空调配电典型设计及控制要求	扫码看图
华东区	山东	住宅建筑内风机、水泵要求采取节能措施(定时、变频)	附图 3.8-1:山东空调节能控制框图
西南区	重庆		附图 3.8-2～6:重庆加压送风机、空调风机、排烟风机、送风补风机及消防水泵配电系统图
	云南		附图 3.8-7～9:云南生活水泵、消防风机及消防水泵配电系统图
	西藏	电机、水泵控制: (1)按现行国标图集《常用风机控制电路图》16D303-2、《常用水泵控制电路图》16D303-3 选择; (2)部分因新规或实际情况对控制要求有调整的,自行修改。如《建筑防烟排烟系统技术标准》GB 51251 对排烟风机、补风机的控制要求	附图 3.8-10、11:西藏风机、水泵及空调配电典型设计图示 1～2
注:北京、天津、河北、内蒙古、山西、辽宁、吉林、黑龙江、上海、安徽、浙江、福建、江西、江苏、广东、广西、海南、湖北、湖南、河南、陕西、甘肃、新疆、青海、宁夏、四川、贵州,暂时未找到相关资料			

3.9 电动汽车充电设施（配置比例、负荷计算、土建及消防相关要求等）

地区	省、直辖市和自治区名称	电动汽车充电设施
华北区	北京	北京市人民政府办公厅印发《关于进一步加强电动汽车充电基础设施建设和管理的实施意见》 将充电设施配建指标纳入规划设计规程，明确各类新建建筑配建停车场及社会公共停车场中充电设施的建设比例或预留建设安装条件要求。其中，办公类建筑按照不低于配建停车位的25%规划建设；商业类建筑及社会停车场库（含P+R停车场）按照不低于配建停车位的20%规划建设；居住类建筑按照配建停车位的100%规划建设；其他类公共建筑（如医院、学校、文体设施等）按照不低于配建停车位的15%规划建设
	河北	河北省《关于单位、居住区、停车场充电设施规划建设的暂行规定》 (1)新建住宅配建停车位应100%建设充电设施或预留建设安装条件； (2)新建大于2万m^2的大型公共建筑物配建停车场、社会公共停车场建设充电设施的车位比例不低于10%，其他公共建筑物配建停车场、社会公共停车场预留建设安装条件的车位比例不低于10%。 各地应将同步建设电动汽车充电设施相关要求纳入新建建筑项目基本建设流程进行审定： (1)新建住宅配建停车位电动汽车充电设施布线条件（电力管线预埋、电源线的沟槽、套管或桥架等）应按照停车位100%预留，其他公共建筑工程均按配建停车位数量10%的比例预留布线条件； (2)电表箱和用电容量按照有关规定要求预留； (3)充电用配电设施宜与建筑照明、动力用配电设施分别布置
	内蒙古	(1)充电设施规划建设原则： 1)新建住宅配建的停车位必须100%建设充电设施或预留建设安装条件（包括预埋电力管线和预留电力容量）。新建交通枢纽、超市卖场、商务楼字，党政机关、企（事）业单位办公场所，学校、医院、文化体育场馆以及独立用地的公共停车场、停车换乘（P+R）停车场等，在市四区按照不低于总停车位数量10%的比例建设充电设施，在旗、县、经济技术开发区按照不低于总停车位数量10%的比例建设充电设施或留建设安装条件（包括预埋电力管线和预留电力容量），鼓励根据实际需求增建充电设施。 2)鼓励在已有各类建筑物配建停车场、公交场站、社会公共停车场、高速公路服务区、道路旁停车位等场所建设充电设施，并结合旧区改造、停车位改建、道路改建等逐步实施。具备条件的党政机关及公共机构应当利用内部停车场源，规划建设配备充电设施或预留充电设施安装条件的电动汽车专用停车位，其比例不低于10%。 3)全市圆内每2000辆电动汽车至少配套建设一座公共充电站， (2)充电设建设管理： 1)非独立占地的自（专）用充电设施建设无需进行项目备案（审批），其他报装、建设、验收等工作应当符合相关规定； 2)公用充电设施及独立占地的自（专）用充电设施项目建设要求： ①符合全市充电设施专项规划；

续表

<table>
<tr><th>地区</th><th>省、直辖市和自治区名称</th><th>电动汽车充电设施</th></tr>
<tr><td rowspan="2">华北区</td><td>内蒙古</td><td>②通过互联网的国家重大建设项目库(http//:kpp.ndrc.gov.cn)纳入市级储备项目库;
③依规取得项目备案(审批)文件;
④独立占地的公用充电站内充电桩不少于5个,且桩间距不大于10m,总额定输出功率不低于150kW;
⑤除特定要求,公用充电设施应当采取快充方式;
⑥充电设施项目建设完成后,除施工单位自行组织技术人员进行检查验收外,还应当通过相关部门的综合验收,公用充电设施项目的验收结果应当对社会进行公告;
⑦公用充电设施变更为自(专)用充电设施或拆除的,应当向项目备案(审批)部门报备</td></tr>
<tr><td>山西</td><td>山西省人民政府办公厅关于印发山西省电动汽车充电基础设施专项规划(2016～2020年)的通知,晋政办发〔2016〕120号。
对已建成的住宅小区,通过改造不低于总停车位10%的比例提供电动汽车充电基础设施。新建住宅配建停车库必须100%建设电动汽车充电基础设施或预留安装条件(包括预埋电力管线和预留电力容量),保证居民用户可充电和安全充电</td></tr>
<tr><td>东北区</td><td>吉林</td><td>设于地下车库的充电设备需提前经消防部门审批,原则不允许设于地下室内</td></tr>
<tr><td>华东区</td><td>福建</td><td>(1)新建民用建筑按配建指标计算出的电动汽车充电停车位总数,尾数不足1个的按1个计算。
(2)新建各类民用建筑电动汽车充电停车位配建指标不应小于下表的规定。
电动汽车充电停车位配建指标
<table>
<tr><th colspan="2">类别</th><th>电动汽车充电停车位配置数量(占建筑配建机动车停车位数量的比例)</th><th>快充停车位配置数量(占充电停车位总数的比例)</th></tr>
<tr><td colspan="2">居住建筑</td><td>20%</td><td>4%</td></tr>
<tr><td colspan="2">办公建筑</td><td>20%</td><td>10%</td></tr>
<tr><td colspan="2">旅馆建筑</td><td>20%</td><td>10%</td></tr>
<tr><td rowspan="2">医院建筑</td><td>综合性医院、疗养院</td><td>20%</td><td>15%</td></tr>
<tr><td>社区卫生站</td><td>12%</td><td>10%</td></tr>
<tr><td rowspan="2">学校建筑</td><td>大、专院校</td><td>20%</td><td>10%</td></tr>
<tr><td>中学、小学、幼儿园</td><td>12%</td><td>4%</td></tr>
<tr><td colspan="2">其他类民用建筑</td><td>20%</td><td>12%</td></tr>
<tr><td colspan="2">公共停车场(库)</td><td>20%</td><td>45%</td></tr>
</table>
注:1. 居住建筑快充停车位应设置为公共专用充电停车位。应建设充电设施的非固定产权停车泊位不应低于该类总车位的20%。
2. 居住建筑配建的机动车停车位应按100%预留配电线路通道和充电设备位置,并适当预留相关变配电设备设置条件。表中规定数量的充电停车位应在建设初期配足变压器容量。
3. 其他类民用建筑包含商业、餐饮、娱乐、影(剧院)、会展中心、体育场(馆)、图书馆、纪念馆、博物馆、科技馆、游览场所等功能性建筑。
4. 公共停车场(库)充电停车位应设置为公用充电停车位。
5. 各类建筑快充停车位配置数量应不少于1辆。</td></tr>
</table>

续表

<table>
<tr><th>地区</th><th>省直辖市和
自治区名称</th><th>电动汽车充电设施</th></tr>
<tr><td rowspan="2">华东区</td><td>福建</td><td>(3)工业建筑中配建电动汽车充电停车位数量宜按办公建筑配建指标的要求。
(4)既有建筑改造配建电动汽车充电停车位数量可参考相应新建建筑配建指标的要求</td></tr>
<tr><td>山东</td><td>菏泽市要求20%安装到位,其他地市按国家要求,住宅100%安装或预留条件,公建15%安装或预留条件。</td></tr>
<tr><td>华南区</td><td>广东</td><td>(1)地方标准
1)广东省地方标准《电动汽车充电基础设施建设技术规程》DBJ/T 15—150;
2)深圳市技术规范《电动汽车充电基础设施设计、施工及验收规范》SJG 27。
(2)地方政府及主管部门文件
1)《广东省人民政府关于加快新能源汽车推广应用的实施意见》(粤府办【2016】23号);
2)《广东省人民政府关于加快新能源汽车产业创新发展的意见》(粤府办【2018】46号);
3)广州市国土资源和规划委员会《关于在核发规划条件、修建性详细规划(总平面规划方案)审查复文、核发《建设工程规划许可证》模板增加新建项目预留充电设施接口比例要求的内部通知》(穗国土规划【2016】191号);
4)广州市工业和信息化委:《广州市加快推进电动汽车充电基础设施建设三年行动计划(2018—2020年)》(穗工信【2018】8号);
5)《佛山市住房和城乡建设局、佛山市自然资源局、佛山市发展和改革局关于做好〈电动汽车充电基础设施建设技术规程〉实施工作的通知》(佛建【2019】2号)。
(3)电动汽车充电基础设施的主要要求
1)新建住宅停车位必须全部建设充电设施或预留安装充电设施接口,新建城市公共停车场以及新建办公楼、商场、酒店等公共建筑类项目,要按不低于停车位总数的一定比例配建充换电桩或预留充换电设施接口,其中广州、深圳市不低于30%,珠三角地区其他城市不低于20%,粤东西北地区不低于10%(粤府办【2016】23号文)。
2)新建公共停车场及新增的路内收费站停车位应按不低于30%的比例建设快速充电桩;新建高速公路服务区应按不低于停车位总数50%的比例配建快速充电桩或预留充电设施接口(粤府办【2018】46号文)。
3)配建充电基础设施的汽车库均应设置火灾自动报警系统、防排烟系统、消防给水系统、自动灭火系统、消防应急照明和疏散指示标志(详见广东省地标DBJ/T 15-150)。
4)除机械式汽车库外,汽车库内配建充电基础设施的区域,其防火分区最大允许建筑面积应符合下表的规定(详见广东省地标DBJ/T 15-150)。
汽车库内配建充电基础设施区域的防火分区最大允许建筑面积(m²)
<table>
<tr><th>耐火等级</th><th>单层汽车库</th><th>多层汽车库
半地下汽车库</th><th>地下汽车库
高层汽车库</th></tr>
<tr><td>一、二级</td><td>3000</td><td>2500</td><td>2000</td></tr>
</table>
5)汽车库内设置充电基础设施的区域应划分防火单元。防火单元应符合以下规定(详见广东省地标DBJ/T 15-150):
①地下、高层汽车库的每个防火单元内停车数量应≤20辆;半地下、单层、多层汽车库的每个防火单元内停车数量应≤50辆。
②每个防火单元应采用耐火极限不小于2.00h的防火隔墙、防火分隔水幕或乙级防火门等防火分隔设施与其他防火单元和汽车库其他部位分隔。采用防火分隔水幕时,应符合现行国家标准的相关规定。</td></tr>
</table>

续表

<table>
<tr><th>地区</th><th>省、直辖市和自治区名称</th><th>电动汽车充电设施</th></tr>
<tr><td rowspan="3">华南区</td><td>广东</td><td>③ 防火单元内的行车通道应采用具有停滞功能的特级防火卷帘作为防火单元分隔，火灾发生时，防火卷帘应能由火灾自动报警系统联动下降并停在距地面 1.8m 的高度，并应在防火卷帘两侧设置由值班人员或消防救援人员现场手动控制防火卷帘开闭的装置。
6)停车场内的充电基础设施宜集中布置或分组集中布置，每组不应大于 50 辆，组之间或组与未配置充电基础设施的停车位之间，可设置耐火极限不小于 2.00h 且高度不小于 2m 的防火隔墙，或设置不小于 6m 的防火间距进行分隔。(详见广东省地标 DBJ/T 15-150)。
7)单相交流充电桩(7kW 慢充)的需要系数(K_x)推荐值(详见广东省地标 DBJ/T 15-150)：
<table>
<tr><td>充电设备台数</td><td>1</td><td>5</td><td>10</td><td>15</td><td>20</td></tr>
<tr><td>需要系数</td><td>1</td><td>0.78～0.86</td><td>0.66～0.74</td><td>0.56～0.64</td><td>0.47～0.55</td></tr>
<tr><td>充电设备台数</td><td>25</td><td>30</td><td>40</td><td>50</td><td>60 及以上</td></tr>
<tr><td>需要系数</td><td>0.42～0.50</td><td>0.38～0.45</td><td>0.32～0.38</td><td>0.29～0.36</td><td>0.28～0.35</td></tr>
</table>
注：当地方供电部门对需要系数有具体要求时，还应按供电部门的要求执行；如广州市罗岗供电局要求不低于 0.5。
8)广州市：新建住宅配建停车位应 100%建设充电设施或预留建设安装条件(包括电力管线预埋至车位和电力容量按至少 7kW/车位预留)；新建办公楼、商场、酒店等公共建筑院建停车场和社会公共停车场，建设充电设施或预留建设安装条件(包括电力管线预埋至车位和电力容量按至少 7kW/车位预留)的车位比例不低于 30%。(穗国土规划【2016】191 号文)。
9)广州市：新建住宅小区配建停车位必须 100%建设充电设施或预留建设安装条件；新建的商业服务业建筑、旅游景区、交通枢纽、公共停车场等场所，按不低于停车位总数 30%比例建设快速充电桩。(穗工信【2018】8 号文)。
10)佛山市新建项目充电设施配置要求(详见佛建【2019】2 号文)：
① 新建住宅停车场、汽车库应按车位 10%～20%建设安装充电设施或预留用电至停车场内的末端配电箱(包括出线保护开关)；变压器容量满足按车位不少于 30%先期同步建设安装充电设施的用电要求，并在低压柜预留容量出线回路。
② 新建办公楼、商场、酒店等公共建筑类项目配建的停车场、停车库，要按不低于总停车位的 20%比例配建充电桩或预留充换电设施接口。
③ 新建公共停车场及新增的路内收费停车位应按照不低于 30%的比例建设快速充电桩</td></tr>
<tr><td>广西</td><td>柳州要求住宅 15%车位的充电桩安装到位，其他车位预留安装条件；其他城市为预留条件</td></tr>
<tr><td>海南</td><td>《海南省建筑物配建停车位充电设施建设标准》正在修编；
《海南省电动汽车充电基础设施建设运营暂行管理办法》2019 年 7 月 29 日发布</td></tr>
<tr><td>西北区</td><td>陕西</td><td>《陕西省电动汽车充电基础设施专项规划(2016～2020 年)》
根据《西安市规划局关于加强城市电动汽车充电设施规划建设工作的通知》(市规发【2016】11 号)要求：
(1)新建住宅配建车位应 100%预留充电设施建设安装条件(包括电力管线预埋和电力容量预留)。其中电力容量按照每个充电车位不小于 7kW 的标准在项目的用电总负荷中予以预留，并由项目实施单位会同项目设计单位在项目总平面方案审查阶段出具电力负荷说明提交规划部门审查备案。其电源由“公用变配电室”提供。</td></tr>
</table>

续表

<table>
<tr><th>地区</th><th>省、直辖市和自治区名称</th><th>电动汽车充电设施</th></tr>
<tr><td rowspan="2">西北区</td><td>陕西</td><td>(2)新建的大于2万 m² 的商场(包括住宅配建商业部分)、宾馆、医院、办公楼等大型公共建筑配建停车场和社会公共停车场,须同步建设不少于总停车位10%的快充充电车位。其中快充充电车位的充电桩为380V供电,其功率应按照不小于40kW的标准在项目的用电总负荷中予以预留,并由项目实施单位会同项目设计单位在项目总平面方案审查阶段出具电力负荷说明提交规划部门审查备案</td></tr>
<tr><td>甘肃</td><td>根据《甘肃省人民政府办公厅关于加快电动汽车充电基础设施建设的实施意见》甘政办发〔2016〕50号 文,新建住宅需按100%配比预留电动汽车充电桩位;大型公共建筑物配建停车场、社会公共停车场建设充电设施或预留建设安装条件的车位比例不低于10%,每2000辆电动汽车至少配套建设一座公共充电站。如项目业主方或规划部分无特殊要求,土建设计阶段在配电室预留充电桩专用变压器及配电柜安装位,具体在后期根据使用方选定的充电桩设备参数进行充电桩系统的供配电系统专项设计</td></tr>
<tr><td>西南区</td><td>重庆</td><td>(1)配置比例
1)依据《电动汽车充电设备建设技术规范》DBJ50/T-238要求:
①新建住宅小区车库必须100%建设电动汽车充电基础设施或预留建设安装条件(包括预埋电力管线和预留电力容量);
②新建的交通枢纽、超市卖场、商务楼宇,党政机关、企事业单位办公场所,学校、医院、文化体育场馆以及独立用地的公共停车场、停车换乘(P+R)停车场等,在主城区按照不低于总停车位数量10%的比例建设电动汽车充电基础设施;在其他区县(自治县)城区,按照不低于总停车位数量10%的比例建设电动汽车充电基础设施或预留建设安装条件(包括预埋电力管线和预留电力容量);
③具体参照下表执行:
<table>
<tr><th rowspan="2">建设项目</th><th colspan="2">主城区</th><th colspan="2">其他区县城区</th><th colspan="2">乡镇</th></tr>
<tr><th>一次配建比例(%)</th><th>具备安装条件比例(%)</th><th>一次配建比例(%)</th><th>具备安装条件比例(%)</th><th>一次配建比例(%)</th><th>具备安装条件比例(%)</th></tr>
<tr><td>停车换乘(P+R)停车库(场)</td><td>≥10</td><td>≥30</td><td>≥8</td><td>≥10</td><td>≥5(3)</td><td>≥10</td></tr>
<tr><td>其他停车库(场)</td><td>≥10</td><td>≥30</td><td>≥8</td><td>≥10</td><td>≥5(3)</td><td>≥10</td></tr>
</table>
注:括号内数字表示在特别偏远的乡镇
2)依据重庆市人民政府办公厅关于《重庆市支持新能源汽车推广应用政策措施(2018~2022年)》的通知:
主城区新建居住建筑配建停车场(库),应全部具备充电设施安装条件(预埋电力管线和预留电力容量,下同),建成充电设施的公共停车位比例不低于30%;新建办公类公共建筑配建停车场(库),具备充电设施安装条件的比例不低于50%,建成充电设施的停车位比例不低于30%;新建其他建筑配建停车场(库)及独立用地建设停车场,具备充电设施安装条件的比例不低于30%,建成充电设施的停车位比例不低于10%。充电设施安装条件预留和建成情况应纳入工程建设强制性标准和整体工程验收,施工图审查机构应对充电设施设置是否符合工程建设强制性标准进行审核。其他区县参照主城区标准执行。</td></tr>
</table>

续表

<table>
<tr><th>地区</th><th>省、直辖市和自治区名称</th><th>电动汽车充电设施</th></tr>
<tr><td>西南区</td><td>重庆</td><td>
(2)负荷计算
1)专用充电设备用电、充电设备监控系统用电应为二级负荷。
2)非车载充电机采用交流 380V 电源，单台用电负荷不小于 30kW；交流充电桩采用交流 220V 或 380V 电源，单台用电负荷不大于 7kW。
3)方案阶段可根据电动汽车停车位的数量按单位指标法进行计算，单位指标法需要系数见下表：
<table>
<tr><td>充电桩数量</td><td>3</td><td>4</td><td>6</td><td>8</td><td>10</td><td>12</td><td>14</td><td>16</td><td>18</td><td>21</td><td>25～100</td><td>125～200</td><td>260 及以上</td></tr>
<tr><td>需要系数</td><td>1</td><td>0.95</td><td>0.80</td><td>0.70</td><td>0.65</td><td>0.60</td><td>0.55</td><td>0.55</td><td>0.5</td><td>0.5</td><td>0.45</td><td>0.35</td><td>0.3</td></tr>
</table>
4)初步设计及施工图设计阶段，宜采用需要系数法进行负荷计算。
①充电设备负荷容量 S_N 主要根据充电站内充电机的输入容量 S、充电机数量 N、充电机同时工作系数 K、功率因数 $\cos\varphi$ 决定。
单台充电机输入容量为：$S=\frac{P}{\eta\cos\varphi}$
式中：P——充电机的输出功率；S——充电机的输入容量；$\cos\varphi$——充电机功率因数，取 0.95；η——充电机效率，取 0.9。
充电设备输入总容量为：充电机同时工作系数 K，由充电机实际使用情况和数量决定，取值范围 0.2～0.8。
②供电系统设计时应考虑同时系数，同时系数取值可根据以下两种情况进行取值：
a)采用单体充电设备，一对一充电，没有统一负荷调度，无法进行充电排序的，同时系数应按 0.8 取值。
b)采用群体充电设施，具有负荷调度功能，可以进行充电排序的，同时系数可按下表选取。
<table>
<tr><td>充电桩数量</td><td>6</td><td>12</td><td>18</td><td>24</td><td>36</td><td>50</td><td>100</td><td>150 及以上</td></tr>
<tr><td>同时系数</td><td>0.8</td><td>0.6</td><td>0.45</td><td>0.4</td><td>0.35</td><td>0.3</td><td>0.25</td><td>0.2</td></tr>
</table>
5)充电设备配电电源应设置单独回路供电。
6)非车载充电机、监控装置及其他重要的用电设备宜采用放射式配电。交流充电桩可以采用树干式或链式配电，充电设备的配电系统宜做到三相平衡。
(3)土建相关要求
1)民用建筑停车库(场)电动汽车停车位应集中布置电动汽车停车区，集中充电区充电车位数量不得大于 50 辆；
2)民用建筑停车库(场)应设置电动汽车停车区指引标识，电动汽车停车位应设置区别其他停车位的明显标识，颜色宜采用蓝色(2.5PB4.5/9.6)，指引标识宜采用吊牌，以及附墙柱和地面箭头符号，电动汽车停车位标识宜采用吊牌，以及附墙柱和地面标识符号区分；
</td></tr>
</table>

<table>
<tr><th>地区</th><th>省、直辖市和自治区名称</th><th>电动汽车充电设施</th></tr>
<tr><td rowspan="2">西南区</td><td>重庆</td><td>3)充电设备不应设在爆炸危险场所的正上方或正下方，当与有爆炸危险的建筑物毗邻时，应符号《爆炸危险环境电力装置设计规范》GB 50058 的规定；
4)充电设备不应设在厕所、浴室等场所的正下方，安装电气设备的功能用房不应与上述场所贴邻；
5)充电设备的布置应靠近电动汽车停车位便于充电，宜靠墙或柱布置，当无墙或柱时布置在相邻车位中间。交流充电桩外轮廓不应占用电动汽车停车位，非车载充电机外轮廓距电动汽车停车位边缘净距不应小于 400mm；
(4)消防相关要求
设置充电设施的场所，应满足国家现行规范《建筑设计防火规范》GB 50016 、《汽车库、修车库、停车库设计防火规范》GB 50067、《电动汽车充电站设计规范》GB 50966 及《消防应急照明和疏散指示系统》GB 17945 的相关规定</td></tr>
<tr><td>四川</td><td>成都(试行)要求：
(1)成都市新建建筑物配建停车场以及新建城市公共停车场电动汽车停车位配建指标如下：
<table>
<tr><th rowspan="2">项目</th><th colspan="2">充电车位配建指标及对应工程</th></tr>
<tr><th>直接建设</th><th>预留条件</th></tr>
<tr><td>居住类(含访客停车位)</td><td>20%</td><td>至 100%</td></tr>
<tr><td>办公类</td><td>25%</td><td>至设计比例</td></tr>
<tr><td>商业类</td><td>20%</td><td>至设计比例</td></tr>
<tr><td>其他类</td><td>15%</td><td>至设计比例</td></tr>
<tr><td>交通枢纽、公共停车场、换乘停车场</td><td>20%</td><td>至设计比例</td></tr>
<tr><td>游览场所</td><td>15%</td><td>至设计比例</td></tr>
<tr><td>加油站</td><td>宜设置不低于 4 个电动汽车停车位及快充充电设施</td><td></td></tr>
</table>
(2)计算负荷
1)充电设备负荷容量 S_N 主要根据充电站内充电机的输入容量 S、充电机数量 N、充电机同时工作系数 K、功率因数 $\cos\varphi$ 决定。</td></tr>
</table>

续表

<table>
<tr><th>地区</th><th>省、直辖市和自治区名称</th><th>电动汽车充电设施</th></tr>
<tr><td>西南区</td><td>四川</td><td>
单台充电机输入容量为：$S=\dfrac{P}{\eta\cos\varphi}$
式中：P——充电机的输出功率；S——充电机的输入容量；$\cos\varphi$——充电机功率因数，取 0.95；η——充电机效率，取 0.9。
充电设备输入总容量为：充电机同时工作系数 K，由充电机实际使用情况和数量决定，取值范围 0.2～0.8。
2)供电系统设计时应考虑同时系数，同时系数取值可根据以下两种情况进行取值：
a)采用单体充电设备，一对一充电，没有统一负荷调度，无法进行充电排序的，同时系数应按 0.8 取值。
b)采用群体充电设施，具有负荷调度功能，可以进行充电排序的，同时系数可按下表选取。
<table>
<tr><td>充电桩数量</td><td>6</td><td>12</td><td>18</td><td>24</td><td>36</td><td>50</td><td>100</td><td>150 及以上</td></tr>
<tr><td>同时系数</td><td>0.8</td><td>0.6</td><td>0.45</td><td>0.4</td><td>0.35</td><td>0.3</td><td>0.25</td><td>0.2</td></tr>
</table>
(3)土建相关要求
1)电动汽车与充电设备之间应保证安全距离：充电设备安装在车侧且不妨碍车门开启时，充电设备外廓（含防撞设施）距电动汽车净距不宜小于 0.4m；妨碍车门开启时，充电设备外廓（含防撞设施）距电动汽车净距不宜小于 0.6m。充电设备安装在车位尾端时，充电设备外廓（含防撞设施）距电动汽车净距不宜小于 0.4m，当受场地限制不满足净距离要求时，充电设备宜安装在车位线外，同时通过安装车挡的方式防止充电设备遭受撞击，车挡器安装应符合《车库建筑设计规范》JGJ 100 的相关规定。
2)充电停车区域应设置停车充电引导系统，引导系统包括入口指示标识、道路引导标识和停车充电标识。
(4)消防及安全
1)设置充电设施的场所，应满足国家现行规范《建筑设计防火规范》GB 50016 、《汽车库、修车库、停车库设计防火规范》GB 50067、《电动汽车充电站设计规范》GB 50966 及《消防应急照明和疏散指示系统》GB 17945 的相关规定。
2)室外充电站与建筑的间距不应小于《汽车库、修车库、停车场设计防火规范》GB 50067 中停车场与建筑物的防火间距。
3)设置在室外的充电设施，当设置防雨罩、雨棚时应采用不燃烧材料，承重构件耐火极限及燃烧性能应满足《建筑设计防火规范》GB 50016 的要求。
4)设置充电设施的场所，应采用防火墙和耐火极限不低于 2.00h 的不燃性楼板与其他场所进行防火分隔，隔墙上开门时应采用甲级防火门或特级防火卷帘。
5)充电设施不应设置在消防车通道以及消防扑救场地上。
6)电动汽车充电站建筑物灭火器配置应符合现行国家标准《建筑灭火器配置设计规范》GB 50140 的有关规定。室外充电区灭火器的配置应符合下列要求：不考虑插电混合动力汽车进入时，充电站应按轻危险级配置灭火器；考虑插电式混合动力汽车进入时，充电站应按严重危险级配置灭火器。
</td></tr>
</table>

续表

地区	省、直辖市和自治区名称	电动汽车充电设施
西南区	四川	7)充电设备基础底座内部电缆入口处应进行防火封堵，充电设施管线在穿越建筑外墙、隔墙、楼板后留下的空隙，应采用防火材料进行封堵。 8)室外设置充电设备的区域宜采用自然通风，室内设置充电设备的区域应采取机械通风，通风管道应采用不燃材料制作。 9)充电设施火灾或事故时应能自行切断电源，充电桩的充电设施供电线路宜设置电气火灾监控装置
	云南	(1)配置比例 1)新建住宅小区车库必须100%建设电动汽车充电基础设施或预留建设安装条件(包括预埋电力管线和预留电力容量)； 2)新建的交通枢纽、超市卖场、商务楼宇，党政机关、企事业单位办公场所，学校、医院、文化体育场馆以及独立用地的公共停车场、停车换乘(P+R)停车场等，在主城区按照不低于总停车位数量10%的比例建设电动汽车充电基础设施；在其他区县(自治县)城区，按照不低于总停车位数量10%的比例建设电动汽车充电基础设施或预留建设安装条件(包括预埋电力管线和预留电力容量)； 3)具体参照下表执行：

各类新建项目配建停车位充电设备设置比例

建设项目	主城区		其他区县城区		乡镇	
	一次配建比例(%)	具备安装条件比例(%)	一次配建比例(%)	具备安装条件比例(%)	一次配建比例(%)	具备安装条件比例(%)
住宅建筑配建停车库(场)	≥10	100	≥8	100	≥5(3)	100
办公类公共建筑配建停车库(场)	≥10	≥50	≥8	≥30	≥5(3)	≥20
其他公共建筑配建停车库(场)	≥10	≥30	≥8	≥10	≥5(3)	≥10
公交及出租车场站	≥10	≥50	≥8	≥30	≥5(3)	≥20
停车换乘(P+R)停车库 (场)	≥10	≥30	≥8	≥10	≥5(3)	≥10
其他停车库(场)	≥10	≥30	≥8	≥10	≥5(3)	≥10

注：括号内数字表示在特别偏远的乡镇。

续表

<table>
<tr><th>地区</th><th>省、直辖市和自治区名称</th><th>电动汽车充电设施</th></tr>
<tr><td>西南区</td><td>云南</td><td>(2)负荷计算
1)专用充电设备用电、充电设备监控系统用电应为二级负荷。
2)非车载充电机采用交流 380V 电源,单台用电负荷不小于 30kW;交流充电桩采用交流 220V 或 380V 电源,单台用电负荷不大于 7kW。
3)方案阶段可根据电动汽车停车位的数量按单位指标法进行计算,单位指标法需要系数见下表:
<table><tr><td>充电桩数量</td><td>3</td><td>4</td><td>6</td><td>8</td><td>10</td><td>12</td><td>14</td><td>16</td><td>18</td><td>21</td><td>25～100</td><td>125～200</td><td>260 及以上</td></tr><tr><td>需要系数</td><td>1</td><td>0.95</td><td>0.80</td><td>0.70</td><td>0.65</td><td>0.60</td><td>0.55</td><td>0.55</td><td>0.5</td><td>0.5</td><td>0.45</td><td>0.35</td><td>0.3</td></tr></table></td></tr>
<tr><td colspan="3">注:天津、辽宁、黑龙江、上海、安徽、浙江、江西、江苏、湖北、湖南、河南、新疆、青海、宁夏、贵州、西藏,暂时未找到相关资料</td></tr>
</table>

3.10 小市政（电力通信系统、电力排管敷设、人工井等）

<table>
<tr><th>地区</th><th>省、直辖市和自治区名称</th><th>小市政</th></tr>
<tr><td rowspan="2">华北区</td><td>北京</td><td>(1)电力管道的建设应按照《电力管道建设技术规范》DB11/T 963 执行。
(2)新建电力管道应与现状电力管道连通,连通建设不应降低原设施建设标准。
(3)电力管道井盖应符合《检查井盖》GB/T 23858、《检查井盖结构、安全技术规范》DB11/T 147 和《非金属材料检查井盖技术要求》DB11/T 452 技术要求的规定,应具有防水、防盗、防滑、防位移、防坠落等功能,并设置二层子盖。
术要求的规定,应具有防水、防盗、防滑、防位移、防坠落等功能,并设置二层子盖。</td></tr>
<tr><td>内蒙古</td><td>(1)住宅小区公用管线应采用综合管沟形式进行铺设。
(2)综合管沟内一般布置以下几种管线:给水管、中水管、强电管线(电力、照明、控制、广告电缆等)、弱电管线(通信、广播、有线电视、门禁系统、安防监控等)、热力管线。
1)通行管沟,确定管沟高度时,能满足管线敷设及行人通行即可,高度不宜太大,一般高度应不小于 1.9m。通行管沟与其他地下构筑物交叉的局部区段净高可适当降低,但不得小于 1.4m。综合管沟两侧设置支架或管道时,中间人行通道宽度应不小于 1.0m;当单侧设置支架或管道时,人行通道最小净宽应不小于 0.9m。综合管沟内人行通道的净宽除满足通行要求外,尚应满足综合管沟内管道、配件、设备运输的要求。
2)非通行管沟,通常用于缆线,主要收纳电力、通信、有线电视、道路照明等管线。一般设置在道路的人行道下面,其埋深较浅。非通行管沟的截面以矩形较为常见,一般不要求设置工作通道及照明、通风等设备,仅设置供维修时用的工作手孔即可</td></tr>
</table>

续表

地区	省、直辖市和自治区名称	小市政
华南区	广东	深圳：电缆在排管内敷设应符合下列规定： (1)电缆排管内敷设方式宜用于电缆根数不超过12根，不宜采用直埋或电缆沟敷设的地段。 (2)电缆排管可采用混凝土管、混凝土管块、玻璃钢电缆保护管及聚氯乙烯管等。 (3)敷设在排管内的电缆宜采用塑料护套电缆。 (4)电缆排管管孔数量应根据实际需要确定，并应根据发展预留备用管孔。备用管孔不宜小于实际需要管孔数的10%。 (5)当地面上均匀荷载超过100kN/m^{2}时，必须采取加固措施，防止排管受到机械损伤。 (6)排管孔的内径不应小于电缆外径的1.5倍，且电力电缆的管孔内径不应小于90mm，控制电缆的管孔内径不应小于75mm。 (7)电缆排管敷设时应符合下列要求： 1)排管安装时，应有倾向人(手)孔井侧不小于0.5%的排水坡度，必要时可采用人字坡，并在人(手)孔井内设集水坑； 2)排管顶部距地面不宜小于0.7m，位于人行道下面的排管距地面不应小于0.5m； 3)排管沟底部应垫平夯实，并应铺设不少于80mm厚的混凝土垫层。 (8)当在线路转角、分支或变更敷设方式时，应设电缆人(手)孔井，在直线段上应设置一定数量的电缆人(手)孔井，人(手)孔井间的距离不宜大于100m。 (9)电缆人孔井的净空高度不应小于1.8m，其上部人孔的直径不应小于0.7m
西北区	甘肃	甘肃大部分地区抗震设防烈度为8度及以上，黄土自重湿陷Ⅱ级及以上，室外电力通信系统、电力排管敷设、电缆沟、电缆井设计需考虑抗震及地质条件的影响

注：天津、河北、山西、辽宁、吉林、黑龙江、上海、四川、浙江、福建、山东、江西、江苏、广西、海南、湖北、湖南、河南、陕西、新疆、青海、宁夏、重庆、四川、云南、贵州、西藏，暂时未找到相关资料

4 变电所

4.1 配变电所一般规定（标准）

地区	省、直辖市和自治区名称	配变电所一般规定（标准）
华北区	北京	(1)基本原则 土建设计应满足抗震、防火、通风、防洪、防潮、防尘、防毒、防小动物和低噪声等各项要求，并应满足电气专业的各项技术要求。 (2)站址选择 1)低压供电半径应满足电压降要求，市中心区、市区不大于150m，其他地区不大于250m； 2)深入或接近负荷中心，接近电源侧，进出线方便，设备吊装、运输方便； 3)宜建在公建地上首层或地下一层，不得单独建设在地下； 4)不应设在有剧烈振动或有爆炸危险介质的场所； 5)不宜设在多尘、水雾或有腐蚀性气体的场所，当无法远离时，不应设在污染源的下风侧； 6)不应设在地势低洼和可能积水的场所；不应设在厕所、浴室、厨房或其他经常积水场所的正下方，且不宜与上述场所贴邻，如果贴邻，相邻隔墙应做无渗漏、无结露等防水处理； 7)应满足现行国家规程、规范、规定的防火间距； 8)设备间、电缆夹层内不应有供暖及给、排水、燃气等管道通过
东北区	辽宁	(1)环网室、局维配电室位置。干线环网室必须安放在地面上位置且在用户红线外，终端环网室、局维配电室宜安放在地上位置。 (2)如果现场不具备放置条件，终端环网室、局维配电室只能放在地下时，用户需在供电方案编制完成前出具承诺书，保证地下终端环网室、配电室通风良好无潮湿现象，且保证具有畅通无障碍的维护通道，并满足国网沈阳供电公司相关技术标准及运维规程。 (3)在工程验收阶段，如发现工程未按照承诺书所承诺事项进行现场施工，验收人员不得同意该工程验收通过，此类工程不得送电
华东区	山东	住宅小区变配电室的位置要求 (1)不得贴临住宅楼的南北侧，不得位于住宅的正下方； (2)变配电室的上下左右均不得贴临设备用房（换热站、消防泵房、消防水池等有水房间或振动房间）； (3)不应与弱电机房和消防控制室贴临（包括上下） (4)每个小区的中心配电室应设置值班室，值班室须贴临直通室外的疏散楼梯口。

续表

地区	省、直辖市和自治区名称	配变电所一般规定(标准)
华东区	山东	(5)当变电所设置在建筑物内或地下室时,应设置设备搬运通道。 变配电室的土建要求:变配电室的高度最低 4.4m,完成面梁下净高 3.6m,变配电室建成后室内地坪应比其他室外地坪高出 200mm,以防内涝
	江苏	《35kV 及以下客户端变电所建设标准》DGJ32/J 14
华南区	广东	深圳:(1)配变电所设计应根据工程特点、负荷性质、用电容量、所址环境、供电条件和节约电能等因素,合理确定设计方案,并适当考虑发展的可能性。 (2)地震基本烈度为 7 度及以上地区,配变电所的设计和电气设备的安装应采取必要的抗震措施。 (3)配变电所设计除应符合本规范外,尚应符合现行国家标准《20kV 及以下变电所设计规范》GB 50053 的规定
	海南	配变电所设置原则 (1)新建变电所位置应接近负荷中心。 (2)根据供电半径要求,变电所应按"小容量、多布点"的原则设置,并按小区居民户数布点: 居民户数在 50 户以下时,视临近区域配电网情况设置。 居民户数在 50~250 户时,宜设置一座变电所。 居民户数在 250 户以上时,宜设置两座或以上变电所。 (3)有一、二级负荷的用户不应设户外箱式变电站;变压器容量超过 500kVA 时,不应设箱式变电站
中南区	湖北、湖南、河南	(1)新建住宅供配电设施建设应符合城市发展规划及区域电网规划。应根据新建住宅建设规模及终期用电容量大小,同步规划变电站、中压开关站、环网单元、配电室、配电自动化及电力通道等供配电设施。 (2)供配电设施布置应体现以人为本、与新建住宅环境相协调,并符合环境保护相关标准的要求,确保人居环境安全。 (3)供配电设施建设应采用成熟、有效的节能措施,以提高供电质量、节能降耗为目标,满足居民生活水平提高对用电的需求
西南区	重庆	可设置在建筑物地下层,但不得设置在最底层。设置在建筑物地下层时,应根据环境要求加设机械通风、除潮设备或空气调节设备。当地下只有一层且不易受洪水淹渍时,可设置在地下层,但必须采取预防洪水、消防水或积水从其他渠道淹渍配电设备间的措施
	云南	(1)变电所设置位置应满足《20kV 及以下变电所设计规范》GB 50053 规定。 (2)变电所可设在建筑物的地下层,当有多层地下室时,不宜设置在最底层,当仅有地下一层时,变电所应采取抬高地面和防水淹的措施。 (3)高层建筑、超高层建筑根据需要变电所可分设在避难层、设备层、屋顶层等处,但需要考虑变压器的垂直搬运通道(例如施工吊装、电梯井道吊装、载重量大的电梯运输等)。 (4)变配电室的布置宜避开建筑物的伸缩缝

注:天津、河北、内蒙古、山西、吉林、黑龙江、上海、安徽、浙江、福建、江西、广西、湖南、湖北、河北、陕西、甘肃、新疆、青海、宁夏、四川、贵州、西藏,暂时未找到相关资料

4.2 开闭站设置要求

地区	省、直辖市和自治区名称	开闭站的设置要求	扫码看图
华北区	北京	(1)建设要求： 开闭站宜独立地上建设，在繁华区和城市建设用地紧张地段，为减少占地，与周围建筑相协调，开闭站在不具备条件时可与公建合建，可结合建筑物共同建设，宜设置在公共建筑物的首层。开闭站的占地面积不小于 300m^2。 (2)接线要求： 开闭站一般采用单母线分段接线，开闭站电源应采用电缆线路，一般馈电出线为 10～12 路。 (3)两电源开闭站负荷要求： 双路电源进线的开闭路，最大允许接入负荷，按照每路 10kV 电源线路实际运行的高峰负荷考虑，所带最大负荷不能超过单一电源线路的额定载流量，即不超过额定载流量的 50%。 (4)开闭站供电容量配置： 对于住宅区的 10kV 开闭站可供 10kV 变压器一般终期容量 32000kVA。 对于高压客户的 10kV 开闭站可供 10kV 变压器一般终期容量 25000kVA。 (5)三电源开闭站设置标准 根据负荷发展需要，为扩大开闭站供电能力，新建或改造原有开闭站时可采用两用一备电源的接线形式，馈电出线一般为 10～16 回。新建开闭站的三路电源至少有两路来自不同方向变电站，改造开闭站的第三路电源宜来自同一供电区的不同变电站。三路 10kV 电源进线的开闭站，最大允许接入负荷，按照双路 10kV 电源电缆额定载流量的 100%考虑另一路电源作为备用电源。 10kV 三电源开闭站可供 10kV 变压器一般终期容量不宜超过 40000kVA。 每路馈电出线的负荷应尽量与出线电缆载流量相匹配，以充分发挥开闭站的供电能力	
	河北	站址应接近负荷中心，满足低压供电半径要求。低压线路供电半径在市中心区、市区不宜大于 150m；超过 250m 时，应进行电压质量校核。应方便进出线，应方便设备运输，并与周边总体环境相协调，并满足环保、消防等要求	
	内蒙古	(1)按照分区供电的原则，开闭站应作为区域内变电站 10kV 母线在负荷中心的延伸，开闭站电源宜来自不同变电站。在开闭站供电区域内，采用双放射式串带配电室方式进行低压供电。 (2)配电室双回线路的电源一般来自同一个开闭站的 10kV 不同母线。中压客户的供电电源依据客户的用电性质可自同一个变电站(或开闭站)的 10kV 不同母线引出双回线路，形成双放射线供电方式。若同一供电区域有两个变电站时，可依据供电可靠性的要求采用中压双放射、单环网供电方式，特殊情况可采用双环网供电方式。 (3)为提高供电可靠性，开闭站进线电源电缆应采用管井或隧道敷设，在城市中心地区、旗县城区和重要开发区的新建工程中不应采用直埋敷设方式	
	山西	按国网典型设计配置综合自动化装置	

续表

地区	省、直辖市和自治区名称	开闭站的设置要求	扫码看图
东北区	辽宁	干线环网室 (1)干线环网室必须建在地面上,且位于用户红线外。 (2)干线环网室建设在便于巡视的位置,并且留有可供满足检修车进出及最大体积电气设备的运输要求的检修通道。 (3)干线环网室中至少预留一个开关间隔	
华东区	山东	大于2万kVA的供电容量需要单独设置开闭站 开闭站要求设置在地上	
华南区	广东	广州:开关房设置原则(广州市,摘自《关于报送广州市配电房设置原则的函 广供电函[2018]1049号》第5.1点) 单个报建用户的用电容量大于200kVA时,必须预留公用开关房站址,公用开关房必须放置在首层	
	海南	对开闭站设置没有特别要求,可单独设置,也可和变电所合用,选址同变配电所。 三亚供电局2014年第48号文:要求开闭所、变电所必须设置在一层,因困难较大,现在此文基本没有执行。 海口市住建局2019年374号文:新建带有地下室的建筑物,原则上配电房不得设置在建筑物最底层。是否严格执行,待检验	
中南区	湖北	新建住宅小区均应考虑设置开闭站,其他建筑是否设置开闭站需根据项目所在地电源条件、项目用电容量及回路数与供电部门商定。 (1)选址及建筑要求: 1)开关站一般要求应设于地上,不应设在地下室及地势低洼和可能积水场所,宜采用地面上独立式建筑,并应采用坡屋顶、框架式结构,门前应有不小于2.5m的运输通道,当开关站、户内环网单元、配电室设置在建筑物内时,应向结构专业提出荷载要求并应设有运输通道。 2)开关站、户内环网单元、配电室宜装设不能开启的自然采光窗,窗台距室外地坪不宜低于1.8m。临街的一面不宜开设窗户。窗户外侧应装设铁丝网或铝合金网。 3)配电装置室及变压器室门的宽度宜按最大不可拆卸部件宽度加0.3m,高度宜按不可拆卸部件最大高度加0.5m。 (2)转供容量及设备配置要求: 10kV开闭站转供配电容量不应大于30000kVA,一般采用单母线分段接线,两路进线,6～12路出线	附图4.2-1、2:湖北开闭站典型平面布置示意图、湖北独立式开闭站建筑示意图
西北区	陕西	按照《西安市人民政府办公厅关于加快十三五期间全市电网建设的通知》(市政办发[2016]86号)要求,建筑面积超过50万m^2的项目需预留1座110kV变电站位置,建筑面积超过10万平方米的项目需预留2座10kV室内环网单元位置	
西南区	重庆、云南	(1)新增容量在5000kVA及以上的工程宜新建开闭所;采用2回400mm^2电缆进线的开闭所,其典型装接容量一般不超过16200kVA,并可根据实际情况计算调整其容量。 (2)公用开闭所及公用变电所不设值班室,由供电部门集中管理;专用开闭所应设值班室。 (3)开闭所内设备应采用离墙布置方式,应设置操作走廊。	

续表

地区	省、直辖市和自治区名称	开闭站的设置要求	扫码看图
西南区	重庆、云南	(4)开闭所应设站用变，宜采用柜装类型干式变压器，柜体与10kV配电装置同一系列以便于组屏，额定容量为30kVA。 (5)机房的净高：楼板底净高不应低于3.8m，梁底净高不应低于3.0m；机房运输设备大门应为双开门，宽度不应低于1.8m，高度不应低于2.7m；设备运输通道净高不应低于2.5m，宽度不应低于2.0m，通道转弯处宽度不应低于2.5m，运输通道的坡度应不大于12度。 (6)必须按照最终规模建设，其中变压器土建基础应按 $N+1$ 台设计。开闭所有效使用面积一般不小于100m²。 (7)设备间地面应高于室外地面，并不宜小于0.45m	
注：天津、吉林、黑龙江、上海、安徽、浙江、福建、江西、江苏、广西、湖南、河南、甘肃、新疆、青海、宁夏、四川、贵州、西藏，暂时未找到相关资料			

4.3 分界小室设置要求

地区	省、直辖市和自治区名称	分界小室设置要求
华北区	北京	高压客户的配电室电源侧原则上需设立产权分界设施，产权分界设施主要分为：电缆分界室、开闭器、分界箱、分界负荷开关等。 产权分界设施的建设要求： (1)客户由电缆网供电时，除专用电缆设备以外，客户应建设高压电缆分界室。高压电缆分界室，在用电客户的贴近红线内侧独立地上建设(门红线外侧开启)也可设置在客户建筑物的首层或地下层，同时需满足地区建设相关要求，电缆分界室占地面积不小于25m²；高压电缆分界室高压出线配置不小于二进六出；非土建的户外高压电缆分界室原则上应采用混凝土材质的房屋。 (2)客户由架空线路供电时，在与客户分界处应安装用于隔离客户内部故障的分界负荷开关
	山西	公建配电室与居民配电室独立分开
东北区	辽宁	终端环网室 (1)终端环网室宜建设在地面上，并且尽可能贴近小区红线。 (2)终端环网室至少预留一个开关间隔。 (3)地面上终端环网室应建设在便于巡视的位置，并且留有可供满足检修车辆进出及最大体积电气设备的运输要求的检修通道。 (4)如地面上空间设置，终端环网室只可安置在地下负一层停车场内，设备基础应抬1000mm以上。 (5)地下终端环网室检修通道需满足检修车辆进出及最大体积电气设备的运输要求，并保证通道畅通，检修车辆需能直接到达环网室入口，且站室入口周边4m范围内禁止划定车位或摆放物品。 (6)地下终端环网室不应设在地势低洼和可能积水的场所，且房间内不应有给水排水、消防等管道经过，要有良好通风、干燥环境。地下终端环网室内应保持手机信号正常，建有光纤线路通道。 (7)设计单位应在进行设计时，参照相关标准，电力配套的土建结构应按相关标准具有防水、防火、照明、排风、防噪、防电磁污染等功能

续表

地区	省、直辖市和自治区名称	分界小室设置要求
华南区	海南	一般可不设置分界小室
西北区	陕西	(1)110kV 变电站应为地上全户内变电站，站址土地性质应为建设用地，变电站围墙内平面布置形式为矩形，全户内变电站选址范围长 87m，宽 42m；全户外变电站选址范围长 80m，宽 69.5m。站址选择应满足出线条件要求，留出架空线路和电缆线路的出线走廊。 (2)预留的 2 座 10kV 室内环网单元应分开布置，选址应满足交通运输条件和环网单元建设需要，宜临近市政道路，留有人员巡视和设备运输通道。室内环网单元应按最终进出线规模留有电缆通道。若室内环网单元为单独建筑物，选址范围长 17m，宽 8.5m，高 5.6m。若室内环网单元与其他建筑物合建则净高度小应低于 3.6m。若有管道通风设备、电缆桥架还需增加通风管道、电缆桥架高度
西南区	西藏	(1)公共建筑一般大容量专线不设置专用环网柜；小容量进线如果从上级变电所直接供电，需要在项目中单独设置专用环网柜，如果由其他 10kV 开关站引来则不需设置，一般体现在项目的供电协议上。 (2)住宅项目：容量在 1200～5000kVA 的项目，根据变压器台数，宜新建 1～2 台 2 进 4 出 10kV 环网柜；容量在 5000～15000kVA 的项目，根据变压器台数，宜新建 2～4 台 2 进 4 出 10kV 环网柜
注：天津、河北、内蒙古、吉林、黑龙江、上海、安徽、浙江、福建、山东、江西、江苏、广东、广西、湖北、湖南、河南、甘肃、新疆、青海、宁夏、重庆、四川、云南、贵州，暂时未找到相关资料		

4.4 变电所设置要求（包括层、位置、土建要求、设备运输通道、布置形式等）

地区	省、直辖市和自治区名称	变电所设置要求	扫码看图
华北区	北京	(1)变电所位置应避开多尘、腐蚀性气体、厕所、浴室正下方、有爆炸危险、低洼积水的场所； (2)变电所设计符合二级以上防火要求； (3)应设有值班室； (4)值班室应有对外出口； (5)配电装置出口数量符合规定：长度大于 6m 时设两个，大于 15m 时，还须增加一个出口； (6)配电室出口数量符合规定：长度大于 7m 时设两个出口，长度大于 60m 时，还须增加一个出口； (7)设备运输通道满足最大电气设备运输要求； (8)独立配电室设备间宜设不能开启的采光窗户，底距地不小于 1.8m； (9)配电装置高压电沟规格符合标准：沟深不小于 1.2m，沟宽不小于 1.0m； (10)配电装置低压电沟规格符合标准：沟深不小于 0.8m，沟宽不小于 0.6m； (11)电缆夹层高度符合规定：净高不小于 1.9m； (12)高、低压配电间规格符合规定：净高不小于 3.5m 且装设通风装置及事故排烟装置； (13)房间内配电装置高压部分与屋顶净距符合规定(不小于 0.8m)	

续表

地区	省、直辖市和自治区名称	变电所设置要求	扫码看图
华北区	河北	(1)土建部分按最终规模设计。配电室室内地坪应高于室外地坪300mm,配电室净高不低于3.6m。配电室接地部分应和土建同时施工,接地电阻应满足设计要求。 (2)住宅小区的配电房以独立建筑物为宜,也可结合主体建筑建设,不应设在地势低洼和可能积水的场所,宜设置在地面一层,但不应与居民住宅毗邻。当条件限制而必须设在地下层且当地下层有多层时,不应设置在最底层,以防受潮或水淹。当地下仅有一层时应采取适当抬高地面防水、排水及防潮、通风措施。位置不应设在卫生间、浴室或其他经常积水场所的正下方及四周,场所房间内不应有给水排水管道及消防管道经过。住宅小区的变配电房不得单独建在地下。 (3)若小区规模较小且条件限制,采用箱式变方式供电时,环网柜、分支箱、箱变应在地面以上户外单独设置,并充分考虑箱式变的检修通道和运输通道。箱式变电站、环网单元基础底座应高出地面600mm,底座强度应不低于C25。设备排列应整齐,外围应设置防护围栏,同一区域设备外观、标识应保持一致,与环境相协调。 (4)照明电源电压采用220V低压电源,应设置照明配电箱。配电室内设备的正上方,不应布置灯具和明敷线路。操作走廊的灯具距地面高度应大于3.0m,并满足检修操作照度要求。 (5)排水:宜采用自流式有组织排水,设置集水井汇集雨水,经地下设置的排水暗管,有组织将水排至附近市政雨水管网中。位于室外地坪以下的电缆夹层、电缆沟和电缆室应采取防水、排水措施;位于室外地坪下的电缆进、出口和电缆保护管也应采取防水措施。 (6)消防: 1)开闭所、配电室长度超过7m应设二个出口,并宜配置在配电室两端。开闭所、配电室的门应向外开启。门的高度和宽度,宜按最大不可拆卸部件尺寸,高度加0.5m,宽度加0.3m确定,其疏散通道门的最小高度宜为2.0m,最小宽度宜为0.75m。 2)开闭所、配电室内应配备干粉灭火器,在室内设置专用灭火器具安置的场所。高层建筑物内的开闭所、配电室等,宜设置火灾报警装置。配电室的耐火等级不应低于二级。配电站的门窗,应采用非燃烧材料。 3)窗户下沿距室外地面高度不宜小于1.8m,窗户外侧应装有防盗栅栏;临街的一面不宜开窗。所有窗户、门,如采用玻璃时,应使用双层中空玻璃。 (7)通风 一般采用自然通风,机械排风,应设事故排风装置。设置在地下或地下室的变、配电所,应根据环境要求加装机械通风、去湿设备或空气调节设备。装有SF6设备的应装设强力通风装置并装有气体检测装置,风口设置在室内底部。通风必须完全满足设备散热的要求,同时要考虑事故排风装置,并设置防止雨、雪及小动物从通风设施等通道进入室内的措施。 (8)环境保护 配电室应采取屏蔽、减震、隔声措施。配电室噪声对周围环境影响应符合《声环境质量标准》GB 3096的规定和要求。变压器室不应设置在居民住宅正下方,应与居民住宅相隔一层高,若无法满足要求,变压器室内应有有效降噪消声措施,并通过环保验收达标方可正式投运。 (9)设置在建筑中上部的配电室,应充分考虑相应电气设备的水平、垂直运输通道及对楼面荷载的要求。	

续表

地区	省、直辖市 和自治区名称	变电所设置要求	扫码看图
华北区	河北	(10)住宅小区配电设施、高低压电缆走廊及户外配电箱等应纳入住宅小区设计的总体规划，应与小区内其他管线和设施进行统筹安排。高、低压配电室、变压器室内不应有无关的管道和线路通过。与供电有关的规划方案、土建设计图纸应经供电部门审核	
	内蒙古	(1)独立建设的开闭站、小区配电室，其建筑设计还应符合安全、经济、适用、美观并与小区整体环境相协调。屋面采取坡屋顶无组织排水，坡度可为15%。在选用油浸变压器时，应单独建设变压器室。 (2)结合公建的开闭站、小区配电室，其站址选择还应满足以下条件： 1)应建在公建的地上首层或地下一层，不得建于居民住宅楼下方，不得单独建设在地下； 2)在建筑物内宜靠外墙设置，不能与存有腐蚀性或爆炸危险品的房间相邻； 3)不能位于卫生间、浴室等经常积水房间的下方或与其相邻，上层房间地面应做防水处理； 4)设备间、电缆夹层内不宜有供暖及给水排水、燃气等管道通过； 5)应有相对独立的巡检及设备运输通道或设备吊装孔； 6)必须具备自然通风条件。 (3)地下中压开闭站、配电室的特殊要求 1)地下中压开闭站、配电室的开关柜应设置SF6浓度报警仪，底部应加装强制排风装置，并设置专用排风通道抽排至室外地面。 2)中压开闭站、配电室的净高度一般不小于3.9m；若有管道通风设备或电缆沟的还需增加通风管道或电缆沟的高度。 3)地下或半地下中压开闭站、配电室，具有能保证人员和设备进出的通道，设备通道高度为站内最高设备高度加0.3m，其最小宽度为站内最大设备宽度加1.2m。如无设备进出通道，则应在地面建筑内设置专用吊物孔，占用面积及高度应保证最大设备能起吊和进出	
	山西	在多层地下室不得放置到最低层，不建议将两层地下室打通做配电室，建议抬高地下一层顶板满足配电室层高	
东北区	辽宁	(1)配电室 1)10kV配电室采用选用《国家电网公司配电网工程典型设计(10kV配电站房分册)》(2016版)PB-4模块。 2)新建小区等商住建筑，配电室一般应在以土建方式建设在地面，站址应高于历史最高内涝水位，室内标高不得低于所处地理位置居民楼一楼的室内标高，室内外地坪高差应大于350mm。户外基础应高出路面200mm，基础应采用整体浇筑，内外做防水处理。 3)如受条件限制采用地下配电室时，需放置在有检修维护通道的地下负一层停车场内，采用专用地下房屋，房屋离开楼主体框架，不得放置在楼层正下方，位于负一层时设备基础应抬高1000mm以上。检修通道需满足检修车辆进出及最大体积电气设备的运输要求，并保证通道畅通。检修车辆需能直接到达配电室入口且站室入口周边4m范围内禁止划定车位或摆放物品。	

续表

地区	省、直辖市和自治区名称	变电所设置要求	扫码看图
东北区	辽宁	4)地下配电室不得设在地势低洼和可能积水的场所，场所房间内不应有给水排水、消防等管道经过，要有良好通风、干燥环境。站室内应保持手机通信信号正常。设计单位应在进行配电室设计时，参照相关标准，电力配套的土建结构应保证防水、防火、照明、排风、防噪、防电磁污染等。 5)配电室内变压器选用干式变压器，接线组别采用 Dyn11，按照单台容量 400kVA、630kVA、800kVA 规格选取，配电室至少配置两台变压器，两台变压器互为备用，变压器必须采用屏蔽、减震、防潮措施，变压器与环网柜连接采用高压电缆，与低压主二次柜连接采用 2000A 封闭母线槽。 (2)箱式变电站 1)箱式变电站可在临时用电场所内及小区住宅使用，由设计单位根据现场实际情况进行设计。 2)箱式变电站安置位置需留有检修通道，检修通道需满足检修车辆进出及最大体积电气设备的运输要求，并保证通道畅通。 3)箱式变电站内应配置双台变压器，总容量一般按照 400kVA、630kVA 规格选取。 4)箱式变电站土建设计应满足防火、防汛、防渗透水、防盗、通风、防凝露、防小动物和降噪等各项要求，站址不应设置在地平面下。 5)箱式变电站尺寸 12000×3500×2800(宽×深×高)，箱式变电站外壳材质必须选用 304 不锈钢，外壳厚度不低于 3mm。 6)箱式变电站址应高于历史最高内涝水位，站内标高不得低于所处地理位置居民楼一楼的室内标高，站内外地坪高差应大于 350mm。户外基础运营高出路面 200mm，基础应采用整体浇筑，内外做防水处理；箱式变电站基础必须用混凝土浇筑。设备选择应尽量满足一致性，开关的操作工具、分合闸插孔位置、锁具、操作方法等应统一	
	黑龙江	箱式变电站 (1)松花江北区域不允许设置地上箱式变电站。 (2)所有地区箱式变电站每路 380V 低压配出回路电流不允许大于 630A	
华东区	福建	(1)开关站、环网室、配电室等 10kV 公共网络干线节点设备应设置在地面一层及一层以上，且应高于当地防涝用地高程。 (2)当建设条件受限，无法建设在地面一层及以上的，10kV 配电站房和备用发电机房可设置在地下一层，且应由当地供电部门审批通过方可实施，且满足下列要求。 1)建筑物有地下二层或有地下多层时，且地下二层的层高不低于 2.2m，且建筑面积不应小于地下一层； 2)10kV 配电设备所在平面应高于防涝用地高程及地下一层的正常标高的 0.3m； 3)地下室的出入口、通风口的底标高应高于室外地面±0.00 标高及防涝用地高程； 4)电缆进出口应按终期进出线规模预留，其进出线预埋管应符合《地下室工程防水技术规范》GB 50108 的要求； 5)编制配电站房和备用发电机房的正常运行的防洪涝、通风及灾害停电应急措施，且应经当地供电部门审批。 (3)配电站房位置不应设在卫生间、浴室或其他经常积水场所的正下方，且不宜和上述场所相贴邻。	

续表

地区	省、直辖市和自治区名称	变电所设置要求	扫码看图
华东区	福建	(4)新建住宅小区的配电站房应满足噪声等环保方面要求。当配电站房附设在住宅建筑内时,不应设置在住户正上方、正下方、贴邻和住宅建筑疏散出口的两侧,且应与住户相隔一层高一个自然层,变压器室内应有有效防震、降噪消声措施,并经过环保验收达标方可正式投运; (5)高层、超高层建筑的配电室,宜根据负荷分布和供电半径要求在建筑物中间避难层、设备层或顶层设置,但应设置设备的垂直搬运及电缆敷设的措施; (6)新建住宅配电室的选址宜满足低压供电半径不大于 150m;经计算在满载负荷时最末端用户的电压降符合国家标准时,低压供电半径方可适当延长,但不得大于 250m	
	山东	部分地市要求在地上设置、运输通道为 4m,要求下进下出,不允许上进上出,必须要做电缆沟	附图 4.4-1、2:山东变配电室典型布置图示 1、2
华南区	广东	配电房设置原则(摘自《广东省住房和城乡建设厅 广东电网有限责任公司 关于加强变电站、配电房防洪防涝风险管控的通知(粤建规函〔2018〕1752 号)》第三点): 各市城乡规划、住房城乡建设主管部门,电力部门要严格按照国家和省的有关规范和技术标准设置变电站、配电房等电力设施,原则上不采用地下式,避免设置于地势低洼点处,严禁设置于建筑物最底层。特别是处于高危、易引起次生灾害、特别重要地段的配电设施必须要建在地上。如受客观条件所限,必须采用全地下式或半地下式建设的,要进行充分论证,严格按照有关规定和技术规范的要求,设置防水排涝设施,降低防洪防涝风险。 1. 广州:(1)配电房如开关房、公变房、专变房、综合房的设置及最小尺寸要求(广州市,摘自《广州供电局中低压配电网设备技术原则(编号 F. 01. 00. 05 /Q103-0001-1001-8173)》第 5 章、《关于报送广州市配电房设置原则的函 广供电函[2018]1049 号》第 6 点) 1)配电房设置 配电房设置应符合《建筑设计防火规范》GB 50016 及《民用建筑电气设计规范》JGJ 16,并满足防火、防潮、通风、防毒和防小动物要求。 ①配电房应配置低压电源及一次接线图。 ②配电房应配置消防设备、环境自动控制装置、防潮灯或抽湿机、低噪声排气扇、节能照明灯、防鼠挡板、驱鼠器、工具箱等装置,墙体和天花板刷防虫漆,地面涂绝缘漆。并应符合《广州供电局 10kV 及以下配网安、健、环—线路及电房设施标志管理标准》。 ③装有六氟化硫(SF_6)设备的配电装置的房间,按《广东电力集团公司防止人身伤害事故十项重点措施》的要求安装排风系统。 2)开关房 ①位置与面积选取原则	

地区	省、直辖市和自治区名称	变电所设置要求	扫码看图
华南区	广东	a)开关房位置应根据负荷分布均匀布置，位置应选择在交通运输方便，具有充足的进出线通道，宜位于道路东面或南面。 b)开关房应设置在建筑物首层，净空高度不应低于 3m。 c)房内开关柜单列布置，净空最小尺寸应满足：6m×3m(长×宽)。 d)房内开关柜双列布置，净空最小尺寸应满足：6m×4m(长×宽)。 ②房内设备配置原则 a)开关房内中压环网开关柜，根据需要采用单列布置或双列布置。 b)开关房内配网自动化设备参照《广州供电局配网自动化终端技术规范》。 ③综合房与公变房 a)综合房、公变房位置选择，应根据以下要求综合考虑确定： Ⅰ综合房、公变房宜设置在首层，当位于高层建筑(或其他地下建筑)的地下室时，不宜设在负一层以下。根据《民用建筑电气设计规范》JGJ 16 的要求，当建筑物高度超过 100m 时，在高层区的设备层内设置综合房。 Ⅱ在无特殊防火要求的多层建筑中，装有可燃性油的电气设备的电房，可设置在底层靠外墙部位，但不应设在人员密集场所的上方、下方、贴邻或疏散出口的两旁。 Ⅲ按“小容量、密布点”的原则设置，并按小区居民户数布点。 b)综合房、公变房最小尺寸要求： Ⅰ净空高度不宜低于 3m； Ⅱ单公变房(长×宽)：6m×4m； Ⅲ双公变房(长×宽)：6m×7.5m； Ⅳ单公变综合房(长×宽)：5m×6m； Ⅴ双公变综合房(长×宽)：6m×7.5m。 ④配电房设备配置原则 a)12 层及以下住宅楼，综合房内中、低压配电装置和干式变压器可设置同一房间内；12 层以上住宅楼，综合房内中压配电装置和干式变压器可设置在同一房间内，低压部分需单独设低压配电房。 b)设置在民用建筑中的变压器，应选择干式变压器。设置在民用建筑外的变压器，可选择干式变压器或油浸变压器，但油浸变压器应设置单独的变压器室。 c)综合房或公变房内单台干式变压器容量不超过 1000kVA，单台油浸式变压器容量不超过 630kVA。 d)电房内配变及连接设施应采取绝缘化措施，加强绝缘，电房内设备及建筑应满足等电位联结要求。 e)有人值班的配变电所应设单独的值班室。值班室应能直通或经过走道与 10kV 配电装置室和相应的配电装置室相通，并应有门直接通向室外或走道。当配变电所设有低压配电装置时，值班室可与低压配电装置室合并，且值班人员工作的一端，配电装置与墙的净距不应小于 3m。	

续表

地区	省、直辖市和自治区名称	变电所设置要求	扫码看图
华南区	广东	3)配电房最小尺寸要求 ①公用配电房 a)净空高度不宜低于 3.5m;b)开关房(长×宽):6m×4m;c)开关房(20kV)(长×宽):9m×7.64m;d)单公变房(长×宽):5m×4m;e)双公变房(长×宽):7.5m×6m;f)单公变综合房(长×宽):6m×5m;g)双公变综合房(长×宽):7.5m×6m;h)双公变综合房(20kV)(长×宽):10.48 ×7.64m;i)单台配变对应的公用低压房(长×宽):5m×4m;j)配电房地面必须高于室外地面 300mm 以上,易涝地区尚应采取预防洪水、消防水、积水从其他渠道淹浸配电房的措施。k)配电房内的变压器配置应遵循:10kV 干式配变的容量单台不超过 1000kVA,20kV 干式配变的容量单台不超过 1600kVA。 ②专用配电房 专用配电房应根据国家及行业相关规范设计。 (2)配电房设置原则(广州市,摘自《关于报送广州市配电房设置原则的函广供电函[2018]1049 号》第 5.2,5.3 条) 1)公用配电房及供公寓、住宅电梯、住宅水泵、住宅梯灯的专用配电房必须设置在建筑物首层及以上。 2)专用配电房应设置在建筑物首层及以上,当条件限制且有地下室多层时,应设置在地下负一层(不含易涝地区),不得设置在仅有地下一层的地下室。 2. 深圳:(1)变电所设置原则 1)新建配电站位置应接近负荷中心。 2)根据供电半径要求,配电站宜按“小容量、多布点”的原则设置,并按小区居民户数布点: ①居民户数在 50 户以下时,视临近区域配电网情况设置。 ②居民户数在 50～250 户时,宜设置一座配电站。 ③居民户数在 250 户以上时,宜设置两座或以上配电站。 (2)变电所选址要求 1)变电所位置的选择,应根据下列要求综合确定: ①深入或接近负荷中心;②进出线方便;③接近电源侧;④设备吊装、运输方便;⑤不应设在有剧烈振动或有爆炸危险介质的场所;⑥不宜设在多尘、水雾或有腐蚀性气体的场所,当无法远离时,不应设在污染源的下风侧;⑦不应设在厕所、浴室、厨房或其他经常积水场所的正下方,且不宜与上述场所贴邻;⑧配电站为独立建筑物时,不应设置在地势低洼和可能积水的场所。 2)配电站宜集中设置,当供电半径较长时,也可分散设置;高层建筑可分设在避难层、设置层及屋顶层等处。 3)应建在公用建筑物的首层或第一层,不宜建在居民的下方。 4)装有可燃性油浸电力变压器的配电站,不应设在三、四级耐火等级的建筑物内,当设在二级耐火等级的建筑物内时,建筑物应采取局部防火措施。 5)多层建筑中,装有可燃性油的电气设备的配电站应设置在底层靠外墙部位,且不应设在人员密集场所的正上方、正下方、贴邻和疏散出口的两旁。	

续表

<table>
<tr><th>地区</th><th>省、直辖市
和自治区名称</th><th>变电所设置要求</th><th>扫码看图</th></tr>
<tr><td rowspan="2">华南区</td><td>广东</td><td>6)高层主体建筑内不宜设置装有可燃性油的电气设备的配电站，当条件限制必须设置时，应设在底层靠外墙部位，且不应设在人员密集场所的正下方、贴邻和疏散出口的两旁，并应按现行国家标准《建筑设计防火规范》GB 50016 有关规定，采取相应的防火措施。
7)不准设置在地下室</td><td></td></tr>
<tr><td>广西</td><td>原则上参照《10kV 及以下业扩受电工程技术导则(2018 版)》执行。
(1)住宅配电站设置原则
1)新建配电站位置应接近负荷中心。
2)根据供电半径要求，配电站应按“小容量、多布点”的原则设置，并按小区居民户数布点：
居民户数在 50 户以下时，视临近区域配电网情况设置。
居民户数在 50～250 户时，宜设置一座配电站。
居民户数在 250 户以上时，宜设置两座或以上配电站。
(2)客户配电站选址要求
1)配电站房位置的选择，应根据下列要求综合确定：
①深入或接近负荷中心；
②进出线方便；
③接近电源侧；
④设备吊装、运输方便；
⑤不应设在有剧烈振动或有爆炸危险介质的场所；
⑥不宜设在多尘、水雾或有腐蚀性气体的场所，当无法远离时，不应设在污染源的下风侧；
⑦不应设在厕所、浴室、厨房或其他经常积水场所的正下方，且不宜与上述场所贴邻；
⑧配电站为独立建筑物时，不应设置在地势低洼和可能积水的场所；
2)配电站应根据环境要求加设机械通风、去湿设备或空气调节设备，且配电站内的专用通风管道应避开高低压设备。当有多层地下层时，配电站不应设置在最底层；当只有地下一层时，应采取抬高地面和防止雨水、消防水等积水的措施。处于高危、易引起水浸等次生灾害地区、特别重要地段的配电站不应设置于地下层。
3)配电站宜集中设置，当供电半径较长时，也可分散设置；高层建筑可分设在避难层、设备层及屋顶层等处。
4)应建在公用建筑物的首层或第一层，不宜建在民居的下方。
5)装有可燃性油浸电力变压器的配电站，不应设在三、四级耐火等级的建筑物内；当设在二级耐火等级的建筑物内时，建筑物应采取局部防火措施。
6)多层建筑中，装有可燃性油的电气设备的配电站应设置在底层靠外墙部位，且不应设在人员密集场所的正上方、正下方、贴邻和疏散出口的两旁。</td><td></td></tr>
</table>

续表

地区	省、直辖市和自治区名称	变电所设置要求	扫码看图
华南区	广西	7)高层主体建筑内不宜设置装有可燃性油的电气设备的配电站，当受条件限制必须设置时，应设在底层靠外墙部位，且不应设在人员密集场所的正上方、正下方、贴邻和疏散出口的两旁，并应按现行国家标准《建筑设计防火规范》有关规定，采取相应的防火措施。 (3)设备运输通道：供电局要求运输通道为宽×高为3m×2.4m，该通道一般为从车道入口至变配电房的搬运设备门之间的通道。 (4)配电站内设备柜顶距配电站顶板的距离不宜小于0.8m，当有梁时，距梁底不宜小于0.6m。配电站室内完成地面应比室外地面高出不小于0.3m。 (5)设备安装： 1)高压断路器柜(KYN)土建基础图 土建要求及说明： 1.本图尺寸以毫米计，标高以米计。 2.所有砌体采用Mu10砖M7.5水泥砂浆。 3.砌体应抹面，采用1? 2水泥砂浆、厚度10mm。 4.浇注混凝土时必须符合国家标准。 5.本图为位于首层，无负层方案；位于负层时，相应更改标高。 6.柜体的深度尺寸，按实物更改。 7.本图电缆沟盖板可以选用预制混凝土盖板、花纹钢盖板、SMC盖板。 8.电房地面需要涂防静电地坪漆，电气设备操作面需安装绝缘垫。 KYN高压柜基础剖面图-单列式 KYN高压柜基础剖面图-双列式	

续表

地区	省、直辖市和自治区名称	变电所设置要求	扫码看图
华南区	广西	2)固定式高压断路器柜土建基础图 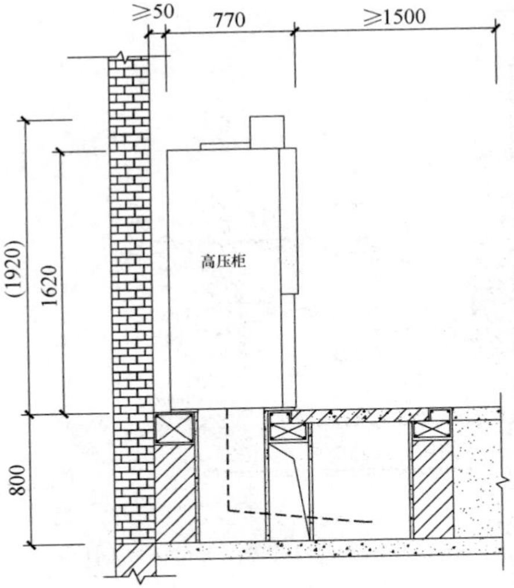 高压柜安装侧面图 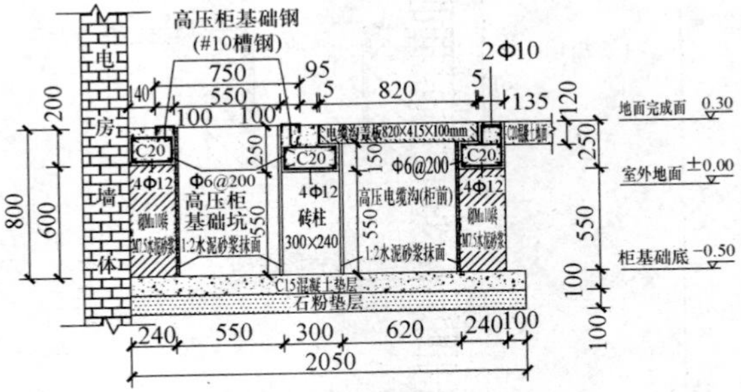 高压柜基础剖面图 土建要求及说明: 1.本图以固定式断路器柜为例，尺寸以毫米为计，标高以米为计。 2.高压柜布置时，高压柜侧面与墙的距离一侧不小于200mm，另一侧不小于800mm。 3.所有砌体采用Mu10砖M7.5水泥砂浆。 4.砌体应抹面，采用1:2水泥砂浆，厚10mm。 5.浇注混凝土时必须符合国家标准。 6.本图必须为位于首层，无负层方案;位于负层时，相应更改标高。 7.柜体的深度尺寸，按实物更改。 8.本图电缆沟盖板可以选用预制混凝土盖板、花纹钢盖板、SMC盖板。 9.电房地面需要涂防静电地坪漆，电气设备操作面需安装绝缘垫。	

续表

地区	省、直辖市和自治区名称	变电所设置要求	扫码看图
华南区	广西	3)高压负荷开关柜安装侧面图 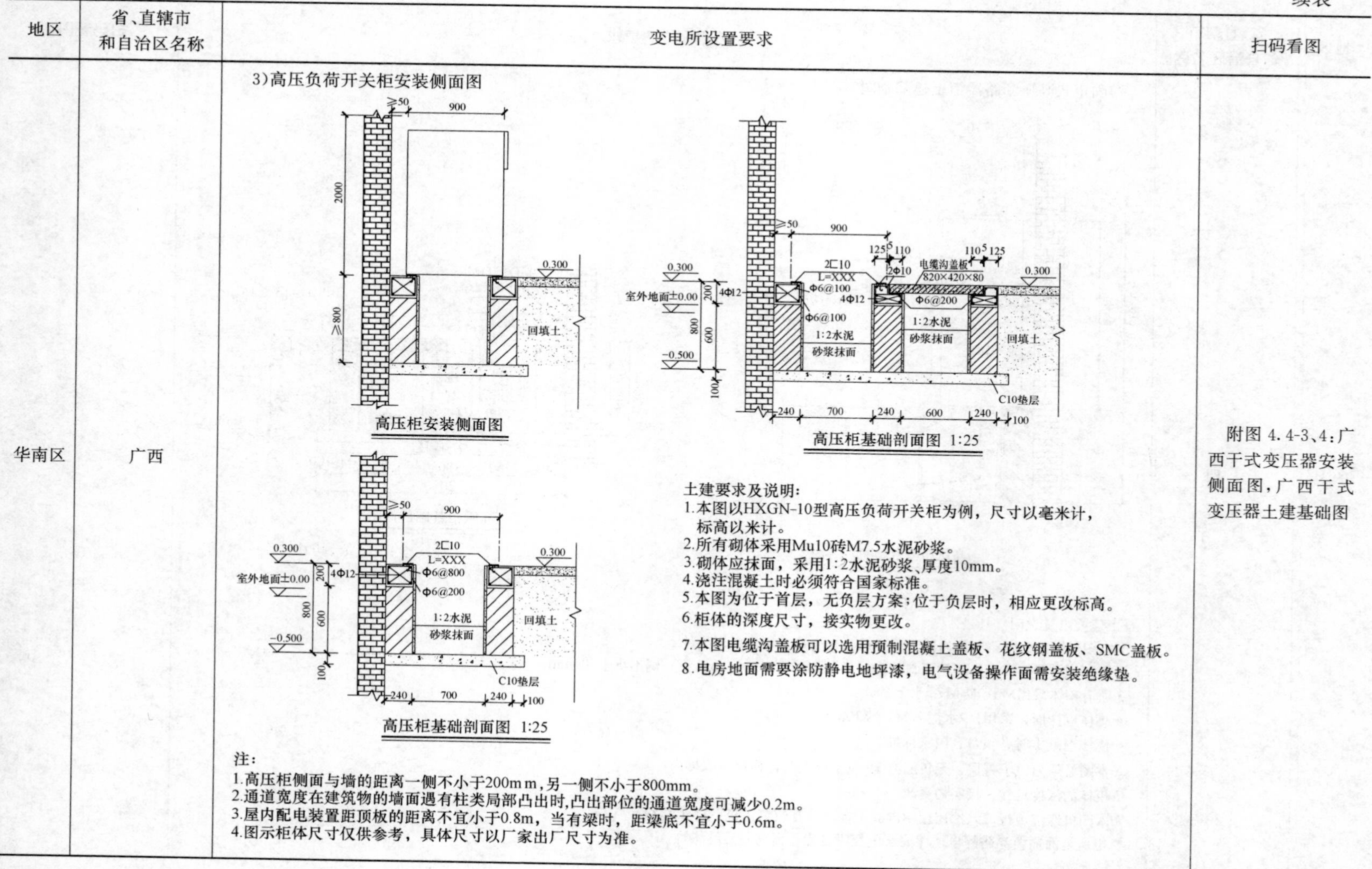 土建要求及说明： 1.本图以HXGN-10型高压负荷开关柜为例，尺寸以毫米计，标高以米计。 2.所有砌体采用Mu10砖M7.5水泥砂浆。 3.砌体应抹面，采用1：2水泥砂浆、厚度10mm。 4.浇注混凝土时必须符合国家标准。 5.本图为位于首层，无负层方案：位于负层时，相应更改标高。 6.柜体的深度尺寸，接实物更改。 7.本图电缆沟盖板可以选用预制混凝土盖板、花纹钢盖板、SMC盖板。 8.电房地面需要涂防静电地坪漆，电气设备操作面需安装绝缘垫。 注： 1.高压柜侧面与墙的距离一侧不小于200mm，另一侧不小于800mm。 2.通道宽度在建筑物的墙面遇有柱类局部凸出时，凸出部位的通道宽度可减少0.2m。 3.屋内配电装置距顶板的距离不宜小于0.8m，当有梁时，距梁底不宜小于0.6m。 4.图示柜体尺寸仅供参考，具体尺寸以厂家出厂尺寸为准。	附图4.4-3、4：广西干式变压器安装侧面图，广西干式变压器土建基础图

续表

<table>
<tr><th>地区</th><th>省、直辖市
和自治区名称</th><th>变电所设置要求</th><th>扫码看图</th></tr>
<tr><td rowspan="2">华南区</td><td>广西</td><td>4)带外壳干式变压器安装及土建基础图</td><td></td></tr>
<tr><td>海南</td><td>(1)变电所选址要求
1)深入或接近负荷中心;
2)进出线方便;
3)接近电源侧;
4)设备吊装、运输方便;
5)不应设在有剧烈振动或有爆炸危险介质的场所;
6)不宜设在多尘、水雾或有腐蚀性气体的场所,当无法远离时,不应设在污染源的下风侧;
7)不应设在厕所、浴室、厨房或其他经常积水场所的正下方,且不宜与上述场所贴邻;
8)变电所为独立建筑物时,不应设置在地势低洼和可能积水的场所;独立设置的开关站、变电所或箱变,其室内地坪、箱变基础应高于自然地面 0.5m。
9)当建筑物有多层地下层时,变电所不应设置在最底层,只有一层地下层时,应采取抬高地面或设置防水门槛等其他防水、排水措施,确保水不能进入变配电站。处于高危、易引起水浸等次生灾害地区、特别重要地段的变电所不应设置于地下层。
(2)变电所土建要求
1)变电所应根据环境要求加设机械通风、去湿设备或空气调节设备,且配电站内的专用通风管道应避开高低压设备。
2)变电所内设备柜顶距配电站顶板的距离不宜小于 0.8m,当有梁时,距梁底不宜小于 0.6m。配电站室内完成地面应比室外地面高出不小于 0.3m。
3)小区内变电所应设置降噪措施,满足环境评价要求,并应满足防火、通风、防洪、防污、防潮、防尘、防毒、防小动物等要求。与室外相通的洞、通风孔等应设防护等级不宜低于 IP3X 级的防护网罩。
(3)变电所的噪声标准
<table><tr><th></th><th>Ⅰ类地区</th><th>Ⅱ类地区</th><th>Ⅲ类地区</th><th>Ⅳ类地区</th></tr><tr><td>白昼</td><td>55dB(A)</td><td>60dB(A)</td><td>65dB(A)</td><td>70dB(A)</td></tr><tr><td>夜间</td><td>45dB(A)</td><td>50dB(A)</td><td>55dB(A)</td><td>55dB(A)</td></tr></table>其中:Ⅰ类地区:居住、文教、机关为主的地区;
Ⅱ类地区:居住、商业、工业混杂区以及商业中心区;
Ⅲ类地区:工业区;
Ⅳ类地区:交通干线、干线道路两侧地区</td><td></td></tr>
</table>

续表

地区	省、直辖市和自治区名称	变电所设置要求	扫码看图
中南区	湖北	(1)专用变电所供电部门无特殊要求,按国家相关标准及规范执行。 (2)公用变电所 1)选址要求: 住宅公用变电所宜设置在地上一层,并应保证与住宅建筑的安全距离,不应设在住户的正上方、正下方、贴临和设在住宅建筑疏散出口的两侧,当住宅小区地上无规划用地且有多层地下室时,在征得供电部门同意情况下,可设置在地下一层。 2)土建要求: 公用变电所宜为地面上独立式建筑,并采用坡屋顶、框架式结构,层高不宜小于 4.2m,室内墙面须刷白色乳胶漆,地面宜采用自流平型环氧地坪。 3)设备运输通道: 公用变电所门前应有不小于 2.5m 的运输通道,配电装置室及变压器室门的宽度宜按最大不可拆卸部件宽度加 0.3m,高度加 0.5m 设置	附图 4.4-5～8:湖北变电所典型平面布置示意图 1,湖北变电所典型平面布置示意图 2,湖北变电所剖面示意图,湖北变电所地沟做法详图
西北区	陕西	公用变配电室: (1)配电室室内地坪距梁底高度不得小于 3.5m。 (2)电缆沟过地梁处电缆直接穿过梁顶,梁顶处地沟深度不得小于 0.6m。 (3)配电室各个门为甲级钢制防火门,进设备的门洞净尺寸最低保证 1800mm×2700mm(宽×高),且不带亮子,待设备安装好后再安装门。 (4)配电室内不能有消防管道及上下水管道穿越,并做好防水措施。 (5)高低压配电室内地坪均应涂刷绝缘地板漆(三遍)	
西南区	重庆	(1)建筑面积 5000m^2 及以上或配电容量在 400kVA 及以上的住宅小区;变压器装机容量在 50kVA～10MVA 的专用供电用户,应采用 10kV 供电,设置变配电房。 (2)在有多层地下室时,不应设置在最底层;仅有一层时应采取相应的防水措施,机房室内地面应高于室外地面,且不宜小于 200mm。 (3)楼板底净高不应低于 3.8m,梁底净高不应低于 3.0m;机房运输设备大门应为双开门,宽度不应低于 1.8m,高度不应低于 2.7m;设备运输通道净高不应低于 2.5m,宽度不应低于 2.0m,通道转弯处宽度不应低于 2.5m,运输通道的坡度应不大于 12 度。 (4)配电变压器低压侧桩头与铜母排连接时,应采用软连接方式	附图 4.4-9、10:重庆变电所设置典型作法图示 1、2

续表

地区	省、直辖市和自治区名称	变电所设置要求	扫码看图
西南区	云南	(1)应建在公用建筑物的首层或第一层,不宜建在民居的下方。装有可燃性油浸电力变压器的配电站,不应设在三、四级耐火等级的建筑物内;当设在二级耐火等级的建筑物内时,建筑物应采取局部防火措施。多层建筑中,装有可燃性油的电气设备的配电站应设置在底层靠外墙部位,且不应设在人员密集场所的正上方、正下方、贴邻和疏散出口的两旁。高层主体建筑内不宜设置装有可燃性油的电气设备的配电站,当受条件限制必须设置时,应设在底层靠外墙部位,且不应设在人员密集场所的正上方、正下方、贴邻和疏散出口的两旁,并应按现行国家标准《建筑设计防火规范》GB 50016 有关规定,采取相应的防火措施。 (2)在有多层地下室时,不应设置在最底层;仅有一层时应采取相应的防水措施,机房室内地面应高于室外地面,且不宜小于 200mm。 (3)配电站内设备柜顶距配电站顶板的距离不宜小于 0.8m,当有梁时,距梁底不宜小于 0.6m。配电站室内完成地面应比室外地面高出不小于 0.3m,公用配电站室内顶板距离地面完成面的净高不宜小于 3.6m;当采用电缆沟敷设电缆时,顶板距离电缆沟底的净高不宜小于 4.4m。 (4)配电变压器低压侧桩头与铜母排连接时,应采用软连接方式	附图 4.4-11:云南变电所设置典型作法图示
	西藏	(1)变电所设置位置应满足《20kV 及以下变电所设计规范》GB 50053—2013 第 2.0.1 条规定。 (2)变电所可设在建筑物的地下层,当有多层地下室时,不宜设置在最底层,当仅有地下一层时,变电所应采取抬高地面和防水淹的措施。 (3)变配电室的布置宜避开建筑物的伸缩缝	附图 4.4-12:西藏地区变配电室布置图

注:天津、吉林、上海、安徽、浙江、江西、江苏、湖南、河南、甘肃、新疆、青海、宁夏、贵州,暂时未找到相关资料

4.5 变电所电气设备的设置要求(包括变压器容量、选型、负荷率、高海拔地区电气装置要求等)

地区	省、直辖市和自治区名称	变电所电气设备的设置要求
华北区	北京	(1)10(6)kV 侧符合以下条件时,应选用断路器柜: 1)进线所带变压器总容量大于 3200kVA; 2)单台干式变压器容量在 1250kVA 及以上或单台油浸式变压器容量在 800kVA 及以上时; 3)由 220k 变电站的 10(6)kV 出线直接供电时; 4)对供电可靠性要求高时。

续表

地区	省、直辖市和自治区名称	变电所电气设备的设置要求
	北京	(2)10(6)kV配电室进线所带变压器总容量小于3200kVA(含3200kVA)、单台干式变压器容量在1250kVA以下或单台油浸式变压器容量在800kVA以下时,可选用SF_6或真空环网开关柜。 (3)采用环网开关柜时,变压器出线单元应采用负荷开关熔断器组,馈线单元应装设故障指示器。 (4)10kV设备按照短路容量不小于20kA选择,低压设备根据实际短路容量进行核算。 (5)变压器配置应符合以下要求: 安装于公建内的10(6)kV配电室应选用干式变压器。独立配电室或箱变,可选用全密封的油浸式变压器。宜选用S13或其他节能型变压器。 (6)低压主开关、联络开关应配置至少带有长延时、短延时保护功能的电子脱扣器,出线开关宜配置至少带有长延时、瞬时保护功能的电子脱扣器。 (7)低压联络开关应装设自动投切装置。 (8)用户应根据自身需求选择加装应急自备电源
华北区	河北	(1)箱式变电站变压器选用S13型及以上系列低损耗油浸全密封变压器,独立建筑配电室内的变压器、楼内配电室选用10型及以上系列低损耗干式变压器,变压器中低压为0.4kV的单台变压器的容量不大于1250kVA(《民用建筑电气设计规范》JGJ 16—2008)。接线组别采用Dyn11《供配电系统设计规范》(GB 5002—2009中7.0.7条)。 (2)特性变化大的负荷,可选用非晶合金变压器。 (3)变压器应采取减振、降噪、屏蔽等措施,变压器室应满足防火、防水、防小动物等要求。干式变压器应带有温控、风机等设备,带有金属外壳,设置主变超温远程告警装置。变压器低压端头与低压母线可采用软接方式。 (4)城市配网供电小区变压器变比选用10.5±2×2.5%/0.4kV。 (5)箱式变电站容量不大于630kVA。 (6)箱式变电站高压部分宜采用SF_6环网单元,环网单元应由进线单元、配变出线单元、环出单元组成,环网单元应具有"五防"(防止误分、合断路器;防止带负荷分、合隔离开关;防止带电挂(合)接地线(接地开关);防止带地线送电;防止误入带电间隔;)功能。环网负荷开关柜选宜用额定电流630A,额定短时耐受电流不小于20kA,额定峰值耐受电流不小于50kA,SF_6环网单元应配置压力指示器,具备低气压分合闸闭锁功能。 (7)箱式变电站内环网单元、变压器及低压设备导体应绝缘封闭,环网单元及箱式变电站的箱体设计有压力释放通道,能够防止故障引发内部电弧造成箱外人员伤害。 (8)低压部分组屏安装,主开关选用框架式断路器,低压馈线选用塑壳断路器。630kVA箱式变电站低压馈线采用6路400A,2路250A设计;400kVA箱式变电站低压馈线采用4路400A,2路250A设计;考虑小区负荷变动低压馈线开关采用电子式脱扣器。框架式断路器额定电流与变压器容量相匹配,额定运行短路分断能力应不小于65kA;塑壳断路器额定运行短路分断能力应不小于50kA。 (9)高压开关柜宜选用12kV、31.5kA真空开关高压开关柜(KYN28)表述方式:电压等级匹配。 (10)高压开关柜配置电动、手动操作机构,预留配电自动化接口,具备"五防"(防止误分、合断路器;防止带负荷分、合隔离开关;防止带电挂(合)接地线(接地开关);防止带地线送电;防止误入带电间隔;)闭锁功能并与当地供电部门保护后台配套;应配置带电显示器(带二次核相孔、按回路配置),应能满足验电闭锁、试验、核相的要求。高压开关柜不应放置在高潮湿场所。 (11)高压开关柜宜选用额定电流1250A,额定短时耐受电流不宜小于31.5kA,额定峰值耐受电流不宜小于50kA。

续表

地区	省、直辖市和自治区名称	变电所电气设备的设置要求
华北区	河北	(12)开关设备至少提供2常开2常闭备用辅助触点，机构未储能备用辅助触点，配置A、B、C三相CT和零序CT，满足保护回路和配网自动化的要求(二次不得开路)。 (13)低压开关柜宜选用母线区、设备区和电缆区互相隔离的开关柜，设备导体均绝缘封闭，可选用抽屉式，采取下进风、上出风散热结构，防护等级不低于IP31。 (14)主母线选用额定电流2500A，额定短时耐受电流不小于65kA/1s。 (15)低压进线、分段开关宜采用电子控制的智能型框架开关，并有中文人机界面和数显仪表，并具有故障记忆查询功能。配置电动操作机构，额定运行短路分段能力不低于65kA，出线柜开关采用塑壳空气断路器，额定运行短路分段能力不低于50kA，配电子脱扣器(瞬时脱扣、短延时脱扣、长延时脱扣三段保护)，应具备分励脱扣器及辅助触点等附件，不应设置失压脱扣
	内蒙古	开闭站、配电室等高低压开关设备应选用功能完善、体积小、可靠性高、具备少维护或免维护性能的产品。 (1)高压设备 1)开闭站10kV开关柜应选用全密封全绝缘开关柜(内配真空断路器)。开闭站10kV开关柜配置综合微机保护，综合微机保护装置应具备综合自动化功能。 2)配电室的10kV配电柜应选用全密封全绝缘开关柜，根据规划原则配置自动化功能(或预留)。小区配电室内高压设备一般选用负荷开关柜。 (2)变压器 开闭站、配电室变压器一般应选用比S11型更低损耗的配电变压器，推荐选用非晶合金变压器。为提高变压器的利用率和经济运行水平，新装变压器的最大负载率不宜低于50%； (3)低压设备 开闭站、小区配电室低压设备一般选用母线区、设备区和电缆区互相隔离的固定式开关柜，设备导体均绝缘封闭。配电室低压空气开关一般选用电子脱扣型，低压主进及母联开关应具备智能通信功能，配置适当的电容补偿装置。 (4)直流设备 直流系统选用高频开关电源充电设备，并按$N+1$备份的电源模块配置，直流系统电压宜统一。一般采用100Ah阀控式铅酸蓄电池，充电机和中央信号设备应具有智能通信功能。
东北区	辽宁	(1)变压器选用S13及以上节能型产品，接线组别采用Dyn11，单台容量不宜超过800kVA。一般按照单台容量100kVA、200kVA、400kVA、500kVA、630kVA、800kVA规格选取。地下配电室配置两台及以上干式变压器，变压器必须采取屏蔽、减震、防潮措施。 (2)防护等级不低于IP32，户外单元防护等级不应低于IP33D。 (3)配电设备应采用标准化、小型化、全绝缘、全封闭、防内部故障电弧、防凝露措施。达到免(少)维护，安全可靠，节能环保。预留的智能化接口，应具备通用性、可互换性。 (4)馈线断路器、电力互感器、出站电缆、线路干线、柱上开关和环网单元等设备相关参数应匹配，设备、元器件参数应满足保护、计量的需求。 (5)设备选择应尽量满足一致性，开关的操作工具、分合闸插孔位置、锁具、操作方法等，应尽量统一

续表

<table>
<tr><th>地区</th><th>省、直辖市和自治区名称</th><th>变电所电气设备的设置要求</th></tr>
<tr><td rowspan="3">东北区</td><td>吉林</td><td>(1)变压器选用 11 型及以上节能环保型、低损耗、低噪声变压器。
(2)接线组别为 Dyn11</td></tr>
<tr><td>福建</td><td>住宅小区变压器台数和容量的选择应遵循小容量、多布点、靠近负荷中心的原则进行配置，小区配电站房内变压器容量和台数，应按实际需要设置。当终期容量在 630kVA 及以上时，宜设两台或两台以上变压器。住宅小区不应采用油浸式变压器，油浸式变压器的单台容量选择最大不应超过 630kVA，干式变压器的单台容量选择不应超过 800kVA。单个配电站房变压器台数不应超过 4 台，终期容量不应超过 4000kVA</td></tr>
<tr><td>江苏</td><td>电力行业专项设计丙级资质或建筑设计甲级资质(专变设计面对市场，满足资质条件就可以设计，公变设计有放开趋势)</td></tr>
<tr><td rowspan="2">华南区</td><td>广东</td><td>深圳：(1)配电变压器选择应根据建筑物的性质和负荷情况、环境条件确定，并应选用节能型变压器。
(2)配电变压器的长期工作负载率不宜大于 85％。
(3)当符合下列条件之一时，可设专用变压器：
1)电力和照明采用共用变压器将严重影响照明质量及光源寿命时，可设照明专用变压器；
2)季节性负荷容量较大或冲击性负荷严重影响电能质量时，可设专用变压器；
3)单相负荷容量较大，由于不平衡负荷引起中性导体电流超过变压器低压绕组额定电流的 25％时，或只有单相负荷其容量不是很大时，可设置单相变压器；
4)出于功能需要的某些特殊设备，可设专用变压器；
5)在电源系统不接地或经高阻抗接地，电气装置外露可导电部分就地接地的低压系统中(1T 系统)，照明系统应设专用变压器。
(4)供电系统中，配电变压器宜选用 Dynll 接线组别的变压器。
(5)设置在民用建筑中的变压器，应选择干式、气体绝缘或非可燃性液体绝缘的变压器。当单台变压器油量为 100kg 及以上时，应设置单独的变压器室。
(6)变压器低压侧电压为 0.4kV 时，单台变压器容量不宜大于 1250kVA。预装式变电所变压器，单台容量不宜大于 800kVA</td></tr>
<tr><td>广西</td><td>油变型号采用 11 型及以上节能变压器，干变采用 10 型及以上节能变压器，容量要求见下表：
变压器额定容量使用参照表 (kVA)
<table>
<tr><td>100</td><td>*125</td><td>*160</td><td>200</td><td>250</td><td>315</td><td>400</td><td>500</td></tr>
<tr><td>630</td><td>800</td><td>1000</td><td>1250</td><td>*1600</td><td>*2000</td><td>*2500</td><td></td></tr>
</table>
备注：1. 公用变压器不应使用标注 * 的容量规格，1000kVA 及 1250kVA 公用变压器容量规格不推荐使用，如受客观条件所限时，需进行充分论证后使用。
2. 自备变压器容量大于 2500kVA 时根据实际需求选用。
另外变压器容量超过 1600kVA，需要供电部门协商</td></tr>
</table>

续表

<table>
<tr><th>地区</th><th>省、直辖市和自治区名称</th><th>变电所电气设备的设置要求</th></tr>
<tr><td>华南区</td><td>海南</td><td>(1)配电变压器可根据环境的需要采用干式变压器、油浸式变压器。居住区配电站应优先选用环保、安全可靠性高、便于维护的干式变压器；高层建筑、地下室及有特殊防火要求的场所应选用干式变压器；
(2)油浸式变压器应采用免维护、全密封的 11 型及以上节能型变压器，干式变压器应采用 10 型及以上节能型变压器，接线组别宜选用 Dyn11。配电变压器的额定容量应按现行国家标准的规定，其中 100kVA 及以上的配电变压器额定容量值在下表中参照选取：
变压器额定容量使用参照表
<table>
<tr><td>100</td><td>* 125</td><td>* 160</td><td>200</td><td>250</td><td>315</td><td>400</td><td>500</td></tr>
<tr><td>630</td><td>800</td><td>1000</td><td>1250</td><td>* 1600</td><td>* 2000</td><td>* 2500</td><td></td></tr>
</table>
备注：1. 公用变压器不应使用标注 * 的容量规格，1000kVA 及 1250kVA 公用变压器容量规格不推荐使用，如受客观条件所限时，需进行充分论证后使用。
2. 自备变压器容量大于 2500kVA 时根据实际需求选用。
(3)一般客户变压器的长期工作负载率不宜大于 85%，公用变压器长期工作负载率不宜大于 80%。
(4)对于季节性较强、负荷分散性大的客户，可通过增加受电变压器台数，降低单台容量来提高运行的灵活性，解决淡季和低谷负荷期间因变压器轻负载导致损耗过大的问题。
(5)变压器台数应满足用电负荷对可靠性的要求。对于重要电力客户或有一、二级负荷的客户，选择两台或多台变压器供电。
(6)对季节性负荷或昼夜负荷变化较大客户的宜采用经济运行方式，可选择两台或多台变压器供电。
(7)装有两台及以上变压器时，当断开一台时，其余变压器容量应满足一级负荷和二级负荷的全部用电。
(8)变电所中单台变压器的容量不宜大于 1250kVA。当用电设备容量较大、负荷集中且运行合理时，可选用较大容量的变压器，变电所变压器容量参照按上表。
(9)柱上油浸式变压器的单台容量不宜超过 500kVA。
(10)居住区公用变压器容量：单台油浸式变压器的容量选择最大不应超过 630kVA，单台干式变压器的容量选择最大不应超过 1250kVA。
(11)高压开关柜应具有“五防”功能。配电柜外壳及内结构采用敷铝锌板，并能满足高温、高湿环境使用的要求</td></tr>
<tr><td>中南区</td><td>湖北</td><td>(1)变压器容量：
10kV 公用配电室内配电变压器的单台容量不宜大于 800kVA，不应大于 1000kVA。20kV 公用配电室内配电变压器的单台容量不宜大于 1250kVA，10kV 专用变电所一般配电变压器的单台容量不宜大于 2000kVA，不应大于 2500kVA。【依据《新建住宅供配电设施设计规范》Q/GDW15001-2014-10501 第 8.3.1 条及供电部门内部规定】
(2)变压器选型：
1)应选用节能型低声级配电变压器，变压器的接线形式宜采用 Dyn11。</td></tr>
</table>

续表

<table>
<tr><th>地区</th><th>省、直辖市和自治区名称</th><th>变电所电气设备的设置要求</th></tr>
<tr><td>中南区</td><td>湖北</td><td>2)有绿建星级评定要求的建筑变压器能耗指标应满足现行国家标准《三相配电变压器能效限定值及能效等级》GB 20052 的节能评价值的要求。
(3)负荷率:
无特殊要求,按国家相关规定规范执行</td></tr>
<tr><td rowspan="3">西南区</td><td>重庆</td><td>(1)配电房宜按照 2 台变压器设计,最多不得超过 4 台。
(2)干式变压器容量:400～2500kVA,其中公用配电房单台变压器容量不应超过 800kVA,室内变压器宜采用不锈钢或铝合金外壳(组合式),防护等级应为 IP3X。
(3)公用箱式变压器容量宜为 400～630kVA;专用箱式变电站,采用油浸式变压器时容量不宜大于 630kVA,采用干式变压器时容量不宜大于 1000kVA。
(4)变压器应装设数显式温度控制器,并设有测温报警信号输出接口,温度控制器应装设于变压器外壳前柜门上。
(5)应配置风冷装置,其风扇应有热保护装置自动控制,应选用低噪声轴流风扇,并具备手动启停风机功能</td></tr>
<tr><td>云南</td><td>(1)配电变压器
配电变压器的选用应符合现行相关国家、行业标准的要求。
1)配电变压器可根据环境的需要采用干式变压器、油浸式变压器。居住区配电站应优先选用环保、安全可靠性高、便于维护的干式变压器;高层建筑、地下室及有特殊防火要求的场所应选用干式变压器;
2)油浸式变压器应采用免维护、全密封的 11 型及以上节能型变压器,干式变压器应采用 10 型及以上节能型变压器,接线组别宜选用 Dyn11。配电变压器的额定容量应按现行国家标准的规定,其中 100kVA 及以上的配电变压器额定容量值在下表中选取:
<table>
<tr><td>100kVA</td><td>*125kVA</td><td>*160kVA</td><td>200kVA</td><td>250kVA</td><td>315kVA</td><td>400kVA</td><td>500kVA</td></tr>
<tr><td>630kVA</td><td>800kVA</td><td>*1000kVA</td><td>*1250kVA</td><td>*1600kVA</td><td>*2000kVA</td><td>*2500kVA</td><td></td></tr>
</table>
备注:1. 居住小区统建工程中不应使用标注*的容量规格。
2. 自备变压器容量大于 2500kVA 时根据实际需求选用。
(2)高压开关柜
1)高压开关柜宜采用 10kV 真空断路器开关柜或负荷开关柜,其技术参数除应满足国家和行业相关标准外,还应满足南网现行相关规范的要求。
2)高压开关柜内接线端子与柜底间距离不宜少于 650mm。
(3)低压开关柜
0.4kV 开关柜配电设备应选用经国家认定的质量监督机构进行型式试验(合格),并通过省级以上行业管理部门鉴定的产品</td></tr>
<tr><td>西藏</td><td>(1)变压器容量设置要求:
1)住宅户内设置公用变压器容量不宜大于 1250kVA;户外预装式变电站变压器容量不宜大于 800kVA;柱上变压器设置容量不宜大于 400kVA;
2)住宅专用变压器及其他民用建筑变压器户内设置时,变压器容量不宜大于 2000kVA。</td></tr>
</table>

续表

地区	省、直辖市和自治区名称	变电所电气设备的设置要求
西南区	西藏	(2)变压器的选型： 1)民用建筑中附设式配电室内，一般采用Dyn11接线组别的三相干式变压器。 2)户外预装式变电站变压器采用Dyn11接线组别的非晶合金变压器或S13及以上全封闭油浸式三相变压器。 (3)变压器负荷率： 1)一般项目设计时变压器负荷率不宜大于85%； 2)当一、二级负荷较大时，两两联络的低压变压器，需考虑一台检修故障时，另外一台能带载所有一、二级负荷。 (4)高海拔地区电气装置要求： 电气设备、元件的性能、技术指标不应低于设计图纸的要求，且应满足《特殊环境条件高原用高压电器的技术要求》GB/T 20635和《特殊环境条件高原用低压电器技术要求》GB/T 20645的相关要求。
注：天津、山西、黑龙江、上海、安徽、浙江、山东、江西、江苏、湖南、河南、陕西、甘肃、新疆、青海、宁夏、四川、贵州，暂时未找到相关资料		

4.6 变电所出线方式（国网、南网）

地区	省、直辖市和自治区名称	变电所出线方式(国网、南网)
华东区	山东	电缆沟出线
华南区	广东	深圳：(1)高压中置柜：上进上出，下进下出； (2)高压环网柜：下进下出； (3)低压配电柜：上进上出，上进下出
华南区	广西	一般按照中国南方电网公司《10kV及以下业扩受电工程技术导则》的要求
华南区	海南	高、低压配电柜可采用：电缆桥架上出线、电缆沟下出线方式
中南区	湖北、湖南、河南	住宅公用变电所均采用电缆沟下出线方式，专用变电所宜采用电缆沟下出线方式
西南区	贵州	一般按照中国南方电网公司《10kV及以下业扩受电工程技术导则》的要求
西南区	西藏	(1)常规项目以下出线为主，设置电缆沟，深度0.8～1.0m。 (2)出线回路较少的变电所也可以上出线
注：北京、天津、河北、内蒙古、山西、辽宁、吉林、黑龙江、上海、安徽、浙江、福建、江西、江苏、湖南、河南、陕西、甘肃、新疆、青海、宁夏、重庆、四川、云南暂时未找到相关资料		

4.7 变电所的接地方式（接地电阻、接地扁钢要求）

地区	省、直辖市和自治区名称	变电所的接地方式
华北区	北京	（1）独立建设的配电室应采用水平、垂直复合式环形接地系统。室内地线网在电缆夹层内沿墙距夹层顶板 300m 敷设，室外地线网的引入线不允许从夹层底板引入。 1）当所在 10kV 电网中性点现状或规划为低电阻接地时，应设独立的低压工作接地网，与保护接地网应严格分开，两网的接地电阻均须不大于 4Ω，保护接地网在站外 1.5m 处环绕敷设，低压工作接地网与保护接地网间的距离不得小于 5m； 2）当所在 10kV 电网中性点现状或规划为非低电阻接地时，不设独立低压工作接地网，保护接地网在站外 1.5m 处环绕敷设，接地电阻应不大于 4Ω。 （2）设在公建中的配电室的接地要求： 1）入楼站可利用建筑物综合地网，采用等电位接地方式接地、当建筑物综合地网接地电阻小于 0.5Ω 时，入楼站的低压工作接地网与保护接地网可共同接于建筑物综合地线网内，进出站的金属管道均应做总等电位联结。室内接地网与建筑物结构主筋连接点不少于 4 点（不同方向）； 2）室内地线网在电缆夹层内沿墙距夹层顶板 300mm 敷设
	内蒙古	配电室接地的设置： 1）当配电室为独立设置时，低压配电网接地采用 TN 系统，10kV 配电网中性点经低电阻接地时，要求配电室设置两个独立的接地网（接地电阻一般在 4Ω 以下）。将配电室保护接地和配电网工作接地分开，由低压侧中性点引出的 PEN 线与配电室外露导电部分绝缘（见下图）； 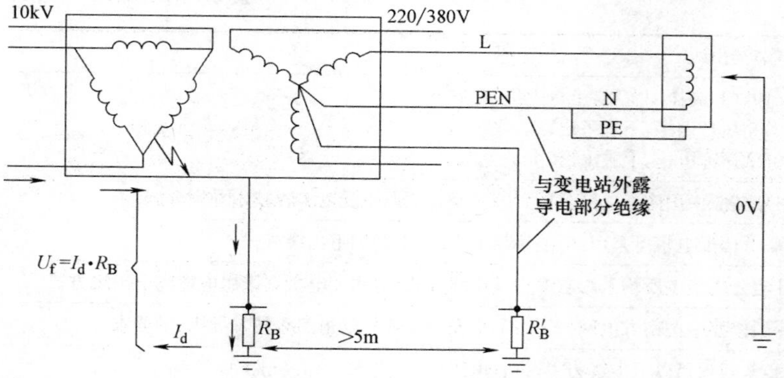 配电室分设两个接地极的接地系统示意图

续表

<table>
<tr><th>地区</th><th>省、直辖市和自治区名称</th><th>变电所的接地方式</th></tr>
<tr><td rowspan="2">华北区</td><td>内蒙古</td><td>2)由中性点引出的另一绝缘单芯接地电缆,距变压器外露导电部分的接地极不小于 5m 处做另一接地极。低压配电屏内 PE 母排可引出该变电站内外露导电部分连接的 PE 线;
3)配电室向客户引出的 PEN 线(PE 线)均由绝缘的 PEN 母排引出;
4)10kV 配电网经低电阻接地,当:①在变压器供电系统所有设施中性线共网接地,接地等效电阻达到 0.5Ω 以下时,工作接地和保护接地可不分开设置;②在采用了有效技术措施将接地电阻控制在 0.5Ω 以下时,两个接地网可以合并;
5)10kV 配电网中性点有预期发展为经低电阻接地的配电室,配电室保护接地和配电网工作接地必须分开建设(接地电阻均在 4Ω 以下),待需要时分开运行;
6)柱上变压器、箱变接地的设置可参照上述规定执行</td></tr>
<tr><td>山西</td><td>热镀锌扁铁大于 40×4</td></tr>
<tr><td>东北区</td><td>辽宁</td><td>(1)开关站、环网单元、配电室、箱变的工作接地和保护接地分开设置,并在明显位置设置警告装置,防止人身感电。
(2)低压配电系统可采用 TN-C-S、TT 接地型式,特殊情况下可采用 TN-S 接地型式。老旧居民住宅(楼)等产权方应完善自身接地系统并配置终端剩余电流保护器,保障用电安全。
(3)低压系统采用 TN-C-S 接地型式时,配电线路主干线和各分支线的末端中性线应重复接地,且不应少于 3 处。该类系统不宜装设剩余电流总保护和剩余电流中级保护,应装设终端剩余电流保护。
(4)当用建筑物的钢筋基础等作接地体且接地电阻又满足规定值时,可不另设人工接地,否则应敷设人工接地装置</td></tr>
<tr><td>华东区</td><td>山东</td><td>水平均压带-50X5 镀锌扁钢、电缆沟接地-50X5 镀锌扁钢;在任何季节均应保证在 1Ω 以下,若不能满足要求,应采取措施</td></tr>
<tr><td rowspan="2">华南区</td><td>广东</td><td>深圳:
(1)10kV 中性点接地方式分为中性点经低阻抗接地、中性点不接地或经消弧线圈接地三种方式。
(2)低压配电系统的接地形式可分为 TN、TT、IT 三种系统,其中 TN 系统是指电源变压器中性点接地,设备外露部分与中性点相连。TN 系统又可分为 TN-C、TN-S、TN-C-S 三种形式。TT 系统是指电源变压器中性点接地,电气设备外壳采用保护接地。
(3)低压配电系统接地电阻应符合下列表格要求:
<table><tr><th colspan="2">接地系统名称</th><th>接地电阻(Ω)</th></tr><tr><td rowspan="2">配电站高低压共用接地系统</td><td>配电变压器容量≥100kVA</td><td>≤4</td></tr><tr><td>配电变压器容量<100kVA</td><td>≤10</td></tr><tr><td colspan="2">380/220V 配电线路的 PE 线或 PEN 线的每一个重复接地系统</td><td>≤10</td></tr></table></td></tr>
<tr><td>广西</td><td>接地电阻不大于 4Ω</td></tr>
</table>

续表

<table>
<tr><th>地区</th><th>省、直辖市和自治区名称</th><th>变电所的接地方式</th></tr>
<tr><td>华南区</td><td>海南</td><td>(1)380/220V 系统可采用 TN 或 TT 接地型式，一个系统应只采用一种接地型式。
(2)低压配电系统的接地宜采用 TN-S、TN-C-S 两种形式，当低压系统采用 TN-C 接地型式时，配电线路除主干线和各分支线的末端外，中性点应重复接地，且每回干线的接地点，不应小于三处；线路进入车间或大型建筑物的入口支架处的接户线，其中性线应再重复接地。
(3)低压配电系统接地电阻应符合表要求：
<table><tr><th colspan="2">接地系统名称</th><th>接地电阻(Ω)</th></tr><tr><td rowspan="2">配电站高低压共用接地系统</td><td>配电变压器容量≥100kVA</td><td>≤4</td></tr><tr><td>配电变压器容量<100kVA</td><td>≤10</td></tr><tr><td colspan="2">380/220V 配电线路的 PE 线或 PEN 线的每一个重复接地系统</td><td>≤10</td></tr></table>(4)接地电阻应满足接地故障保护的有关技术要求，保证人身电击的电压限值在安全电压范围。电气装置的电击防护应满足《低压配电设计规范》GB 50054 的规定</td></tr>
<tr><td>西北区</td><td>陕西</td><td>“公用变配电室”：接地电阻不大于 4Ω，水平接地，接地扁钢一般采用 50mm×5mm</td></tr>
<tr><td rowspan="2">西南区</td><td>四川、西藏</td><td>采用“一点接地”</td></tr>
<tr><td>贵州</td><td>一般按照中国南方电网公司《10kV 及以下业扩受电工程技术导则》的要求</td></tr>
<tr><td colspan="3">注：天津、河北、吉林、黑龙江、上海、安徽、浙江、福建、江西、江苏、湖北、湖南、河南、甘肃、新疆、青海、宁夏、重庆、云南，暂时未找到相关资料</td></tr>
</table>

5 应急及备用电源系统

5.1 柴油发电机组设置要求（含位置、容量、油箱、进排风、防排烟及土建条件等）

地区	省、直辖市和自治区名称	柴油发电机组设置要求	扫码看图
东北区	吉林	(1)自备发电机组宜靠近建筑用电负荷中心或变电所。只承担局部设施用电需要的可就近设置 (2)自备发电机组的设置应符合下列要求： 1)可设置在建筑物的首层、地下一层、地下二层或裙房屋面，不应设置在地下三层及以下； 2)当设置在地下室时，应有通风、防潮、机组的排烟、消声、减震等措施并满足环保要求； 3)自备发电机应考虑 3～8h 的用油量。当总储油量超过 $1m^3$ 时，柴油机房内可设置两个相互独立且不超过 $1m^3$ 的储油间，如还不能满足连续供电时间要求，应在建筑物外设置储油装置	
华东区	福建	(1)一级负荷的供电除由双重电源供电外，应增设用户自备应急电源，并采取措施确保一级负荷供电。 (2)住宅小区中的一、二级负荷，除正常供电电源之外还应配备自备发电机等应急电源，并和小区的正常供电电源有可靠的连锁，应急电源由房地产开发商建设管理	
	山东	无特别要求	附图 5.1-1：山东柴油发电机房图示
华南区	广东	广州：广州供电局《10kV 及以下客户受电工程施工图设计内容及深度要求(2016 版)》 对于二级及以上用电负荷，必须设置应急电源，负荷等级分类详见《民用建筑电气设计规范》JGJ 16—2008 附录 A。 深圳：(1)机组宜靠近一级负荷或配变电所设置。柴油发电机房可布置于建筑物的首层、地下一层或地下二层，不应布置在地下三层及以下。当布置在地下层时，应有通风、防潮、机组的排烟、消声和减振等措施并满足环保要求。 (2)柴油发电机组的选择应符合下列规定： 1)机组容量与台数应根据应急负荷大小和投入顺序以及单台电动机最大启动容量等因素综合确定。当应急负荷较大时，可采用多机并列运行，机组台数宜为 2～4 台。当受并列条件限制，可实施分区供电。当用电负荷谐波较大时，应考虑其对发电机的影响。 2)在方案及初步设计阶段，柴油发电机容量可按配电变压器总容量的 10%～20%进行估算。在施工图设计阶段，可根据一级负荷、消防负荷以及某些重要二级负荷的容量，按下列方法计算的最大容量确定：	

续表

地区	省、直辖市和自治区名称	柴油发电机组设置要求	扫码看图
华南区	广东	①按稳定负荷计算发电机容量； ②按最大的单台电动机或成组电动机启动的需要，计算发电机容量； ③按启动电动机时，发电机母线允许电压降计算发电机容量。 3)当有电梯负荷时，在全电压启动最大容量笼型电动机情况下，发电机母线电压不应低于额定电压的80%；当无电梯负荷时，其母线电压不应低于额定电压的75%。当条件允许时，电动机可采用降压启动方式。 4)多台机组时，应选择型号、规格和特性相同的机组和配套设备。 5)宜选用高速柴油发电机组和无刷励磁交流同步发电机，配自动电压调整装置。选用的机组应装设快速自启动装置和电源自动切换装置。 (3)储油设施的设置应符合下列规定： 1)当燃油来源及运输不便时，宜在建筑物主体外设置40～64h耗油量的储油设施； 2)机房内应设置储油间，其总储存量不应超过8.0h的燃油量，并应采取相应的防火措施； 3)日用燃油箱宜高位布置，出油口宜高于柴油机的高压射油泵； 4)卸油泵和供油泵可共用，应装设电动和手动各一台，其容量应按最大卸油量或供油量确定。 (4)机组热风管设置应符合下列要求： 1)热风出口宜靠近且正对柴油机散热器； 2)热风管与柴油机散热器连接处，应采用软接头； 3)热风出口的面积不宜小于柴油机散热器面积的1.5倍； 4)热风出口不宜设在主导风向一侧，当有困难时，应增设挡风墙； 5)当机组设在地下层，热风管无法平直敷设需拐弯引出时，其热风管弯头不宜超过两处。 (5)机房进风口设置应符合下列要求： 1)进风口宜设在正对发电机端或发电机端两侧； 2)进风口面积不宜小于柴油机散热器面积的1.6倍； 3)当周围对环境噪声要求高时，进风口宜做消声处理。 (6)机组排烟管的敷设应符合下列要求： 1)每台柴油机的排烟管应单独引至排烟道，宜架空敷设，也可敷设在地沟中。排烟管弯头不宜过多，并应能自由位移。水平敷设的排烟管宜设坡外排烟道0.3%～0.5的坡度，并应在排烟管最低点装排污阀； 2)机房内的排烟管采用架空敷设时，室内部分应敷设隔热保护层； 3)机组的排烟阻力不应超过柴油机的背压要求，当排烟管较长时，应采用自然补偿段，并加大排烟管直径。当无条件设置自然补偿段时，应装设补偿器； 4)排烟管与柴油机排烟口连接处应装设弹性波纹管；	

续表

地区	省、直辖市和自治区名称	柴油发电机组设置要求	扫码看图
华南区	广东	5)排烟管穿墙应加保护套，伸出屋面时，出口端应加防雨帽； 6)非增压柴油机应在排烟管装设消声器。两台柴油机不应共用一个消声器，消声器应单独固定。 (7)利用自然通风排除发电机间内的余热，当不能满足温度要求时，应设置机械通风装置；当机房设置在高层民用建筑的地下层时，应设置防烟、排烟、防潮及补充新风的设施； (8)柴油发电机房对土建要求： 1)机房应有良好的采光和通风； 2)发电机间宜有两个出入口，其中一个应满足搬运机组的需要。门应为甲级防火门，并应采取隔声措施，向外开启；发电机间与控制室、配电室之间的门和观察窗应采取防火、隔声措施，门应为甲级防火门，并应开向发电机间； 3)储油间应采用防火墙与发电机间隔开；当必须在防火墙上开门时，应设置能自行关闭的甲级防火门； 4)当机房噪声控制达不到现行国家标准《声环境质量标准》GB 3096 的规定时，应做消声、隔声处理； 5)机组基础应采取减振措施，当机组设置在主体建筑内或地下层时，应防止与房屋产生共振； 6)柴油机基础宜采取防油浸的设施，可设置排油污沟槽，机房内管沟和电缆沟内应有 0.3%的坡度和排水、排油措施	
	广西	一般超高层建筑不管市政电源是否满足一级负荷要求，消防部门都要求设置柴油发电机组作为消防的应急电源	
	海南	(1)重要电力客户应配置自备应急电源，并加强安全使用管理。 (2)严禁将其他负荷接入应急供电系统。 (3)重要电力客户的自备应急电源配置应符合以下要求： 1)自备应急电源配置电源容量至少应满足全部保安负荷正常供电的要求； 2)临时性重要电力客户可以通过租用应急发电车(机)等方式，配置自备应急电源。 (4)应急电源与正常电源之间，应采取防止并列运行的措施。当有特殊要求，应急电源向正常电源转换需短暂并列运行时，应采取安全运行措施。 (5)应急电源的切换时间、切换方式、允许停电持续时间和电能质量应满足客户安全要求。 (6)自备应急电源与电网电源之间应装设可靠的电气及机械闭锁装置，防止倒送电。 (7)对于环保、防火、防爆等有特殊要求的用电场所，应选用满足相应要求的自备应急电源	
中南区	湖北	十九层及以上的办公楼、高级宾馆或高度超过 50m 以上的科研楼、图书馆、档案馆等建筑的公用建筑设施用电，除具有供电部门供给的双电源外，用户还应具有自备发电机及自动启动装置。【依据《380V～500kV 电网建设与改造技术导则-城市中低压配电网建设与改造实施细则(试行)》Q/GDW-15-003-2009 第 9.8.3 条规定】	
西南区	重庆、云南	(1)重要客户应配置自备应急电源，切换时间和切换方式应符合允许中断供电时间的相关要求。 重要客户：指在国家或一个城市的社会、政治、经济生活中占有重要地位，对其中断供电可能造成人身伤亡、较大环境污染、较大政治影响、较大经济损失、社会安全秩序严重混乱的用电单位。如：国家重要广播电台、电视台、通信中心；重要国防、军事、政治工作及活动场所；重要交通枢纽；国家信息中心及信息网络、电力调度、金融、证券交易中心等；重要宾馆、饭店、医院、	

续表

地区	省、直辖市和自治区名称	柴油发电机组设置要求	扫码看图
西南区	重庆、云南	学校、大型商场、影剧院、房地产项目等人员密集的公共场所；煤矿、金属非金属矿山、石油、化工、冶金等高危行业的客户。 (2)柴油发电机房所在楼层的确定，应相对于消防认定的建筑高度±0.00m为依据	
	西藏	(1)柴油发电机组设置原则 1)设有消防设备(负荷等级一、二级)的项目需要设置柴发(不管高压电源回路数)。 2)柴发配置容量标准需达到保安负荷的120%。 (2)柴油发电机组设置位置 1)设置在负荷中心，一般靠近项目的变配电室，远离要求安静的工作区和生活区，同时考虑设备的安装、检修的运输问题； 2)宜布置在首层或地下一、二层；不应布置在人员密集场所的上一层、下一层或贴邻。 (3)柴油发电机组容量 1)方案阶段，柴油发电机组容量可按配电变压器总容量的10%～20%估算。 2)柴油发电机组容量应从三个角度进行计算：按稳定负荷计算；按最大单台电动机或成组电动机启动需要计算；按启动电动机时母线容许电压降计算。 3)柴油发电机组容量应根据项目属地海拔(气压)、温度、湿度等环境条件进行修正	附图5.1-2：西藏地区柴油发电机房土建条件图
注：北京、天津、河北、内蒙古、山西、辽宁、黑龙江、上海、安徽、浙江、江西、江苏、湖南、河南、陕西、甘肃、新疆、青海、宁夏、四川、贵州，暂时未找到相关资料			

5.2 UPS电源设置

地区	省、直辖市和自治区名称	UPS电源设置
华南区	广东	深圳：(1)符合下列情况之一时，应设置UPS装置： 1)当用电负荷不允许中断供电时； 2)允许中断供电时间为毫秒级的重要场所的应急备用电源。 (2)UPS装置的选择，应按负荷性质、负荷容量、允许中断供电时间等要求确定，并应符合下列规定： 1)UPS装置，宜用于电容性和电阻性负荷； 2)对电子计算机供电时，UPS装置的额定输出功率应大于计算机各设备额定功率总和的1.2倍，对其他用电设备供电时，其额定输出功率应为最大计算负荷的1.3倍； 3)蓄电池组容量应由用户根据具体工程允许中断供电时间的要求选定；

续表

地区	省、直辖市和自治区名称	UPS电源设置
华南区	广东	4)不间断电源装置的工作制,宜按连续工作制考虑。 (3)当UPS装置容量较大时,宜在电源侧采取高次谐波的治理措施。 (4)UPS配电系统各级保护装置之间,应有选择性配合。 (5)EPS装置的交流输入电源应符合下列要求: 1)EPS宜采用两路电源供电,交流输入电源的总相对谐波含量不宜超过10%。 2)EPS系统的交流电源,不宜与其他冲击性负荷由同一变压器及母线段供电。 3)在TN-S供电系统中,UPS装置的交流输入端宜设置隔离变压器或专用变压器;当UPS输出端的隔离变压器为TN-S、TT接地形式时,中性点应接地
西南区	云南、贵州	(1)信息机房、监控系统、火警系统主机等允许中断供电时间为毫秒级的负荷设置UPS电源。 (2)数据中心应采用带旁路功能的UPS等备用电源。 (3)UPS等设备及配电设备应具有容错物理隔绝措施,设置在不同的房间内
	西藏	信息机房、监控系统、火警系统主机等允许中断供电时间为毫秒级的负荷设置UPS电源。UPS电源容量应根据海拔等环境因素进行修正

注:北京、天津、河北、内蒙古、山西、辽宁、吉林、黑龙江、上海、安徽、浙江、福建、山东、江西、江苏、广西、海南、湖北、湖南、河南、陕西、甘肃、新疆、青海、宁夏、重庆、四川,暂时未找到相关资料

5.3 EPS电源设置

地区	省、直辖市和自治区名称	电源设置
东北区	吉林	(1)应急照明集中电源的蓄电池组应设置在低压配电室、防火分区的配电室(间)或竖井内,并符合下列要求: 1)容量不大于1kVA时,可设置在竖井内; 2)容量不大于5kVA时,可设置在配电室(间)内; 3)容量大于5kVA小于10kVA时,应设置在有自然通风的配电室(间)内; 4)容量不大于10kVA时,应独立设置,并应加装通风装置并保证通风换气次数不少于3次/h。 (2)应急照明集中电源用蓄电池组的设置环境应符合下列规定: 1)宜接近负荷中心,进出线方便。不应设在厕所、浴池厨房或其他经常积水场所的正下方或贴邻,当贴邻时,相邻的隔墙应做无渗漏、无结露的防水处理;

续表

地区	省、直辖市和自治区名称	电源设置
东北区	吉林	2)应有良好的防尘设施,室内环境温度宜在5~30℃,其所在场所的环境温度不超过电池标称的最高工作温度,相对湿度宜在35%~85%范围内,需要时可设置空调系统; 3)应根据蓄电池的安全运行条件、标准及对人体的损害程度,设置通风措施,使有害气体不至于聚集导致事故发生; 4)不应设置于爆炸危险环境的场所; 5)使用酸性电池时,不应设置于带有碱性物质场所;使用碱性电池时,不应设置于带酸性物质的场所; 6)楼板结构应满足电源装置的荷载要求
华东区	山东	具备双电源的一般不设置EPS(甲方特殊要求除外)
华南区	广东	深圳:(1)EPS装置的选择应符合下列规定: 1)EPS装置应按负荷性质、负荷容量及备用供电时间等要求选择。 2)EPS装置可分为交流制式及直流制式。电感性和混合性的照明负荷宜选用交流制式;纯阻性及交、直流共用的照明负荷宜选用直流制式。 3)EPS的额定输出功率不应小于所连接的应急照明负荷总容量的1.3倍。 4)EPS的蓄电池初装容量应保证备用时间不小于90min。 5)EPS装置的切换时间应满足下列要求: ① 用作安全照明电源装置时,不应大于0.25s; ② 用作疏散照明电源装置时,不应大于5s; ③ 用作备用照明电源装置时,不应大于5s;金融、商业交易场所不应大于1.5s。 (2)当EPS装置容量较大时,宜在电源侧采取高次谐波的治理措施。 (3)EPS配电系统的各级保护装置之间应有选择性配合。 (4)EPS装置的交流输入电源应符合下列要求: 1)EPS宜采用两路电源供电,交流输入电源的总相对谐波含量不宜超过10%。 2)EPS系统的交流电源,不宜与其他冲击性负荷由同一变压器及母线段供电
西南区	云南	部分项目的备用照明,无法提供第二路市电电源或柴发电源时,可加装EPS供电
	贵州	一般用在照明系统
	西藏	部分项目的备用照明,无法提供第二路市电电源或柴发电源时,可加装EPS供电。EPS电源容量应根据海拔等环境因素进行修正

注:北京、天津、河北、内蒙古、山西、辽宁、黑龙江、上海、安徽、浙江、福建、江西、江苏、广西、海南、湖北、湖南、河南、陕西、甘肃、新疆、青海、宁夏、重庆、四川,暂时未找到相关资料

6 照明系统

6.1 非精装修照明设计范围的一般做法

地区	省、直辖市和自治区名称	非精装修照明设计范围的一般做法
华北区	山西	有设计任务书的情况下对照任务书设计。 无设计任务书的情况下一般做法：各功能区域居中布置灯口；开关选用单控开关；卧室床头柜、电视墙各设一个插座，设一壁挂空调，客厅沙发两侧、电视墙各设一个插座，设一柜式空调，厨房设排油烟机插座、冰箱插座，两个台面防水插座，卫生间设热水器插座，阳台设洗衣机插座
东北区	吉林	各功能房间需进行照度和功率密度计算，灯具设计到位
华东区	山东	住宅底商及独立商业内强弱电设计到位
西南区	重庆、云南	(1)灯具、开关及插座平面应布置到位，并提供相应规格、型号要求。 (2)按绿建一星级标准设计的建筑，照明功率密度(*LPD*)值应达到目标值要求；对于需要二次装修设计的场所，应在照明平面图中标注主要场所的 *LPD* 值要求
	贵州	预留电源。并注明场所内的照明功率密度限值。均按照目标值要求
注：北京、天津、河北、内蒙古、辽宁、黑龙江、上海、安徽、浙江、福建、江西、江苏、广东、广西、海南、湖北、湖南、河南、陕西、甘肃、新疆、青海、宁夏、四川、西藏，暂时未找到相关资料		

6.2 光源的选用

地区	省、直辖市和自治区名称	光源的选用
华北区	山西	优先选用 LED 灯具，功率不小于 28W 的 T5、T8 三基色直管荧光灯
华东区	山东	公共区域选用 LED 灯

续表

地区	省、直辖市和自治区名称	光源的选用
华南区	广东	深圳：(1)室内照明光源的确定，应根据使用场所的不同，合理地选择光源的光效、显色性、寿命、启动点燃和再点燃时间等光电特性指标以及环境条件对光源光电参数的影响。 (2)室内照明应采用高光效光源和高效灯具。在有特殊要求不宜使用气体放电光源的场所，可选用卤钨灯或普通白炽灯光源。 (3)有显色性要求的室内场所不宜选用汞灯、钠灯等作为主要照明光源。 (4)当照度低于 100lx 时，宜采用色温较低的光源；当照度为 100～1000lx 时，宜采用中色温光源；当电气照明需要同天然采光结合时，宜选用光源色温在 4500～6000K 的荧光灯或其他气体放电光源。 (5)室内一般照明宜采用同一类型的光源。当有装饰性或功能性要求时，亦可采用不同种类的光源。 (6)对于需要进行彩色新闻摄影和电视转播的场所，室内光源的色温宜为 2800～3500K，色温偏差不应大于 150K；室外或有天然采光的室内的光源色温宜为 4500～6500K，色温偏差不应大于 500K。光源的一般显色指数不应低于 65，要求较高的场所应大于 80。 (7)照明设计可按下列条件选择光源： 1)灯具安装高度较低的房间宜采用细管直管形三基色荧光灯； 2)商店营业厅的一般照明宜采用细管直管形三基色荧光灯、小功率陶瓷金属卤化物灯；重点照明宜采用小功率陶瓷金属卤化物灯、发光二极管灯； 3)灯具安装高度较高的场所，应按使用要求，采用金属卤化物灯、高压钠灯或高频大功率细管直管荧光灯； 4)旅馆建筑的客房宜采用发光二极管灯或紧凑型荧光灯； 5)照明设计不应采用普通照明白炽灯，对电磁干扰有严格要求，且其他光源无法满足的特殊场所除外

注：北京、天津、河北、内蒙古、辽宁、吉林、黑龙江、上海、安徽、浙江、福建、江西、江苏、广西、海南、湖北、湖南、河南、陕西、甘肃、新疆、青海、宁夏、重庆、四川、贵州、西藏，暂时未找到相关资料

6.3 照明控制要求（楼控、智能照明控制等）

地区	省、直辖市和自治区名称	照明控制要求
华东区	山东	一层大堂照明需要节能控制措施
华南区	广东	深圳：(1)公共建筑和工业建筑的走廊、楼梯间、门厅等公共场所的照明，宜按建筑使用条件和天然采光状况采取分区、分组控制措施。 (2)公共场所应采用集中控制，并按需要采取调光或降低照度的控制措施。 (3)旅馆的每间(套)客房应设置节能控制型总开关；楼梯间、走道的照明，除应急疏散照明外，宜采用自动调节照度等节能措施。 (4)住宅建筑共用部位的照明，应采用延时自动熄灭或自动降低照度等节能措施。当应急疏散照明采用节能自熄开关时，应采取消防时强制点亮的措施。

续表

地区	省、直辖市和自治区名称	照明控制要求
华南区	广东	(5)除设置单个灯具的房间外，每个房间照明控制开关不宜少于2个。 (6)当房间或场所装设两列或多列灯具时，宜按下列方式分组控制： 1)生产场所宜按车间、工段或工序分组； 2)在有可能分隔的场所，宜按每个有可能分隔的场所分组； 3)电化教室、会议厅、多功能厅、报告厅等场所，宜按靠近或远离讲台分组； 4)除上述场所外，所控灯列可与侧窗平行。 (7)有条件的场所，宜采用下列控制方式： 1)可利用天然采光的场所，宜随天然光照度变化自动调节照度； 2)办公室的工作区域，公共建筑的楼梯间、走道等场所，可按使用需求自动开关灯或调光； 3)地下车库宜按使用需求自动调节照度； 4)门厅、大堂、电梯厅等场所，宜采用夜间定时降低照度的自动控制装置。 (8)大型公共建筑宜按使用需求采用适宜的自动(含智能控制)照明控制系统。其智能照明控制系统宜具备下列功能： 1)宜具备信息采集功能和多种控制方式，并可设置不同场景的控制模式； 2)当控制照明装置时，宜具备相适应的接口； 3)可实时显示和记录所控照明系统的各种相关信息并可自动生成分析和统计报表； 4)宜具备良好的中文人机交互界面； 5)宜预留与其他系统的联动接口
西南区	重庆	照明控制结合建筑使用情况及天然采光情况进行分区、分组控制；车库、大空间、门厅、电梯厅、卫生间等区域的照明及建筑景观照明采用智能照明控制系统，建筑景观照明应设置平时、一般节日、重大节日等多种控制模式自动控制；楼梯间采用红外人体感应控制。室内非应急照明在非运营时间能自动控制关闭，避免室内照明溢光
	云南、贵州	(1)楼梯间、前室、疏散走道采用红外感应延时开关控制或声光控开关。 (2)公共建筑公共走道照明、车库照明、门厅照明、景观照明、外立面照明等采用分组、分区控制或智能灯光控制系统。 (3)部分较小项目第2条中照明也可采用定时控制、值班室统一管理控制等，依据项目实际情况、业主要求灵活处理。 (4)其余区域就地开关控制

注：北京、天津、河北、内蒙古、山西、辽宁、吉林、黑龙江、上海、安徽、浙江、福建、江西、江苏、广西、海南、湖北、湖南、河南、陕西、甘肃、新疆、青海、宁夏、四川、西藏，暂时未找到相关资料

6.4　泛光照明及景观照明

地区	省、直辖市和自治区名称	泛光照明及景观照明
华东区	山东	主干道需要做泛光照明
华南区	广东	深圳：(1)景观照明设计应符合下列规定： 1)建筑景观照明设计应服从城市景观照明设计的总体要求。景观亮度、光色及光影效果应与所在区域整体光环境相协调。 2)当景观照明涉及文物古建、航空航海标志等，或将照明设施安装在公共区域时，应取得相关部门批准。 3)景观照明的设置应表现建筑物或构筑物的特征，并应显示出建筑艺术立体感。 4)对于标志性建筑、具有重要政治文化意义的构筑物，宜作为区域景观照明设计方案的重点对象加以突出。 5)城市繁华商业街区的景观照明宜结合店牌与广告照明、橱窗照明等进行整体设计。 6)城市景观照明宜与城市街区照明结合设置，应满足道路照明要求并注意避免对行人、行车视线的干扰以及对正常灯光标志的干扰。 (2)照明方式与亮度水平控制应符合下列要求： 1)建筑物泛光照明应考虑整体效果。光线的主投射方向宜与主视线方向构成30°～70°夹角。不应单独使用色温高于6000K的光源。 2)应根据受照面的材料表面反射比及颜色选配灯具及确定安装位置，并应使建筑物上半部的平均亮度高于下半部。当建筑表面反射比低于0.2时，不宜采用投射光照明方式。 3)可采用在建筑自身或在相邻建筑物上设置灯具的布灯方式或将两种方式结合，也可将灯具设置在地面绿化带中。 4)在建筑物自身上设置照明灯具时，应使窗墙形成均匀的光幕效果。 5)对体形较大且具有较丰富轮廓线的建筑，可采用轮廓装饰照明。当同时设置轮廓装饰照明和投射光照明时，投射光照明应保持在较低的亮度水平。 6)对体形高大且具有较大平整立面的建筑，可在立面上设置由多组霓虹灯、彩色荧光灯或彩色LED灯构成的大型灯组。 7)采用玻璃幕墙或外墙开窗面积较大的办公、商业、文化娱乐建筑，宜采用以内透光照明为主的景观照明方式。 8)喷水照明的设置应使灯具的主要光束集中于水柱和喷水端部的水花。当使用彩色滤光片时，应根据不同的透射比正确选择光源功率。 9)当采用安装于行人水平视线以下位置的照明灯具时，应避免出现眩光。 10)景观照明的灯具安装位置，应避免在白天对建筑外观产生不利的影响。 (3)供电与控制应符合下列规定： 1)室内分支线路每一单相回路电流不宜超过16A，室外分支线路每一单相回路电流不宜超过25A。室外单相220V支路线路长度不宜超过100m，220/380V三相四线制线路长度不宜超过300m，并应进行保护灵敏度的校验。 2)除采用LED光源外，建筑物轮廓灯每一单相回路不宜超过100个。 3)安装于建筑内的景观照明系统应与该建筑配电系统的接地形式一致。安装于室外的景观照明中距建筑外墙20m以内的设施，应与室内系统的接地形式一致，距建筑物外墙大于20m宜采用TT接地形式。 4)室外分支线路应装设剩余电流动作保护器。 5)景观照明应集中控制，并应根据使用要求设置一般、节日、重大庆典等不同的控制方案

续表

地区	省、直辖市和自治区名称	泛光照明及景观照明
华南区	广西	南宁建筑泛光照明设计方案需经过规划部门审批，实施完成后一般移交给路灯管理处管理，电费由路灯管理处支付。设计要求按《南宁市建筑夜景照明规划设计导则》实施，其他城市未见要求
西南区	云南、贵州	根据项目实际需要预留用电负荷及出线回路设计
注：北京、天津、河北、内蒙古、山西、辽宁、吉林、黑龙江、上海、安徽、浙江、福建、江西、江苏、海南、湖北、湖南、河南、陕西、甘肃、新疆、青海、宁夏、重庆、四川、西藏，暂时未找到相关资料		

7 防雷及接地系统

7.1 防雷系统的规定（接闪器、引下线）

<table>
<tr><th>地区</th><th>省、直辖市和自治区名称</th><th>防雷系统的规定</th></tr>
<tr><td>华北区</td><td>山西</td><td>防雷装置有直击雷、侧击雷、防雷电感应及雷电波的侵入。
直击雷：接闪器采用直径为10mm的热镀锌圆钢于屋顶女儿墙上明敷。直径为10mm的热镀锌圆钢于屋顶暗敷构成避雷网。
采用外墙结构柱内两根直径不小于16mm的两对角主筋或4根直径不小于10mm的四角主筋通长焊接作为引下线。
侧击雷：从距地滚球半径高度，每向上三层，利用外墙结构圈梁内水平钢筋与引下线焊接成一环形水平接闪带，以防止侧向雷击，并将金属门窗、栏杆等较大金属物体与防雷装置连接。
均压环：利用结构外围圈梁内两条水平钢筋焊接形成通路作为等电位连接环（均压环），当无结构外圈梁时，应采用两条不小于直径12mm的镀锌圆钢沿建筑物外墙敷设一圈，并与楼层的等电位端子板连接。要求从首层开始做，每三层焊接一次（山西属于少雷地区）</td></tr>
<tr><td>华东区</td><td>山东</td><td>所有结构柱体作为引下线</td></tr>
<tr><td>华南区</td><td>海南</td><td>（1）接闪器材料及布置
1）建筑物防雷接闪带应沿屋角、屋脊、屋檐、檐角、女儿墙等易受雷击部位敷设，并且须构成闭合回路，女儿墙阳角处宜加设短接闪杆保护（一般高于女儿墙0.5m）。对于特殊需要的建筑物，当其处在城区内且高度在10m及以下时，接闪带可采用暗敷设。人员活动较多或人员密集场所的建筑物接闪带应采取明敷。
2）建筑物防雷接闪带应采用热镀锌材料，海边或有腐蚀性的场所，明敷接闪器材料可适当加大规格或采用铜导体，或采取其他防腐措施。对于古建筑宜采用≥ϕ8铜导体做接闪带，接闪器材料规格参照下表：
<table>
<tr><th rowspan="2">接闪带</th><th colspan="2">材料规格</th></tr>
<tr><th>圆钢（mm）</th><th>扁钢（mm）</th></tr>
<tr><td>建筑物屋顶</td><td>≥ϕ10</td><td>≥－25×4</td></tr>
<tr><td>烟囱顶</td><td>≥ϕ16</td><td>≥－40×4</td></tr>
</table></td></tr>
</table>

续表

<table>
<tr><th>地区</th><th>省、直辖市和自治区名称</th><th>防雷系统的规定</th></tr>
<tr><td>华南区</td><td>海南</td><td>
(2)接闪杆制作材料应使用热镀锌钢材，优先采用圆钢。海边或有腐蚀性的场所，接闪杆材料可适当加大规格。材料规格参照下表：
<table>
<tr><th rowspan="2">杆高</th><th colspan="2">材料规格</th></tr>
<tr><th>圆钢(mm)</th><th>钢管(mm)</th></tr>
<tr><td>≤1m</td><td>≥ϕ12</td><td>≥ϕ20</td></tr>
<tr><td>1～2m</td><td>≥ϕ16</td><td>≥ϕ25</td></tr>
<tr><td>烟囱顶上的杆</td><td>≥ϕ20</td><td>≥ϕ40</td></tr>
</table>
1)建筑物屋顶设置的排气管等非金属物应在接闪器保护范围内。
2)建筑物屋顶应设计预留接地端子板，以供屋项设备接地。
3)建筑物屋顶不宜设计安装长高接闪杆作为防直击雷装置，除非屋顶有突出物或装置需要保护。对于新型接闪针和消雷器等，只要其材质和尺寸符合《建筑物防雷设计规范》GB 50057标准，不管其几何形状如何，均属于接闪器范畴，其保护范围应按《建筑物防雷设计规范》GB 50057规定的滚球法和相应的滚球半径给予确定。
(3)引下线：
1)引下线应沿建筑物四周均匀或对称布置，框架结构建筑物应利用外墙柱内的柱筋做引下线(建筑物阳角的柱子应利用)。
2)海边或有腐蚀性的场所，明敷引下线材料可采取加大材料或采取防腐措施。引下线规格参照下表：
<table>
<tr><th rowspan="2">引下线</th><th colspan="2">材料规格</th><th rowspan="2">备注</th></tr>
<tr><th>圆钢(mm)</th><th>扁钢(mm)</th></tr>
<tr><td>明敷</td><td>≥ϕ12</td><td>≥−20×4</td><td>敷设在外墙</td></tr>
<tr><td>暗敷</td><td>≥ϕ10</td><td>≥−20×4</td><td>敷设在外墙批荡内</td></tr>
<tr><td>烟囱</td><td>≥ϕ12</td><td>≥−25×4</td><td></td></tr>
</table>
(4)防雷引下线在环形基础接地体中的接地点应与其他接地点(交流接地、安全保护接地、直流接地等)之间的距离宜大于3m
</td></tr>
<tr><td>西南区</td><td>重庆</td><td>
(1)对于重要建筑和建筑高度超过100m的建筑物应定性为二类防雷建筑，其防直击雷措施应参照一类防雷建筑进行加强(主要指接闪带网格间距及引下线间距)；按照预计雷击次数对建筑物的防雷等级分类时，需按“人员密集的公共建筑物”要求，提高等级采用第二类(第三类)防雷建筑物的防雷措施。(人员密集场所参考相关文件要求)
(2)高度超过30m的建筑，屋顶接闪带应明敷设；高度低于30m的建筑，屋顶接闪带暗敷设时，其敷设厚度应小于20mm。
(3)自30m起，建筑物应设置间距不大于6m的水平接闪带(可利用建筑物圈梁的结构钢筋)，水平接闪带应与各引下线连接。
</td></tr>
</table>

续表

地区	省、直辖市和自治区名称	防雷系统的规定
西南区	重庆	(4)当利用建筑结构柱内钢筋作为引下线时,应满足: 1)柱内钢筋直径为 16mm 及以上时,应采用两根钢筋作为一组引下线; 2)柱内钢筋直径为 10mm 及以上时,应采用四根钢筋作为一组引下线
	云南	(1)接闪器 1)按现行规范设计计算定义构筑物防雷等级; 2)屋面无特殊要求时,优先采用女儿墙明敷接闪带(ϕ10 热镀锌圆钢)、屋面暗敷(ϕ10 热镀锌圆钢或 25×4 热镀锌扁钢)做法; 3)利用金属屋面做接闪器时,需注意屋面材质和厚度要求。 (2)引下线 利用建筑物内所有柱或剪力墙内两根不小于 ϕ16 或四根不小于 ϕ10 的主筋作防雷引下线。钢结构构筑物优先利用钢结构柱做引下线
	西藏	(1)接闪器 1)按现行规范设计; 2)屋面无特殊要求时,优先采用女儿墙明敷接闪带(ϕ10 热镀锌圆钢)、屋面暗敷(ϕ10 热镀锌圆钢或 25×4 热镀锌扁钢)做法; 3)利用金属屋面做接闪器时,需注意屋面材质和厚度要求。 (2)引下线 利用建筑物内所有柱或剪力墙内两根不小于 ϕ16 或四根不小于 ϕ10 的主筋作防雷引下线

注:北京、天津、河北、内蒙古、辽宁、吉林、黑龙江、上海、安徽、浙江、福建、江西、江苏、广东、广西、湖北、湖南、河南、陕西、甘肃、新疆、青海、宁夏、四川、贵州,暂时未找到相关资料

7.2 接地系统的规定(接地网、接地电阻)

地区	省、直辖市和自治区名称	接地系统的规定
华北区	山西	接地网格 建筑物基础接地防雷网格应由建筑物地梁内两条直径不小于 10mm 的圆钢组成,若没有基础钢筋采用两条直径不小于 16mm 的圆钢连接基础防雷网格,敷设于非混凝土中的圆钢采用热镀锌材料。建筑物基础防雷网格尺寸应满足下表要求:

续表

<table>
<tr><th>地区</th><th>省、直辖市和自治区名称</th><th>接地系统的规定</th></tr>
<tr><td>华北区</td><td>山西</td><td>
建筑物防雷网格尺寸的最低要求
<table>
<tr><th>建筑物防雷类别</th><th>网格尺寸</th></tr>
<tr><td>第一类防雷建筑物</td><td>5m×5m 或 4m×6m</td></tr>
<tr><td>第二类防雷建筑物</td><td>10m×10m 或 8m×12m</td></tr>
<tr><td>第三类防雷建筑物</td><td>20m×20m 或 16m×24m</td></tr>
</table>
对于特殊建筑物，基础防雷网格要求应结合建筑物基础地梁的布置进行设计
</td></tr>
<tr><td>华东区</td><td>山东</td><td>山东地区：LEB 箱最小联结带截面不小于 6mm^2(部分防雷办审查)；
山东威海：当地要求一类高层住宅均按二类防雷设计</td></tr>
<tr><td>华南区</td><td>海南</td><td>
(1)基础接地
1)建筑物防雷接地宜利用基础内的钢筋作为接地装置，如基桩、承台等。基桩利用系数应大于 0.25，建筑物基桩利用系数 a=用作接地体的桩数/建筑物总桩数。
2)基桩钢筋利用数量应大于 2 根。
3)利用基桩内两条主筋通长焊接作为垂直接地体。利用基础地梁内两条主筋(≥ϕ10mm)通长焊接作为水平接地体，水平接地体要闭合。
4)利用基础内钢筋网作为接地体，接地体距地面不应小于 0.5m。
5)每根引下线所连接的钢筋表面积总和：二类：$S\geqslant 4.24Kc^2$(m)；三类：$S\geqslant$ I. 89Kc^2(m)。
6)人工接地体在土壤中的埋设深度不应小于 0.8m。接地体材料应满足下表要求：
<table>
<tr><th rowspan="2">材料</th><th rowspan="2">结构</th><th colspan="2">最小尺寸</th><th>备注</th></tr>
<tr><th>垂直接地体直径(mm)</th><th>水平接地体(mm^2)</th><th></th></tr>
<tr><td rowspan="3">热镀锌钢</td><td>圆钢</td><td>14</td><td>78</td><td></td></tr>
<tr><td>钢管</td><td>20</td><td>—</td><td>壁厚 2mm</td></tr>
<tr><td>扁钢</td><td>—</td><td>90</td><td>厚度 3mm</td></tr>
</table>
</td></tr>
</table>

续表

地区	省、直辖市和自治区名称	接地系统的规定
华南区	海南	由于土壤的腐蚀性，通常垂直接地可采用角钢 50m×50mm×5mm，钢管壁厚≥3.5mm 水平接地扁钢≥－40mm×4mm，以延长人工接地体使用寿命。 7)外部防雷装置的接地应和防雷电感应、内部防雷装置、电气和电子系统等接地共用接地装置，并应与引入的金属管线做等电位连接，外部防雷装置的专设接地装置宜围绕建筑物敷设成环形接地体。并符合《建筑物防雷设计规范》GB 50057—2010 规范第 4.3.4 和 4.4.4 条规定要求。 (2)接地电阻 防雷接地与交流工作接地、直流工作接地、安全保护接地等共用一组接地装置时，接地装置的接地电阻值必须按接入设备中要求的最小值确定。各场所接地电阻参考值见下表：

接地装置的主体	允许值(Ω)	接地装置的主体	允许值(Ω)
第一类防雷建筑物防雷装置	≤10 *	调度通信综合楼	≤1
第二类防雷建筑物防雷装置	≤10 *	雷达站共用接地	≤4
第三类防雷建筑物防雷装置	≤30 *	铁路通信站联合接地	1-4
汽车加油、加气站联合接地装置	≤4	铁路信号设备合用接地体	≤10
电子计算机房防雷装置	≤10 *	配电电气装置总接地装置(A 类)	≤10
微波枢纽站地网	≤5	配电变压器(B 类)	≤ 4
综合通信大楼共用接地系统	≤1	有线电视接收天线杆	≤4
智能建筑联合接地体	≤1	卫星地球站	≤5

说明

1. * 为冲击接地电阻。
2. 当土壤电阻率大时，接地电阻值可适当放宽要求。
3. 不同土壤电阻率情况下的冲击接地电阻值，一类、二类、三类防雷建筑物，根据《建筑物防雷设计规范》GB 50057—2010 规范第 4.2.4 条、第 4.3.6 条、第 4.4.6 条的规定确定。

续表

地区	省、直辖市和自治区名称	接地系统的规定
西南区	重庆、云南	利用基础钢筋及人工接地扁钢焊接形成接地网格，一般不设环形接地体，若实测不够，再增打接地极或采取其他降阻措施
	西藏	(1)接地网 1)利用建筑物基础上下两层主筋中的两根或地梁内两根主筋，通长焊接形成的基础地网做共用接地装置(筏板基础)。 2)独立柱基(无地梁)，单独敷设接地体组成接地网。 3)小型建筑在散水外敷设－40×4 不锈钢作水平接地体。 4)土壤电阻率较高的地区，在水平接地体上每间隔 5m 敷设垂直接地体，垂直接地体采用 2.5m 长，50×5 角钢。 (2)接地电阻 1)按现行规范设计； 2)采用配电系统接地、防雷接地、电子设备接地等联合接地系统，接地电阻不大于 1Ω； (3)部分项目，如高校实验楼、电力调度楼、机场项目(高压小电阻接地)等，接地电阻不大于 0.5Ω
注：北京、天津、河北、内蒙古、辽宁、吉林、黑龙江、上海、安徽、浙江、福建、江西、江苏、广东、广西、湖北、湖南、河南、陕西、甘肃、新疆、青海、宁夏、四川，暂时未找到相关资料		

7.3 SPD 的设置要求

地区	省、直辖市和自治区名称	SPD 的设置要求
华南区	海南	(1)建筑物低压电源线路引入的总配电箱、配电柜、各楼层配电箱及重要设备前端应设计安装适配的电涌保护器。 (2)建筑物电涌保护器(SPD)的选择应符合《建筑物防雷设计规范》GB 50057—2010 规范的第 4.3.8 条和第 6.4.1～6.4.5 条规定要求。建筑物电子信息系统电涌保护器的选择安装应符合《建筑物电子信息系统防雷技术规范》GB 50343—2012 第 5.4.3～5.4.5 条规定要求。 (3)选择的各级试验电涌保护器产品的最大持续运行电压值、电压保护水平值、标称放电电流应能满足被保护设备的要求，在能量上各级电涌保护器应与上游的电涌保护器配合好。建筑物电子信息系统电源线路电涌保护器参数推荐值见 GB 50343—2012 表 5.4.3。 (4)设计采用的信号线路 SPD，其工作电压、传输速率、带宽、插入损耗、特性阻抗、标称导通电压、标称放电电流、接口型式等应满足系统要求，信号线路 SPD 参数推荐值见《建筑物电子信息系统防雷技术规范》GB 50343—2012 表 5.4.4。 (5)固定在建筑物上的节日彩灯、航空障碍信号灯及其他用电设备和线路，应根据建筑物的防雷类别采取相应的防止雷电波侵入的措施，并符合《建筑物防雷设计规范》GB 50057—2010 第 4.5.4 条规定

续表

地区	省、直辖市和自治区名称	SPD的设置要求
西南区	云南	(1)按现行规范设计。 (2)在变配电室低压母线上装Ⅰ级试验的电涌保护器(SPD),冲击电流不小于12.5kA;二级配电箱内、屋顶室外风机箱内、室外照明配电箱内装设Ⅱ级试验电涌保护器,电压保护水平不应大于2.5kV。电子系统设备配电箱内装Ⅱ级试验电涌保护器,其电压保护水平不应大于1.5kV。 (3)数据中心雷击电磁脉冲防护等级为A级
	西藏	(1)按现行规范设计。 (2)在变配电室低压母线上装Ⅰ级试验的电涌保护器(SPD),冲击电流不小于12.5kA;二级配电箱内、屋顶室外风机箱内、室外照明配电箱内装设Ⅱ级试验电涌保护器,电压保护水平不应大于2.5kV。电子系统设备配电箱内装Ⅱ级试验电涌保护器,其电压保护水平不应大于1.5kV。 SPD的保护: (1)采用断路器、熔断器做保护。 (2)采用专用后备保护装置

注:北京、天津、河北、内蒙古、山西、辽宁、吉林、黑龙江、上海、安徽、浙江、福建、山东、江西、江苏、广东、广西、湖北、湖南、河南、陕西、甘肃、新疆、青海、宁夏、重庆、四川、贵州,暂时未找到相关资料

7.4 关于建筑物电子系统防雷装置检测技术要求

暂时未找到相关资料

7.5 等电位与局部等电位做法（包含充电桩辅助等电位做法）

地区	省、直辖市和自治区名称	等电位与局部等电位做法
华北区	山西	楼层等电位:默认楼板钢筋相互连通,每楼层的局部等电位端子板采用25×4镀锌扁钢就地和楼板钢筋焊接
华南区	海南	(1)每幢建筑物应在直击雷防护区与第一防护区(LPZO区与LPZI区)交界处设置总等电位接地端子板,每层楼宜设置楼层等电位接地端子板,总配电房、楼层配电箱、电子信息系统设备机房、电梯机房、卫生间等应有设置局部等电位接地端子板。

续表

地区	省、直辖市和自治区名称	等电位与局部等电位做法
华南区	海南	(2)所有进入建筑物的外来各类金属管道等导电物，均应在入户处(LPZO或LPZO区与LPZI区的界面处)做等电位连接和接地。 (3)所有电梯导轨、起重机、金属地板、金属门框架、设施管道、电缆桥架等大尺寸的内部导电物，其等电位连接应以最短路径连到最近的等电位连接带或其他已做了等电位连接的金属先或等电位连接网络上，各导电物之间宜附加多次相互连接。 (4)电子系统的所有金属机柜架等外露导电物应与建筑物的等电位连接网络连接。电子系统不应设独立的接地装置。 (5)电气整井内的等电位垂直接地干线应明敷，并应与建筑物楼层主钢筋或均压带做等电位连接。 (6)当互相邻近的建筑物之间有电气和电子系统的线路连通时，宜将其接地装置互相连接，可通过接地线、PE线、屏蔽层、穿线钢管、电缆沟的钢筋、金属管道等连接

注：北京、天津、河北、内蒙古、辽宁、吉林、黑龙江、上海、安徽、浙江、福建、山东、江西、江苏、广东、广西、湖北、湖南、河南、陕西、甘肃、新疆、青海、宁夏、重庆、四川、云南、贵州、西藏，暂时未找到相关资料

8 电气消防系统

8.1 消防控制室的设置要求

地区	省、直辖市和自治区名称	消防控制室的设置要求
东北区	吉林	(1)由同一产权单位管理或由同一个物业单位管理的若干产权单位的多个建筑物,需根据建筑群各子项的规模、重要程度设置分级管理系统,设置一个主消防控制室(消防控制中心)及若干个分消防控制室。 (2)一个建筑物内有若干个产权单位,各产权单位之间具有公共空间通道连接且受同一物业管理并签订明确消防管理合同时,可设置一个消防控制室进行统一监控。当一栋建筑物有两个产权单位或由两家物业单位管理,其相互间有严格区域划分且之间无任何通道连接时,应分别设置消防控制室,其相互间应设有显示状态信息的装置。 (3)当地下车库消防控制室与车库值班室合用时,其值班室应满足消防控制室的建设要求。 (4)建筑物内设有安防视频监控系统时,宜将监控室与消防控制室合并布置,并可利用安防视频监控系统对火灾报警系统的报警部位进行确认,但其内部设置应分区布置。 (5)住宅小区消防控制室的设置应符合下列要求: 1)住宅小区火灾自动报警系统采用集中报警形式时,应设置一个消防控制室,区内各栋建筑的消防水泵、消防风机等消防设施的专用手动控制线须引至消防控制室; 2)住宅小区火灾自动报警系统采用控制中心报警形式时,区内应设置两个或两个以上的消防控制室。各栋住宅消防设施的控制应根据消防控制室管控范围的划分,由相应的消防控制室进行控制
华东区	山东	首层直通室外、地下车库内贴临出地面的楼梯间
华南区	广东	《加强部分场所消防设计和安全防范的若干意见》粤公通字〔2014〕13号 大中型商业建筑和一类高层公共建筑消防控制室应设置在首层的靠外墙部位,并设有直通室外的安全出口。 深圳:(1)消防控制室应设置在建筑物的首层或地下一层,当设在首层时,应有直通室外的安全出口;当设置在地下一层时,距通往室外安全出入口不应大于20m,且均应有明显标志; (2)应设在交通方便和消防人员容易找到并可以接近的部位; (3)应设在发生火灾时不易延燃的部位; (4)宜与防灾监控、广播、通信设施等用房相邻近; (5)机房应远离强电磁场干扰场所,不应设置在变压器室、配电室的楼上、楼下或隔壁场所; (6)机房不应设置在厕所、浴室或其他潮湿、易积水场所的正下方或贴临

续表

地区	省、直辖市和自治区名称	消防控制室的设置要求
华南区	广西	人员密集的公共建筑消防控制室应设在建筑首层，并应靠近消防扑救场地设置。消防控制室面积不应小于 $20m^2$，其他建筑的消防控制室面积不应小于 $12m^2$
	海南	消防控制室一般要求设置在一层，有直通室外安全出口
中南区	湖北	新建建设工程应将消防控制室设置在建筑物首层靠外墙部位。 【按武汉市人民政府令第 249 号令《武汉市消防管理若干规定》第十六条“设有消防控制室的新建建设工程，应当将消防控制室设置在建筑物首层靠外墙部位并符合相关技术要求”】
西北区	新疆	大型商业及一类高层公共建筑消防控制室应设置在一层，且需靠外墙设置，设置直通室外的出口，面积不小于 $30m^2$
西南区	重庆	消防控制室所在楼层的确定，应以消防认定的建筑高度±0.00m 为依据
	云南	(1)附设在建筑内的消防控制室，宜设置在建筑内首层或地下一层，疏散门应直通室外或安全出口，且均应有明显标志。 (2)不应设置在电磁场干扰较强及其他影响消防控制室设备工作的设备用房附近。 (3)应采取防水淹的技术措施。 (4)应设在交通方便和消防人员容量找到并可以接近的部位。 (5)应设在发生火灾时不易延燃的部位。 (6)控制室内严禁穿过与消防设施无关的电气线路及管路
	西藏	(1)附设在建筑内的消防控制室，宜设置在建筑内首层或地下一层，当设在首层时，疏散门应直通室外；当设在地下一层时，应距通往室外安全出口不应大于 20m，且均应有明显标志； (2)不应设置在电磁场干扰较强及其他影响消防控制室设备工作的设备用房附近； (3)应采取防水淹的技术措施； (4)应设在交通方便和消防人员容量找到并可以接近的部位； (5)应设在发生火灾时不易延燃的部位； (6)控制室内严禁穿过与消防设施无关的电气线路及管路

注：北京、天津、河北、内蒙古、山西、辽宁、黑龙江、上海、安徽、浙江、福建、江西、江苏、湖南、河南、陕西、甘肃、青海、宁夏、四川、贵州，暂时未找到相关资料

8.2 火灾自动报警系统典型做法（包含线缆）图示

地区	省、直辖市和自治区名称	火灾自动报警系统典型做法	扫码看图
华东区	山东	无	附图 8.2-1：山东火灾报警桥架分割示意图
华南区	海南	建筑高度超过 100m 的高层建筑，火灾报警控制器之间通信采用光纤环网，报警回路采用环形总线，当线路中出现一点断开或故障时，整个系统仍旧可以正常运行	
中南区	湖北	无	附图 8.2-2、3：湖北火灾自动报警及消防联动控制系统典型做法、湖北火灾自动报警及消防联动控制系统线缆示例
西南区	重庆	无	附图 8.2-4、5：重庆火灾自动报警及联动系统图例、重庆火灾自动报警及联动系统典型作法图示
	云南	无	附图 8.2-6：云南火灾自动报警及联动系统典型作法图示
	西藏	无	附图 8.2-7：西藏火灾自动报警系统典型作法图示

注：北京、天津、河北、内蒙古、山西、辽宁、吉林、黑龙江、上海、安徽、浙江、福建、江西、江苏、湖南、河南、陕西、甘肃、新疆、青海、宁夏、四川、贵州，暂时未找到相关资料

8.3 消防联动控制系统典型做法及图示

地区	省、直辖市和自治区名称	变电所的设计资质要求	扫码看图
华东区	山东	无	附图 8.3-1：山东单元火灾报警联动系统图
华南区	海南	(1)未设置火灾自动报警系统的建筑当设有防火卷帘时，应在防火卷帘两侧设置火灾探测器，联锁控制防火卷帘动作。 (2)自动排烟窗可采用与火灾自动系统联动或温度释放装置联动的控制方式。当采用与火灾自动报警系统联动启动时，发生火警所在防烟分区内的自动排烟窗应在 60s 内或小于烟气充满储烟仓时间内全部开启完毕。带有温控等防失效功能的自动排烟窗，其温控释放温度应大于环境温度 30℃且小于 100℃	

续表

地区	省、直辖市和自治区名称	变电所的设计资质要求	扫码看图
中南区	湖北	无	附图：同图 8.2-2，详见湖北火灾自动报警及消防联动控制系统典型做法
西南区	重庆	无	附图：同图 8.2-5，详见重庆火灾自动报警及联动系统典型作法图示
	云南	无	附图：同图 8.2-6，详见云南火灾自动报警及联动系统典型作法图示
	西藏	无	附图 8.3-2：西藏消防联动系统典型作法图示

注：北京、天津、河北、内蒙古、山西、辽宁、吉林、黑龙江、上海、安徽、浙江、福建、江西、江苏、广东、广西、湖南、河南、陕西、甘肃、新疆、青海、宁夏、四川、贵州，暂时未找到相关资料

8.4 电气消防综合监控系统要求及系统图（包含消防电源监控系统、电气火灾监控系统、防火门监控系统、可燃气体探测报警系统、余压监测等）

地区	省、直辖市和自治区名称	电气消防综合监控系统要求及系统图	扫码看图
东北区	吉林	（1）消防电源监控系统 1）采用集中报警系统或者控制中心报警系统的建筑（群）应设置消防设备电源监控系统。消防电源监控器应设置在消防控制室内，用于监控消防电源的工作状态，故障时发出报警信号。 2）消防设备电源监控电宜设置在下列部位： ①变电所或配电室消防设备主电源、备用电源专用母排或消防电源柜内母排； ②为重要消防设备如消防控制室、消防泵、消防电梯、防排烟风机、非集中控制型应急照明、防火卷帘门等供电的最末一级消防双电源切换箱内供电电源、备用电源及双电源开关出线侧设置消防电源监测点。 ③无巡检功能的消防应急电源装置的输出端； （2）电气火灾监控系统 下列建筑或部位应设置电气火灾监控系统： 1）一类高层民用建筑。 2）社会福利机构等建筑。 3）大型和中型商店建筑。	

续表

地区	省、直辖市和自治区名称	电气消防综合监控系统要求及系统图	扫码看图
东北区	吉林	4)座位数超过1500个的电影院、剧场，座位数超过3000个的体育馆，座位数超过2000个会堂，座位数超过20000个体育场。 5)金融建筑中，特级、一级、二级防火金融建筑的金融设施专用空调电源干线、动力末端配电箱、照明与插座末端配电箱，应设置电气火灾监控探测器。特级、一级防火金融建筑的弱电机房、值班室、商场、厨房及餐厅、观影设施、娱乐设施、展览设施等区域的照明与插座配电箱应设置电气火灾监控探测器。 6)展览、会展建筑。 7)下列交通枢纽建筑： ①民用机场航站楼； ②铁路客运站、城市轨道车站为一体的大型综合交通枢纽； ③特大型、大型高铁路客车站； ④一、二级港口客运站及交通客运站； ⑤一类交通隧道工程。 8)图书馆、规划馆、科技馆、文化馆。 9)省级及以上博物馆、文物和古建筑。 10)三级乙等及以上医院的病房楼、门诊楼、医技楼、体检中心。 11)省市级及以上电力调度楼、邮政楼、防灾指挥调度楼、档案楼。 12)建筑总面积大于3000m^2的旅馆建筑和银行营业厅、歌舞厅、放映厅、游艺厅、桑拿浴室及各类彩票活动场所。 (3)防火门监控系统 1)设置集中报警系统或控制中心报警系统的建筑(群)，应设置防火门监控系统。 2)高层住宅建筑楼梯间和疏散通道上的防火门应设置防火门监控系统，住宅的分户门为防火门时，其防火门可不在监控范围之内	
华东区	山东	无	附图8.4-1～6：山东电气火灾监控系统图示1～2、山东防火门监控系统图示、山东防火门监控系统产品安装图、山东消防设备电源监控系统图1～2

续表

地区	省、直辖市和自治区名称	电气消防综合监控系统要求及系统图	扫码看图
华南区	海南	(1)采用集中报警系统或控制中心报警系统的建筑应设置消防电源监控系统。消防电源监控器应设在消防控制室内，末端消防电源箱应设置消防电源监控监测点。 (2)下列建筑应设置电气火灾监控系统：一类高层建筑(除住宅外)；任一层建筑面积大于 500m^2 且设有火灾自动报警系统的公众聚集场所；医院、幼儿园 疗养院等场所。 (3)除《建筑设计防火规范》GB 50016—2014 专门规定的具有信号反馈功能的防火门外，其他防火门目前暂不强制要求设置防火门监控系统。但是，鉴于设置防火门监控系统，能及时掌握防火门的启闭状态，确保火灾时防火门能够有效发挥防火分隔作用，所以鼓励有条件的场所，在水平和竖向疏散路径的防火门上，设置防火门监控系统。防火门监控系统应当设置在设有火灾自动报警系统的建筑中。其具体设计应符合《火灾自动报警系统设计规范》GB 50116 的要求，其产品性能应符合《防火门监控器》GB 29364—2012 的要求	
中南区	湖北	无	附图 8.4-7～11：湖北消防设备电源监控系统示例、湖北电气火灾监控系统示例、湖北可燃气体探测报警系统示例、湖北防火门监控系统系统示例、湖北余压控制系统示例
西北区	陕西	防火门监控系统设计除满足国标要求外，还需满足陕西省地方标准《西安市建筑工程防火设计和施工图审查技术要点》对防火门监控系统设计范围的要求	
	甘肃	防火门监控系统设计除满足国标要求外，还需满足甘肃省地方标准《防火门监控系统技术规程》DB62/T 25-3110 对防火门监控系统设计范围的要求	
西南区	重庆	无	附图 8.4-12、13：重庆电气火灾监控系统示例、重庆消防设备电源监控系统示例
	云南	无	附图 8.4-14、15：云南消防设备电源及电气火灾监控系统示例、云南防火门监控系统系统示例
	西藏	无	附图 8.4-16、17：西藏消防设备电源监控及电气火灾监控系统示例、西藏防火门监控系统系统示例

注：北京、天津、河北、内蒙古、山西、辽宁、黑龙江、上海、安徽、浙江、福建、江西、江苏、广东、广西、湖南、河南、新疆、青海、宁夏、四川、贵州，暂时未找到相关资料

8.5 应急照明、消防安全疏散指示系统的系统图、平面图

地区	省、直辖市和自治区名称	应急照明、消防安全疏散指示系统	扫码看图
华东区	山东	山东济宁要求当地要求备用回路需从就近应急箱出线 山东济宁当地要求应急照明地下每层单独设置应急箱	附图 8.5-1、2:山东 A 型应急照明集中电源、山东应急照明系统干线图
中南区	湖北	无	附图 8.5-3:湖北智能消防应急照明及疏散指示标志系统示例
西北区	甘肃	消防应急照明系统设计除满足国标要求外,还需满足甘肃省地方标准《火灾应急智能疏散诱导系统技术规程》DB62/T 25-3105 的要求,地标要求:“安全出口和疏散门的正上方的火灾报警信息显示及疏散指示灯应采用‘安全出口’和‘楼层号’作为指示标识,在出口处有感温火灾探测器报警时,应能显示‘禁止通行’等信息”	
西南区	重庆	无	附图 8.5-4、5:重庆消防应急照明及疏散指示系统图例、重庆消防应急照明及疏散指示系统典型作法图示
	云南	无	附图 8.5-6、7:云南消防应急照明及疏散指示系统说明、云南消防应急照明及疏散指示系统典型作法图示
	西藏	无	附图 8.5-8:西藏消防应急照明及疏散指示系统典型作法图示

注:北京、天津、河北、内蒙古、山西、辽宁、吉林、黑龙江、上海、安徽、浙江、福建、江西、江苏、广东、广西、海南、湖南、河南、陕西、新疆、青海、宁夏、四川、贵州,暂时未找到相关资料

8.6 消防验收指南

地区	省、直辖市和自治区名称	消防验收指南
华东区	山东	淄博验收:建筑物内有防火卷帘时按照消防联动要求,全楼设置火灾报警器

注:北京、天津、河北、内蒙古、山西、辽宁、吉林、黑龙江、上海、安徽、浙江、福建、江西、江苏、广东、广西、海南、湖北、湖南、河南、陕西、甘肃、新疆、青海、宁夏、重庆、四川、云南、贵州、西藏,暂时未找到相关资料

9 电气节能

9.1 公共建筑与住宅建筑节能设计标准、绿建评价标准

地区	省、直辖市和自治区名称	公共建筑与住宅建筑节能设计标准、绿建评价标准
华北区	北京	参见北京地标《公共建筑节能设计标准》DB 11/687《绿色建筑评价标准》DB 11/T 825 中的相关章节
	天津	(1)《天津市绿色建筑设计标准》DB 29-205； (2)《天津市公共建筑节能设计标准》DB 29-153
	河北	河北省工程建设标准《公共建筑节能设计标准》DB13(J)81、《绿色建筑评价标准》DB13(J)/T 113、《绿色建筑设计标准》DB13(J)/T 231
	山西	《山西省公共建筑节能设计标准》DBJ 04/T 241； 《山西省节约能源条例》2011 年修订； 《山西省民用建筑施工图节能设计和审查要点》2007 年； 《山西省居住建筑节能工程评价标准》DBJ 04-244； 《山西省居住建筑节能设计标准》DBJ 04-242； 《山西省民用建筑节能条例》
东北区	吉林	需有节能设计专篇或绿色建筑设计专篇
华东区	福建	民用建筑设计至少应满足现行一星级绿色建筑要求，其中政府投资或以政府投资为主的其他公共建筑，至少应满足二星级绿色建筑要求
	江西	《江西省居住建筑节能设计标准》DBJ/T 36-024； 《江西省绿色建筑设计标准》DBJ/T 36-037； 《江西省新建住宅配套供电标准》DB-36-J001/T
	江苏	(1)可再生能源利用光伏发电方案时，宜采用低压并网型发电系统，并满足《光伏系统并网技术要求》GB/T 19939 的相关规定。 (2)人员经常停留的区域采用导光管采光系统时应有调光控制。 (3)设置能耗监测系统的公共建筑在低压进线第一级配电或变电所低压侧宜按照分项计量要求(照明插座、空调、动力及特殊电力)分回路配电。在进线第一级配电或变电所低压侧能对建筑物进行总的电气分项计量。

续表

地区	省、直辖市和自治区名称	公共建筑与住宅建筑节能设计标准、绿建评价标准
华东区	江苏	(4)供电应接近负荷中心，低压(AC380V/220V)供电半径不宜超过200m，受条件限制且总容量小于150kW时可不超过250m；末级配电箱宜设置在其配电范围的负荷中心位置，其供电半径宜控制在50m内。 (5)超高层建筑宜根据负荷分布情况在建筑避难层设置供电分变电所。 (6)对采用低压(AC380V/220V)供电的公共建筑，任意一路进线大于100kW时，设置切配间，进行无功补偿，补偿后进线处功率因数不应小于0.90。 (7)无功补偿应采用智能型免维护成套自动补偿装置，无功补偿装置应具过零自动投切的功能，并有抑制谐波抑制涌流措施。 (8)低压无功补偿应采用分相补偿或混合补偿，采用混合补偿时其分补容量不应小于总容量的40%。 (9)公共建筑进线处，应有谐波测量仪表，检测用户向电网注入的谐波量。 (10)工作场所宜选用T5荧光灯，紧凑型荧光灯及LED灯，面积大于20000m^{2}的公共建筑使用LED灯照明的面积不应小于建筑物总面积的5%。一般工作场所不应选用荧光高压汞灯、自镇流高压汞灯、普通白炽灯。 (11)高、大空间照明光源宜选用高光效、长寿命的无极灯及金属卤化物灯。 (12)荧光灯或气体放电灯采用电感镇流器时，应设就地电容补偿装置，使其功率因数达0.9以上。 (13)公共建筑具有天然采光条件或天然采光设施的区域，应采取合理的人工照明布置。在天然光到达的区域的照明，应采用同一分支回路配电或分开关控制，以便根据室外光线合理控制室内相应区域的照明。 (14)大面积照明的场所，宜按照最小功能区域划分照明配电分支回路，以便根据实际使用情况合理控制照明装置，节约能源，并宜采用智能灯光控制系统。 (15)住宅建筑楼梯、走道的照明应采取感应延时、光控延时、声控延时控制或定时控制等一种或多种集成的控制方式，或采用智能灯光控制系统。 (16)旅馆建筑每间(套)客房宜设置节能控制型总开关。其门厅、电梯大堂、客房层走廊等场所，照明控制宜具有夜间定时降低照度的功能。 (17)当建筑物设有建筑设备管理系统时，智能照明系统应具有与建筑设备管理系统通信的功能。 (18)配电变压器应选用Dyn11接线组别的变压器。干式变压器应配置强迫通风。 (19)当系统短路容量或变压器容量较小时，大功率电动机宜采用软启动(或其他降低启动电流控制措施)，改善启动特性。 (20)单台电梯应具有集选控制、闲时停梯操作、灯光和风扇自动控制等节能控制措施。多台电梯集中排列时，应具有按规定程序集中调度和控制的群控功能。 (21)自动扶梯与自动人行步道应具有节能拖动及节能控制装置，在全线各段均空载时应暂停或低速运行。 (22)公共建筑应根据不同电价分类的用电负荷将配电回路分开，并分别装设用电计量装置。 (23)设置集中空调或供暖的公共建筑、国家机关建筑或大型公共建筑，应对空调用电，照明插座，水泵、电梯、风机等动力用电，信息机房、厨房、锅炉等特殊用电设置电量分项计量装置。暖通空调专业冷热量总表、煤气总表、燃油总表、给水排水专业总水量计量与厨房卫生间分项用水计量等应具有数据远传功能，接入建筑物能耗监测系统。 (24)有出租单元的公共建筑应装设对出租单元管理及收费的用电计量装置。 (25)变压器低压出线侧总开关处应设置电子式多功能电表进行测量。表计应至少具有监测和计量三相电流、电压、有功功率、功率因数、有功电能、最大需量、总谐波含量功能。

续表

地区	省、直辖市和自治区名称	公共建筑与住宅建筑节能设计标准、绿建评价标准
华东区	江苏	(26)变电所所有低压出线回路及建筑物其他场所配电回路设置电力测量时，应采用电子式普通电能仪表。在能耗监测系统需要采集该回路数据时，该回路电能仪表应有远传数值接口。 (27)所有设备专业计量测量数据构成建筑能耗管理系统，该系统与城市数据中心互传备份。 (28)建筑面积≥20000m^2 的公共建筑应设置建筑设备管理系统。建筑设备管理系统应对建筑机电设备和可再生能源利用装置有测量、监视和控制功能
华南区	广东	《公共建筑节能设计标准》广东省实施细则： 广东省节能设计审查要点： 1. 广州：广州市公共建筑用电分项计量设计导则： (1)公共区域用电由建筑物公共区域的照明(包括应急照明)和插座用电组成，可包括单套设备额定功率≤3kW 的小型空调通风设备的用电。 (2)功能区照明插座用电是指建筑物内非公用区域的照明(包括应急照明)及从插座取电的室内设备用电。可包括功能区内单套设备额定功率≤3kW 的小型空调通风设备用电。 (3)空调末端用电，由可单独计量的全空气机组及新风机组、风机盘管和分散空调用电三项二级能耗子项的用电合并组成。国家机关办公建筑及大型公共建筑中非经营性区域采用分散空调的，其用电计量应划分到空调用电分项。 (4)水泵用电，由除空调供暖系统和消防系统以外的所有水泵，含生活水泵、排污泵、中水泵、生活热水热源、生活热水泵及水处理设备等用电组成。单套设备额定功率≤3kW 的小型生活热水热源可根据供电回路划分至功能区照明插座用电或公共区域照明插座用电。 (5)非空调通风用电，是指除空调供暖系统和消防系统以外的所有风机，如车库通风机、厕所排风机等。厕所排风机等单套设备额定功率≤3kW 的小型非空调通风设备如接入室内照明或插座回路，应属相应分项。 (6)医疗设备、超市冷藏设备等有专业用途的设备，当其专用设备及附属设备的用电总额定功率≥30kW 时，应对其专用设备及附属设备用电计量，列入专业用途设备用电项内。 (7)对功能特殊且用电总额定功率≥10kW 的专用设备及其附属设备的用电，应列为其他特殊用电项进行计量。 (8)分户计量计费的用电区域可按其主要用电性质划分至相应的用电分项。 2. 深圳：(1)公共建筑节能设计标准 1)一般规定 ①电气系统设计应经济合理、高效节能；应选用节能型变配电设备，和高效率的动力及照明用电设备，提高电能利用率。 ②应根据当地电网及用户的条件和特点，在经济合理前提下，可使用太阳能发电、风力发电等低碳能源技术。 ③按《智能建筑设计标准》GB 50314 设计建筑设备监控系统时，应考虑系统的实用性和适用原则，宜适当超前。 2)供配电系统 ①变电所应靠近负荷中心，缩短低压线路的供电半径。对于大型的公共建筑，其供电半径不宜大于 200m。

续表

地区	省、直辖市和自治区名称	公共建筑与住宅建筑节能设计标准、绿建评价标准
华南区	广东	②低压配电系统进行无功补偿时，应合理设置集中与就地补偿装置。在安全、经济前提下，异步电机可采取就地补偿，提高功率因数，降低线路损耗。对于三相不平衡或单相配电的系统，宜采用分相无功自动补偿装置。无功补偿容量及功率因数应按当地供电单位规定，及《供配电系统设计规范》GB 50052 要求设计。 ③应合理调整负荷，正确选择和配置变压器容量、台数及运行方式，实现变压器经济运行。配电变压器空载损耗值和负载损耗值应不高于《三相配电变压器能效限定及能效等级》GB 20052 相关规定。 ④电缆应按温升、经济电流密度选择截面，且应满足机械强度要求；还应按电压损失及短路热稳定校验其截面；并满足短路、接地故障的灵敏度要求。 ⑤应采取措施抑制非线性负荷产生的高次谐波，提高用电电能质量。当供电变压器的非线性负荷含量超过 20%时，变压器宜作降容处理。 ⑥建筑内的供配电系统，宜选用 Dyn11 接线组别的三相配电变压器。 3)能耗计量 ①下列公共建筑应设用电分项计量装置，其他公共建筑宜根据建筑规模及使用需求设置用电分项计量装置。 a)单体建筑面积在 20000m^2 及以上的大型公共建筑。 b)5000m^2＜单体建筑面积＜20000m^2，且采用中央空调系统的公共建筑。 c)市(区)两级国家机关办公建筑。 d)单体建筑面积在 20000m^2 及以上的工厂建筑配套的办公楼。 ②设置用电分项计量装置的建筑物低压配电系统应在空调系统、照明系统、电梯系统、信息中心系统、厨房及相关系统的出线回路上设置具有标准通信接口的分项能耗数据计量仪表。 ③应设置用电分项计量装置的建筑物所采集的分类能耗、分项能耗数据应传输至市级数据中心。 ④用电分项计量系统的设计、施工、调试与检查、验收和运行维护应按照现行行业标准《公共建筑能耗远程监测系统技术规程》JGJ/T 285 的规定执行。 4)照明 ①室内外照明设计应满足下列标准及规范的规定： a)室内照明功率密度(*LPD*)限值应满足现行国家标准《建筑照明设计标准》GB 50034 的规定。 b)建筑物夜景照明功率密度(*LPD*)限值应满足现行行业规范《城市夜景照明设计规范》JGJ/T 163 的规定。 ②高层民用建筑一类建筑的照明功率密度应符合《建筑照明设计标准》GB 50034 中目标值的规定；其他公共建筑宜符合《建筑照明设计标准》GB 50034 中目标值的规定。 ③除特殊情况需要采用白炽灯外，照明光源不得使用白炽灯。当必须采用白炽灯时，其功率不得超过 100W。 ④照明光源选择的原则是：应选用光效高、寿命长、显色性好的光源。 ⑤设计选用的光源、镇流器的能效不应低于相应能效标准的节能评价值。选用高效气体放电灯时，应使用电子镇流器或节能型电感镇流器，并采用单灯补偿方式，其功率因数不宜低于 0.9。

续表

地区	省、直辖市和自治区名称	公共建筑与住宅建筑节能设计标准、绿建评价标准
华南区	广东	⑥在满足眩光和配光要求的前提下，宜选用敞开式灯具，灯具效率不应低于现行国家标准《建筑照明设计标准》GB 50034 的规定。 ⑦公共建筑主要功能场所的照明设计，应按现行国家标准《建筑照明设计标准》GB 50034 的规定，列出其照度（E）、照明功率密度（LPD）、一般显色指数（Ra）规定值和实际设计值。 ⑧公共建筑中需要二次装饰的场所，装饰时亦需按《建筑照明设计标准》GB 50034 的规定，列出其照度（E）、照明功率密度（LPD）、一般显色指数（Ra）规定值和实际设计值以及照明灯具效率值。 ⑨应根据建筑物的特点、建筑功能、建筑标准、使用要求等情况，对照明系统进行分散与集中、手动与自动相结合的照明控制方式。 ⑩公共建筑的走廊、楼梯间、门厅、电梯厅、停车库等公共区域的照明应视各自的需求，分别采用声控、光控、定时、感应及手动等控制方式。 ⑪当房间或场所内灯具数量≥2 套时，应分组控制，具有天然采光的区域应能独立控制。 ⑫采用自然光导光装置时，宜采用照明控制系统对电气照明自动控制；有条件时也可采用智能照明控制系统对电气照明调光控制。 ⑬道路照明和景观照明应采用时间控制或光控系统。 5）建筑设备监控系统 ①公共建筑应根据建筑物的使用功能、建筑物规模、建筑物采用不同形式冷源空调系统等因素进行建筑设备监控系统的设计，以增强建筑物的科技功能和提升建筑物的应用价值。 ②大型公共建筑应设置建筑设备监控系统（或建筑设备管理系统），对空调、照明、给水排水、电梯、扶梯等系统进行监控管理。 ③建筑设备监控系统的设计应满足国家标准《智能建筑设计标准》GB 50314 中的有关规定。 （2）居住建筑节能设计标准 1）由 10kV（或 20kV）电压供电的居住建筑在设计说明中应列出以下技术参数： ①不同套型用电负荷容量（kW/套）及供电电源的相数。 ②配套公共设施的用电安装容量（W/m^2）。 ③变压器总安装容量（kVA）。 2）由低压 220/380V 供电的居住建筑，无配套公共设施或配套的公共设施规模较小时，可在设计说明中只列出不同套型居住建筑用电负荷容量（kW/套）和供电电源相数。 3）居住建筑电能表的设计： ①按深圳供电局规定，居住建筑应在变压器电源输出侧设置电度表。 ②每套住宅应设置电度表；每栋住宅或住宅区应配置电表的自动计量，或抄收，或远传系统，且与相关管理部门系统联网。 ③配套的公用设施应在低压配电系统馈出回路设置具有标准通信接口的分项能耗数据计量仪表。 ④变电所的位置应靠近负荷中心，减少变电级数，缩短供电半径。 ⑤应选用节能、环保、低损耗和低噪声变压器产品。合理选择变压器容量、台数及运行方式，实现变压器经济运行。配电变压器空载损耗值和负载损耗值不高于《电力变压器能效限定值及能效等级》GB 20052 的相关规定。 ⑥单相用电负荷应尽可能均匀分配于三相网络。

续表

地区	省、直辖市和自治区名称	公共建筑与住宅建筑节能设计标准、绿建评价标准
华南区	广东	见下文

⑦电缆应按温升、经济电流密度选择截面，且应满足机械强度要求。还应按电压损失及短路热稳定校验其截面，并满足短路、接地故障的灵敏度要求。

⑧10kV（或 20kV）及以下无功补偿宜在变压器低压侧集中实施，补偿后的功率因数补偿不宜低于 0.90。

⑨住宅单元若设计两台或以上电梯，应选用具有节能运行模式的电梯控制系统。

⑩电梯设备管理组织应保证电梯设备处于安全状态。为此，电梯设备管理单位应委托符合国家法律、法规规定的维护组织进行维护及修理。

⑪居住建筑每套（户）照明功率密度以及配套公共设施用房的照明功率密度不应大于下列表格要求。居住建筑每户照明功率密度值见下表

<table>
<tr><th colspan="2" rowspan="2">房间或场所</th><th rowspan="2">照度标准值(lx)</th><th colspan="2">照明功率密度（W/m²）</th></tr>
<tr><th>现行值</th><th>目标值</th></tr>
<tr><td colspan="2">起居室</td><td>100</td><td rowspan="5">≤6</td><td rowspan="5">≤5</td></tr>
<tr><td colspan="2">卧室</td><td>75</td></tr>
<tr><td colspan="2">餐厅</td><td>150</td></tr>
<tr><td colspan="2">厨房</td><td>100</td></tr>
<tr><td colspan="2">卫生间</td><td>100</td></tr>
<tr><td colspan="2">公共车库</td><td>30</td><td>≤2.5</td><td>≤2.0</td></tr>
<tr><td rowspan="2">※变配电室</td><td>配电装置室</td><td>200</td><td>≤7.0</td><td>≤6.0</td></tr>
<tr><td>变压器室</td><td>100</td><td>≤4.0</td><td>≤3.5</td></tr>
<tr><td colspan="2">※电源设备室、发电机室</td><td>200</td><td>≤7.0</td><td>≤6.0</td></tr>
<tr><td rowspan="2">控制室</td><td>一般控制室</td><td>300</td><td>≤9.0</td><td>≤8.0</td></tr>
<tr><td>主控制室</td><td>500</td><td>≤15.0</td><td>≤13.5</td></tr>
<tr><td colspan="2">电话站、网络机房、计算机站</td><td>500</td><td>≤15.0</td><td>≤13.5</td></tr>
<tr><td rowspan="3">动力站</td><td>风机房、空调机房</td><td>100</td><td>≤4.0</td><td>≤3.5</td></tr>
<tr><td>泵房</td><td>100</td><td>≤4.0</td><td>≤3.5</td></tr>
<tr><td>冷冻站</td><td>150</td><td>≤6.0</td><td>≤5.0</td></tr>
</table>

地区	省、直辖市和自治区名称	公共建筑与住宅建筑节能设计标准、绿建评价标准
华南区	广东	⑫不应使用照明功率密度限值作为设计计算照度的依据。 ⑬除对电磁干扰有严格要求，且其他光源无法满足的特殊场所，室内外照明不应采用普通白炽灯。 ⑭应急照明应选用能快速点亮的光源。 ⑮与照明光源配套的镇流器应选用电子镇流器或节能型电感镇流器，其能效应符合国家相关能效标准的节能评价值。 ⑯照明灯具的功率因数不应低于 0.9，宜采用灯内补偿方式。 ⑰一般照明选用的光源功率，在满足照度均匀前提下，宜选择该类光源单灯功率较大的光源；当采用直管荧光灯时，其功率不宜<28W。 ⑱居住建筑的门厅、前室、公共走道、楼梯间应设高效节能照明装置及采用节能控制措施。当应急照明采用节能自熄开关控制时，如若发生火灾，设有火灾自动报警系统的应急照明应自动点亮；无火灾自动报警系统的应急照明可集中点亮。 ⑲居住建筑地下车库公共照明、室外庭院及建筑物立面照明系统、供电回路及照明控制的设计，在满足使用功能前提下应最大限度节能。 ⑳居住小区道路照明控制系统应设计节能控制系统。 (3)绿建评价标准 1)走廊、楼梯间、门厅、大堂、大空间、地下停车场等场所的照明系统采取分区、定时、感应等节能控制措施，评价分值为 3 分。 2)合理选用电梯和自动扶梯，评价总分值为 3 分，并按照下列规则分别评分并累计： ①根据使用需求和功能定位，合理确定电梯、扶梯的台数、载客量、速度等指标，得 1 分； ②选择节能型电梯和自动扶梯，得 1 分； ③合理采取电梯群控、扶梯自动启停等节能控制措施，得 1 分。 3)合理选用节能型电气设备，评价总分值为 3 分，并按下列规则分别评分并累计： ①三相配电变压器达到现行国家标准《电力变压器能效限定值及能效等级》GB 20052 的节能评价值要求，得 2 分； ②水泵、风机等设备，及其他电气装置满足相关现行国家标准的节能评价值要求，得 1 分。 4)合理设置建筑能耗远程监测与管理系统，评价总分值为 3 分，并按下列规则分别评分并累计： ①设置能耗远程监测系统，能够实时采集能耗数据，并具有在线监测与动态分析功能的软件和硬件系统，得 2 分； ②能耗远程监测系统与城市能耗数据中心进行联网共享，得 1 分。 5)智能化系统满足现行国家标准《智能建筑设计标准》GB 50314 的配置要求，评价总分值为 3 分。智能化系统满足标准规定的基本配置要求，得 2 分；在基本配置要求的基础上合理增加配置要求，得 3 分
	广西	《广西绿色建筑评价技术细则》； 《绿色建筑评价标准》DBJ/T 45-020

续表

地区	省、直辖市和自治区名称	公共建筑与住宅建筑节能设计标准、绿建评价标准
华南区	海南	(1)公共建筑 1)电气系统的设计应经济合理、高效节能。 2)电气系统宜选用技术先进、成熟、可靠,损耗低、谐波发射量少、能效高、经济合理的节能产品。 3)建筑设备监控系统的设置应符合现行国家标准《智能建筑设计标准》GB 50314 的有关规定。 4)供配电系统应满足 DBJ 46-003-2017 第 6.2 条有关条文要求。 5)照明设计应满足 DBJ 46-003-2017 第 6.3 条有关条文要求。 6)电能监测与计量应满足 DBJ 46-003-2017 第 6.4 条有关条文要求。 (2)住宅建筑 1)电气系统的设计应经济合理、高效节能。 2)电气系统宜选用技术先进、成熟、可靠,损耗低、谐波发射量少、能效高、经济合理的节能产品。 3)供配电系统应满足《海南省住宅建筑节能和绿色设计标准》DBJ 46-039-2016 第 9.2 条有关条文要求。 4)照明设计应满足《海南省住宅建筑节能和绿色设计标准》DBJ 46-039-2016 第 9.3 条有关条文要求。 5)电气设备应满足《海南省住宅建筑节能和绿色设计标准》DBJ 46-039-2016 第 9.4 条有关条文要求。 6)住宅建筑户内应实施分户计量。对公共部分的照明、电梯、通风空调、给水排水等系统的用电能耗宜进行分项、分区的计量。 7)住宅建筑的智能化系统设计应符合现行国家行业标准《居住区智能化系统配置与技术要求》CJ/T 174 的基本配置要求
西北区	陕西	《公共建筑绿色设计标准》DBJ 61/T-80; 《居住建筑绿色设计标准》DBJ 61/T-81; 《绿色生态居住小区建设评价标准》DBJ 61/T-83
	甘肃	《绿色建筑评价标准》DB62/T 3064
	宁夏	《绿色建筑设计标准》DB64/T 1544、《绿色建筑评价标准》DB64/T 954
西南区	重庆	《公共建筑节能(绿色建筑)设计标准》DBJ 50-052; 《居住建筑节能 65%(绿色建筑)设计标准》DBJ 50-071; 《重庆市绿色生态住宅(绿色建筑)小区建设评价技术细则》2018 版
	四川	《四川省绿色建筑设计标准》DBJ 51/T 037、《四川省绿色建筑评价标准》DBJ 51/T 009; 《成都市民用建筑绿色设计技术导则》(2016 版)
	云南	《云南省民用建筑节能设计标准》DBJ 53/T 39
	贵州	《绿色建筑评价标准(试行)》DBJ 52/T 065、《贵州省民用建筑绿色设计规范(试行)》DBJ 52/T 077

注:内蒙古、辽宁、黑龙江、上海、安徽、浙江、山东、湖南、河南、新疆、青海、西藏,暂时未找到相关资料

9.2 绿色建筑设计及施工图审查技术要点

地区	省、直辖市和自治区名称	绿色建筑设计及施工图审查技术要点
华北区	北京	(1)在电气设计说明中对景观照明提出如下要求:室外夜景照明光污染的限制符合现行行业标准《城市夜景照明设计规范》JGJ/T 163 中第 7 章关于光污染控制的相关要求。 (2)设计说明中应写明是否设置新能源汽车充电设施。 (3)平面图、系统图中应标明充电设施的配电回路。 (4)每个独立的建筑物应设置电能计量装置,应根据需要采用复费率电能表,满足执行峰谷分时电价的要求。 (5)应主动从系统设计上分项供电,在以下低压配电柜出线回路设置分项计量表计: 1)变压器低压侧出线回路; 2)单独计量的外供电回路; 3)特殊区供电回路; 4)制冷机组主供电回路; 5)单独供电的冷热源系统附泵回路; 6)集中供电的分体空调回路; 7)照明插座主回路(尽量避免在照明配电箱、动力设备配电箱等末端配电箱内设置电能计量表); 8)电梯回路; 9)其他应单独计量的用电回路。 (6)个别较分散的设备可不独立分项计量(如污水泵、卫生间排风机、卫生间用小型热水器等)。 (7)办公、公寓式办公或商业的租售单元应以户为单位设置电能计量装置。 (8)可再生能源发电应设置独立分项电能计量装置。 (9)电气设计说明中应写明建筑设备管理系统中关于暖通空调系统的监测与控制的方式。 (10)楼控系统图、原理图中应包含暖通空调系统的控制原理,点表等。能耗监测系统图中应提供暖通空调能耗监测部分的内容。 (11)住宅电气设计说明应明确相关房间或场所的照明功率密度值不高于《建筑照明设计标准》GB 50034—2013 第 6.3.1～6.3.11、6.3.13 条规定的目标值; (12)住宅特殊场所可根据《建筑照明设计标准》GB 50034—2013 第 6.3.14 条及 6.3.16 条适当调整相关计算参数。 (13)住宅当房间或场所的照度标准值需要提高或降低一级时,其照明功率密度限值应按比例提高或折减。 (14)住宅照明节能计算与设计说明、照明平面图参数符合。照明节能计算范围为毛坯房的公共区域或者精装房的符合《建筑照明设计标准》GB 50034—2013 第 6.3.1～6.3.11、6.3.13 条要求的全部区域。 (15)住宅精装修的区域,需根据精装灯具提供实际的照明节能计算书,照明节能计算范围为符合《建筑照明设计标准》GB 50034—2013 第 6.3.1～6.3.11、6.3.13 条要求的全部区域。

续表

地区	省、直辖市和自治区名称	绿色建筑设计及施工图审查技术要点
华北区	北京	(16)公共建筑电气设计说明应明确各房间或场所的照明功率密度值不高于《建筑照明设计标准》GB 50034—2013 第 6.3.2～6.3.11、6.3.13 条规定的目标值。 (17)公共建筑特殊场所可根据《建筑照明设计标准》GB 50034—2013 第 6.3.14 条及 6.3.16 条适当调整相关计算参数。 (18)公共建筑当房间或场所的照度标准值需要提高或降低一级时，其照明功率密度限值应按比例提高或折减。 (19)公共建筑照明节能计算与设计说明、照明平面图参数符合。照明节能计算范围为符合《建筑照明设计标准》GB 50034—2013 第 6.3.1～6.3.11、6.3.13 条要求的全部区域。 (20)公共建筑精装修的区域，需根据精装灯具提供实际的照明节能计算书，照明节能计算范围为符合《建筑照明设计标准》GB 50034—2013 第 6.3.1～6.3.11、6.3.13 条要求的全部区域。 (21)在电气设计说明中应说明主要功能区域所选用的灯具类型、照明设计分区原则、节能照明控制方式。 (22)合理进行照明系统分区设计，应根据自然光利用分区、功能分区、作息差异分区等进行照明设计。 (23)具有天然采光的住宅电梯厅、楼梯间，其照明应采取声控、光控、定时控制、感应控制等一种或多种集成的控制装置。 (24)所有公共区域(走廊、楼梯间、门厅、大堂、大空间、地下停车库等)以及大空间应采取定时、感应的一种或多种结合的节能控制措施，或采取照度调节的节能控制装置。 (25)电气设计说明中应明确配电变压器选用 Dyn11 接线组别的变压器，并满足现行国家标准《三相配电变压器能效限定值及能效等级》GB 20052 规定的 2 级或以上节能评价值。 (26)电气设计说明中对可再生能源的系统形式及组成进行详细说明。对可再生能源利用系统所能提供的电量进行详细计算，以及所提供的发电量占该建筑总耗电量的比例。 (27)平面图应具备可再生能源利用的相关内容，包括最终的系统设备选型，设备布置等
	天津	(1)走廊、楼梯间、门厅、大堂、大空间、地下停车场等场所的照明系统采取分区、定时、感应等节能控制措施。 (2)各种电梯及提升设备应选用具有节能拖动及节能控制措施的产品。 (3)合理选用节能型电气设备。 (4)三相配电变压器满足现行国家标准《电力变压器能效限定值及能效等级》GB 20052 的节能评价值中二级及以上的要求。 (5)具有高次谐波的抑制和治理措施，使供配电系统的谐波符合现行国家标准《电能质量 公共电网谐波》GB/T 14549 及相关标准的要求
	河北	(1)电气专业策划 1)前期调研应对项目实施太阳能光伏发电、风力发电等可再生能源的可行性进行调查分析。 2)电气专业策划方案应包括下列内容： ①确定合理的供配电系统并合理选择配变电所的设置位置及数量，优先选择符合功能要求的高效节能电气设备。 ②合理应用电气节能技术。 ③合理选择节能光源、灯具和照明控制方式，满足功能需求和照明技术指标。

续表

地区	省、直辖市和自治区名称	绿色建筑设计及施工图审查技术要点
华北区	河北	④对场地内的太阳能发电、风力发电等可再生能进行评估，当技术、经济合理时，宜将太阳能发电、风力发电、冷热电联供等作为补充电力能源，并宜采用并网型发电系统。 ⑤居住区内利用太阳能提供路灯照明、庭院灯照明技术措施时，应进行技术、经济的可行性研究与分析。 ⑥公共建筑根据建筑功能、归属和运营等情况，对动力设备、照明与插座、空调、特殊用电等系统的用电能耗进行合理分项、分区、分户的计量；评估设置建筑设备监控管理系统的可行性。 (2)电气设计 1)一般规定 ①方案设计阶段应制定合理的供配电系统、智能化系统方案，优先选择符合功能要求的节能高效电气设备，合理应用节能技术，并应将节能高效作为主要技术经济指标进行方案设计比较。 ②室内照明功率密度(*LPD*)值应符合现行国家标准《建筑照明设计标准》GB 50034 规定的现行值要求。 ③当设有建筑设备监控系统时，系统设置应符合现行国家标准《智能建筑设计标准》GB 50314 的有关规定。 ④方案设计阶段应对场地内的可再生能源进行评估，当技术、经济合理时，宜采用太阳能发电、风力发电、热电冷三联供等作为补充电力能源，并宜采用并网型发电系统。 ⑤建筑电气设计应充分考虑设备运行和管理维护成本，以及方便管理人员的操作控制。 2)供配电系统 ①供配电系统的电能质量应符合下列要求：a)供配电系统设计应在满足安全性、可靠性、经济性和合理性的基础上，提高整体供配电系统的运行效率和电能质量；b)供配电系统设计应降低建筑物的单位电耗和供配电系统的运行和固定损耗。 ②配变电所的设置应符合下列要求：a)配变电所的设置宜靠近负荷中心，有条件时，大型公共建筑的变电所供电范围不宜超过 20m；b)电磁辐射应符合现行国家标准《电磁环境控制限值》GB 8702 的规定。 ③供配电系统设计应进行电力负荷、无功功率等相关计算，并合理选择变压器的容量、数量及其负载率。 ④供配电系统正常运行方式下，应保持三相负荷的平衡。配电系统三相负荷的不平衡度不宜大于 15%。单相负荷较多的供电系统，宜采用部分分相无功自动补偿装置。 ⑤当供配电系统谐波或设备谐波超出现行国家或地方标准的谐波限值规定时，应对谐波源的性质、谐波参数等进行分析，并应采取相应的谐波抑制及谐波治理措施。供配电系统中具有较大谐波干扰的地点宜设置滤波装置。 ⑥各级用户及用电设备的供电电压，应根据用电负荷容量、设备特征、供电距离、当地公共电网现状及其发展规划等因素，经技术经济比较后确定。 ⑦用电单位受电端供电电压的偏差允许值应符合下列要求：a)10kV 及以下三相供电电压允许偏差应为标称电压的±7%；b)220V 单相供电电压允许偏差应为标称电压的+7%，-10%；c)对供电点短路容量较小、供电距离较长，以及对供电电压偏差有特殊要求的用户，应由供、用电双方协议确定。 3)电气照明 ①应根据项目特点、建设标准，依据不同场所的视觉作业要求确定合理的照度标准；照度均匀度、眩光限值及光源的显色指数等均应满足现行《建筑照明设计标准》GB 50034 的规定。

续表

地区	省、直辖市和自治区名称	绿色建筑设计及施工图审查技术要点
华北区	河北	②主要功能房间的照明功率密度值应达到现行国家标准《建筑照明设计标准》GB 50034 规定的目标值。 ③室外景观、环境照明、航空障碍灯等的灯光不应直接射入室内，居住建筑的主体立面不应设置泛光照明。室外灯光对室内的影响应满足现行行业标准《城市夜景照明设计规范》JGJ/T 163 的相关规定。 ④照明控制应满足下列规定：a)走廊、楼梯间、门厅、大堂、大空间、地下停车场等场所的照明系统应采取分区、分组、定时、感应等节能控制措施；b)大空间、多功能、多场景场所的照明，宜采用智能照明控制系统；c)医院、旅馆等公共建筑的门厅、电梯厅大堂、客房层走廊等场所，宜采用夜间定时降低照度的措施；d)旅馆客房应设置节电控制型总开关；e)道路、景观照明应集中分组控制，并具备深夜减光控制功能：景观照明应设置平时、节日等多种照明模式。 ⑤照明光源、灯具及其附件的选择应符合《建筑照明设计标准》GB 50034 中的有关规定。 4)动力系统 ①配电变压器的选择应满足下列要求：a)应选择低损耗、低噪声的节能变压器产品，并应达到现行国家标准《三相配电变压器能效限定值及能效等级》GB 20052 中规定的节能评价值要求；b)变压器应选用接线为 Dyn11 型产品；c)当单相负荷很大或冲击性负荷较大严重影响电能质量时，可设专用变压器。 ②水泵、风机、电梯等动力设备配置的低压交流电动机应选用高能效的产品，其能效指标不应低于现行国家标准《中小型三相异步电动机能效限定值及能效等级》GB 18613 中能效限定值的要求，有条件时宜按节能评价值选用。其控制应符合下列规定：a)水泵、风机应采用变频控制技术；b)电梯应具备节能运行功能。应选用先进控制技术的电梯；当两台及以上电梯成组设置时，应配置具有节能运行模式及群控功能的控制系统；c)自动扶梯与自动人行道应具有节能拖动及节能控制功能。 5)电能计量与智能化 ①居住建筑的电能计量应分户、分用途计量，除应符合相关专业要求外，还应符合下列规定：每个住户应设置电能计量装置；公共区域的照明应设置电能计量装置；电梯、热力站、中水设备、给水设备、排水设备、空调设备等应分别设置独立分项电能计量装置；可再生能源发电应设置独立分项计量装置。 ②公共建筑的电能计量应按照用途、物业归属、运行管理及相关专业要求设置电能计量，国家机关办公建筑及大型公共建筑的分项计量还应满足现行《公共建筑能耗远程监测系统技术标准》DB13(J)/T 202 的相关要求，并应符合下列规定：a)应在每个独立的建筑物入口设置总电表；b)应对照明、电梯、制冷站、热力站、空调设备、中水设备、给水设备、排水设备、景观照明、厨房等设置独立分项电能计量装置；c)应对每个办公或商业的出租单元设置电能计量装置；d)办公建筑的办公设备、照明等用电应分项或分户计量；e)地下室非空调区域采用机械通风时，宜安装独立电能计量装置；f)可再生能源发电应设置独立分项电能计量装置；g)大型公共建筑的厨房、计算机房等特殊场所的通风空调设备应设置独立分项电能计量装置；h)大型公共建筑的暖通空调系统设备用电的分项计量应满足有关标准要求。 ③国家机关办公建筑及大型公共建筑应设置建筑设备能源管理系统，并应具有能源的实时统计、分析和管理等功能，其他公共建筑应具有对主要耗能设备的能耗监测和统计管理的功能。 ④电能计量装置的选择应满足下列要求：a)由计算机监测管理的电能计量装置的监测参数，宜包括电压、电流、电量、有功功率、无功功率、功率因数等；b)对电度表应定时检查、校验，及时调整倍率，降低电能计量装置的综合误差；c)对于关键部位的电度表宜采用先进的全电子电度表；d)预付费 IC 卡表具、远传表均应为计量检测部门认可的表具。

续表

地区	省、直辖市和自治区名称	绿色建筑设计及施工图审查技术要点
华北区	河北	⑤建筑的能耗数据采集标准应符合《民用建筑能耗数据采集标准》JGJ/T 154 中的相关要求。 ⑥设有智能化系统的建筑，其子系统的配置应根据《智能建筑设计标准》GB 50314 选配，居住建筑的智能化系统设计还应满足《居住区智能化系统配置与技术要求》CJ/T 174 基本配置的要求。 ⑦大型公共建筑应具有对公共照明、空调、给水排水、电梯等设备进行运行监控和管理的功能，并宜设置建筑智能化系统集成。 ⑧室内空气质量监控系统的设置宜满足下列要求：a）人员聚集的公共空间或人员密度较大的主要功能房间，宜设置二氧化碳浓度探测器和显示装置，当二氧化碳浓度超标时应实时报警；b）地下停车库宜设置一氧化碳浓度探测器和显示装置，当一氧化碳和污染物浓度超标时应实时报警；c）当以上场所设有机械通风系统或中央空调系统时，则宜根据探测器的即时检测结果联动控制相关通风、空调设备的运行工况
	山西	《绿色建筑评价标准》DBJ 04/T 335
东北区	吉林	需有绿色建筑设计专篇，且得分项需有证明材料
华东区	江苏	(1)走廊、楼梯间、门厅、大堂、大空间、地下停车场等场所的照明系统是否采取分区、定时、感应等节能控制措施。 (2)照明功率密度值是否达到现行国家标准《建筑照明设计标准》GB 50034 中的目标值规定。 (3)是否合理选用电梯和自动扶梯，并采取电梯群控、扶梯自动启停等节能控制措施。 (4)是否合理选用节能型电气设备
华南区	广东	深圳：(1)对于居住建筑 1)应审查居住建筑每户以及配套公共设施用房的照明功率密度值是否符合《深圳市居住建筑节能设计规范》SJG 45—2018 第 8.1.11 条的要求。 2)应审查室内外照明光源是否符合《深圳市居住建筑节能设计规范》SJG 45—2018 第 8.1.13 条的要求。 3)应审查照明光源配套的镇流器是否符合《深圳市居住建筑节能设计规范》SJG 45—2018 第 8.1.15 条的要求。 4)如以上审查项目全部合格，则电气照明节能设计审查通过。对于非强制性审查内容，不符合项应在审查报告中说明。 (2)对于公共建筑 1)审查低压配电系统分项能耗数据计量是否符合《深圳市居住建筑节能设计规范》SJG 45—2018 第 6.3.1～6.3.3 条的规定。 2)审查照明功率密度值与对应照度值是否符合《深圳市居住建筑节能设计规范》SJG 45—2018 第 6.4.1 条及第 6.4.2 条的规定。 3)审查照明光源采用的镇流器是否符合《深圳市居住建筑节能设计规范》SJG 45—2018 第 6.4.5 条的规定。 4)审查选用的照明光源是否符合《深圳市居住建筑节能设计规范》SJG 45—2018 第 8.4.5 条的规定。 5)审查选用的照明灯具是否符合《深圳市居住建筑节能设计规范》SJG 45—2018 第 8.4.6 条的规定。 6)审查电力设计、自然采光设计和照明控制设计是否符合《深圳市居住建筑节能设计规范》SJG 45—2018 第 6.2 节、6.4 节的规定。 7)如以上审查项目全部合格，则建筑照明节能设计审查通过。对于非强制性审查内容，不符合项应在审查报告中说明

续表

<table>
<tr><th>地区</th><th>省、直辖市和自治区名称</th><th colspan="4">绿色建筑设计及施工图审查技术要点</th></tr>
<tr><td rowspan="2">华南区</td><td>广西</td><td colspan="4">广西绿色建筑施工图设计文件技术审查要点</td></tr>
<tr><td>海南</td><td colspan="4">根据琼建科〔2019〕67 号文要求，用地面积大于 4hm² 或地上总建筑面积大于 5 万 m² 的新建住宅项目，应符合《海南省绿色生态小区技术标准》DBJ 46-049—2018，具体内容详见《海南省绿色生态小区技术审查要点》</td></tr>
<tr><td rowspan="6">中南区</td><td rowspan="6">湖北</td><td colspan="4">(1)设计依据
《绿色建筑评价标准》GB/T 50378。
(2)设计目标
满足《绿色建筑评价标准》GB/T 50378 关于电气设计的要求，且达到一星级绿色建筑设计要求。
(3)设计满足标准要求简述
1)电气设计</td></tr>
<tr><td></td><td>设计应满足的标准条款</td><td>主要确认工作</td><td>设计答复</td></tr>
<tr><td rowspan="4">电气控制项</td><td>1. 照明设计
建筑照明应符合下列规定：
(1)照明数量和质量应符合现行国家标准《建筑照明设计标准》GB 50034 的规定；
(2)人员长期停留的场所应采用符合现行国家标准《灯和灯系统的光生物安全性》GB/T 20145 规定的无危险类照明产品；
(3)选用 LED 照明产品的光输出波形的波动深度应满足现行国家标准《LED 室内照明应用技术要求》GB/T 31831 的规定</td><td></td><td></td></tr>
<tr><td>2. 照明功率密度
主要功能房间的照明功率密度值不应高于现行国家标准《建筑照明设计标准》GB 50034 规定的现行值；公共区域的照明系统应采用分区、定时、感应等节能控制；采光区域的照明控制应独立于其他区域的照明控制</td><td></td><td></td></tr>
<tr><td>3. 能耗分项计量
冷热源、输配系统和照明等各部分能耗应进行独立分项计量</td><td></td><td></td></tr>
<tr><td>4. 电梯节能
垂直电梯应采取群控、变频调速或能量反馈等节能措施；自动扶梯应采用变频感应启动等节能控制措施</td><td></td><td></td></tr>
</table>

续表

地区	省、直辖市和自治区名称	绿色建筑设计及施工图审查技术要点
中南区	湖北	

续表

	设计应满足的标准条款	主要确认工作	设计答复
电气得分项	1. 节能型设备 采用节能型电气设备及节能控制措施，评价总分值为10分，并按下列规则分别评分并累计： (1)主要功能房间的照明功率密度值达到现行国家标准《建筑照明设计标准》GB 50034规定的目标值，得5分； (2)采光区域的人工照明随天然光照度变化自动调节，得2分； (3)照明产品、三相配电变压器、水泵、风机等设备满足国家现行有关标准的节能评价值的要求，得3分		
	2. 建筑节能率 采取措施降低建筑能耗，评价总分值为10分。 建筑能耗相比国家现行有关建筑节能标准降低10%得5分；降低20%得10分		
	3. 可再生能源利用 结合当地气候和自然资源条件合理利用可再生能源，评价总分值为10分。 (1)由可再生能源提供的生活用热水比例 Rhw，$20\%\leqslant Rhw<35\%$ 得2分；$35\%\leqslant Rhw<50\%$ 得4分；$50\%\leqslant Rhw<65\%$ 得6分；$65\%\leqslant Rhw<80\%$ 得8分；$Rhw\geqslant 80\%$ 得10分。 (2)由可再生能源提供的空调用冷量和热量比例 Rch，$20\%\leqslant Rch<35\%$ 得2分；$35\%\leqslant Rch<50\%$ 得4分；$50\%\leqslant Rch<65\%$ 得6分；$65\%\leqslant Rch<80\%$ 得8分；$Rch\geqslant 80\%$ 得10分。 (3)由可再生能源提供电量比例 Re，$0.5\%\leqslant Re<1.0\%$，得2分；$1.0\%\leqslant Re<2.0\%$ 得4分；$2.0\%\leqslant Re<3.0\%$ 得6分；$3.0\%\leqslant Re<4.0\%$ 得8分；$Re\geqslant 4.0\%$ 得10分		

续表

地区	省、直辖市和自治区名称	绿色建筑设计及施工图审查技术要点
中南区	湖北	

续表

	设计应满足的标准条款	主要确认工作	设计答复
电气得分项	4. 避免光污染 建筑及照明设计避免产生光污染，评价总分值为 10 分，并按下列规则分别评分并累计。 (1)玻璃幕墙的可见光反射比及反射光对周边环境的影响符合《玻璃幕墙光热性能》GB/T 18091 的规定，得 5 分； (2)室外夜景照明光污染的限制符合现行国家标准《室外照明干扰光限制规范》GB/T 35626 和现行行业标准《城市夜景照明设计规范》JGJ/T 163 的规定，得 5 分		

2)智能化设计

	设计应满足的标准条款	主要确认工作	设计答复
智能化控制项	1. 设备管理系统 建筑设备管理系统应具有自动监控管理功能		
	2. 信息网络系统 建筑应设置信息网络系统		
智能化得分项	1. 建筑能耗远传计量及管理 设置分类、分级用能自动远传计量系统，且设置能源管理系统实现对建筑能耗的监测、数据分析和管理，评价分值为 8 分		
	2. 室内空气质量监控 设置 PM10、PM2.5、CO_2 浓度的空气质量监测系统，且具有存储至少一年的监测数据和实时显示等功能，评价分值为 5 分		
	3. 用水计量及水质监测 设置用水远传计量系统、水质在线监测系统，评价总分值为 7 分，并按下列规则分别评分并累计： (1)设置用水量远传计量系统，能分类、分级记录、统计分析各种用水情况，得 3 分； (2)利用计量数据进行管网漏损自动检测、分析与整改，管道漏损率低于 5%，得 2 分； (3)设置水质在线监测系统，监测生活饮用水、管道直饮水、游泳池水、非传统水源、空调冷却水的水质指标，记录并保存水质监测结果，且能随时供用户查询，得 2 分		

续表

<table>
<tr><th>地区</th><th>省、直辖市和自治区名称</th><th>绿色建筑设计及施工图审查技术要点</th></tr>
<tr><td>中南区</td><td>湖北</td><td>续表
<table><tr><th></th><th>设计应满足的标准条款</th><th>主要确认工作</th><th>设计答复</th></tr><tr><td>智能化得分项</td><td>4. 智能化服务系统
具有智能化服务系统，评价总分值为 9 分，并按下列规则分别评分并累计：
(1)具有家电控制、照明控制、安全报警、环境监测、建筑设备控制、工作生活服务等至少 3 种类型的服务功能，得 3 分；
(2)具有远程监控的功能，得 3 分；
(3)具有接入智慧城市(城区、社区)的功能，得 3 分</td><td></td><td></td></tr></table></td></tr>
<tr><td rowspan="2">西北区</td><td>陕西</td><td>地方标准《陕西省绿色建筑施工图设计文件技术审查要点》、《陕西省绿色保障性住房施工图设计文件技术审查要点》(陕建标发【2015】33 号)、《西安市建筑防火设计、审查、验收疑难点问题技术指南》</td></tr>
<tr><td>宁夏</td><td>同 9.1 节</td></tr>
<tr><td>西南区</td><td>重庆</td><td>(1)设计要点：
1)施工图设计应编写绿色建筑电气设计说明专篇。
2)根据建筑功能特点，按照功能区域及照明插座、空调、动力、特殊用电等用电分项设置电能监测与计量系统，并进行能效分析与管理。冷热源及输配系统等各部分用电能耗应设置独立计量。
3)照明控制结合建筑使用情况及天然采光情况进行分区、分组控制；车库、大空间、门厅、电梯厅、卫生间等区域的照明及建筑景观照明采用智能照明控制系统，建筑景观照明应设置平时、一般节日、重大节日等多种控制模式自动控制；楼梯间采用红外人体感应控制。室内非应急照明在非运营时间能自动控制关闭，避免室内照明溢光。
4)当装有 2 台电梯时，应选择并联控制方式；当有 3 台及以上电梯集中设置时，应选择群控控制方式。自动扶梯与自动人行步道空载时，应能自动暂停或低速运行。
5)主要功能房间中人员密度较高且随时间变化大的区域设置室内空气质量监控系统，对室内的二氧化碳浓度进行数据采集、分析，并与通风系统联动；室内污染物浓度超标实时报警，并与通风系统联动。
6)地下车库设置与排风设备联动的一氧化碳浓度监测装置。</td></tr>
</table>

续表

<table>
<tr><th>地区</th><th>省、直辖市和自治区名称</th><th>绿色建筑设计及施工图审查技术要点</th></tr>
<tr><td>西南区</td><td>重庆</td><td>
(2)施工图审查要点：
<table>
<tr><td>场地选址</td><td>场地电磁辐射符合现行国家标准《电磁辐射防护规定》GB 8702 第二章的规定</td></tr>
<tr><td>室外照明溢光控制</td><td>1. 室外照明设计应满足《城市夜景照明设计规范》JGJ/T 163—2008 第 7 章关于光污染控制的相关要求。
2. 避免室内照明溢光，室内非应急照明在非运营时间能自动控制关闭</td></tr>
<tr><td>变压器能效等级</td><td>1.《公共建筑节能(绿色建筑)设计标准》DBJ 50-052—2016 中第 6.4.1 条：配电变压器能效值不应低于现行国家标准《三相配电变压器能效限定值及能效等级》GB 20052 中能效标准的节能评价值(二级能效)。
2.《居住建筑节能 65%(绿色建筑)设计标准》DBJ 50-071—2016 中第 7.0.6 条变压器应选用低损耗型，且能效等级不应低于现行国家标准《三相配电变压器能效限定值及能效等级》GB 20052 中 2 级的要求</td></tr>
<tr><td>照明功率密度值</td><td>1.《公共建筑节能(绿色建筑)设计标准》DBJ 50-052—2016 中第 8.2.3(7)条：8.2.3(7)主要功能房间的照明功率密度值应不高于现行国家标准《建筑照明设计标准》GB 50034 规定的目标值。
2.《居住建筑节能 65%(绿色建筑)设计标准》DBJ 50-071—2016 中第 7.0.2 条，精装修房主要功能房间及公共部分照明功率密度值不应高于现行国家标准《建筑照明设计标准》GB 50034 规定的目标值</td></tr>
<tr><td>电能分项计量装置</td><td>公共建筑电能分项计量装置应符合《公共建筑节能(绿色建筑)设计标准》DBJ 50-052—2016 第 6.5.1 条要求</td></tr>
<tr><td>电能监测与计量系统</td><td>设有集中空调系统且面积大于 2 万 m^2 的公共建筑，电能监测与计量系统应符合《公共建筑节能(绿色建筑)设计标准》DBJ 50-052—2016 第 6.5.2 条要求</td></tr>
<tr><td>其他</td><td>是否按《建设工程质量管理条例》第二十二条注明设备规格、型号、性能等技术参数与数量，但不得指定制造商和供应商，不得使用淘汰产品</td></tr>
</table>
(3)绿色建筑技术指标：
1)室外夜景照明光污染的限制符合现行行业标准《城市夜景照明设计规范》JGJ/T 163 的规定。
2)照明功率密度值达到现行国家标准《建筑照明设计标准》GB 50034 规定的目标值。
3)三相配电变压器满足国家现行标准《电力变压器能效限定值及能效等级》GB 20052 中能效标准的节能评价值(二级能效)。其他电气设备应满足相关国家现行标准的节能评价要求。
4)智能化系统满足现行国家标准《智能建筑设计标准》GB 50314 的配置要求，且工作正常
</td></tr>
</table>

续表

地区	省、直辖市和自治区名称	绿色建筑设计及施工图审查技术要点
西南区	四川	1. 四川成都绿色民用建筑电气专业审查要点： 控制项必须严格执行，全部满足。

控制项

条文编号	审查条文	审查材料	审查要点
1.	不得采用国家和四川省发布的已经淘汰的技术、材料和设备，并符合国家的标准、规程、规范	设计说明； 材料表； 配电系统图等	在设计说明中应说明用电设备的选择原则，不得选择已淘汰的电气设备、元器件，说明哪些主要设备及元器件应满足的CQC或3C认证
2.	(1)电气设计说明中应明确各房间或场所的照明功率密度值满足《建筑照明设计标准》GB 50034中规定的现行值要求。 (2)人员长时间停留的场所应采用符合现行国家标准《灯和灯系统的光生物安全性》GB/T 20145规定的无危险类照明产品。 (3)选用和LED照明产品的光输出波形的波动深度应满足现行国家标准《LED室内照明应用要求》GB/T 31831的规定	设计说明； 材料表； 平面图	1. 在设计说明中应列出主要房间如：办公室、商业营业厅、机房、车库等的照明功率密度设计值，应满足小于等于《建筑照明设计标准》GB 50034现行值要求。 2. 在设计说明及材料表内应说明选用灯具生物安全性（蓝光危害）和LED灯光输出谐波满足规范要求
3.	(1)单体建筑面积大于2万m^2(含)的新建、改(扩)建公共建筑应设置能耗监测设备与系统，设备与系统应具有数据远传功能，并能与市级能耗监测系统联网，实现实时监测及统计。 (2)单体建筑面积大于0.3万m^2(含)新建、改(扩)建公共建筑，应设置具有数据远传功能的能耗监测设备，并能与市级能耗监测系统联网，实现实时监测及统计。 (3)冷热源、输配系统和照明等各部分能耗应进行独立分项计量	设计说明； 设计图纸	1. 设计说明中应说明能耗监测系统的组成和构架，应按分类（水、燃气、电、集中供冷、集中供热等）、分项（空调用电、动力用电、照明用电、特殊用电）、分户设置能耗计量，蓄能系统冷热源应设置分时计量电表，满足《公共建筑能耗远程监测系统技术规程》JGJ/T 285、《四川省公共建筑能耗监测系统技术规程》DBJ 51/T 076等现行标准要求和成都市有关规定。 2. 单体建筑面积大于2万m^2(含)公共建筑应绘制能耗计量系统图
4.	(1)建筑设备管理系统应具有自动监控管理功能。 (2)建筑应设置信息网络系统	设计说明； 材料表； 建筑智能化系统图	1. 设计说明中应说明建筑设备自动化系统的组成和监管功能；说明设置的信息网络系统的构架。 2. 应绘制建筑智能化系统图；在材料表中列出主要设备
5.	垂直电梯应采取群控、变频调速或能量反馈等节能措施；自动扶梯应采用变频感应启动等节能控制措施	设计说明	设计说明中应说明电梯和自动扶梯采用的节能控制措施

续表

地区	省、直辖市和自治区名称	绿色建筑设计及施工图审查技术要点			
		评分项			
		条文编号	审查条文	审查材料	审查要点
西南区	四川	1.	说明用电负荷性质及容量，合理选择供电电压等级、供电源容量、变电所位置、变压器台数、容量和负荷率，考虑不同季节负荷变化的节能措施。 评价分值为20分	设计说明； 配电系统图等	在设计说明中说明各级(一、二、三级)负荷的名称及各级负荷的总容量；说明供电电压等级、供电电源容量和数量、变电所位置、变压器台数、变压器容量和负载率。说明考虑不同季节负荷变化的调节变压器运行数量的节能措施
		2.	设计说明中所列照度设计值、一般显色指数、统一眩光值应满足《建筑照明设计标准》GB 50034规定。 评价分值为10分	设计说明； 计算书	在设计说明中应列出主要场所照度设计值、一般显色指数、统一眩光值，说明本项目采用的是《建筑照明设计标准》GB 50034中现行值还是目标值
		3.	人员长期工作或停留的房间或场所，照明光源的显色指数不应小于80。 评价分值为5分	设计说明； 材料表	设计说明中应列出主要场所照明光源的显色指数
		4	(1)绿建2星级及以上的建筑，公共区域主要功能房间或场所照明功率密度值应不大于《建筑照明设计标准》GB 50034规定的目标值。 (2)绿建1星级建筑，上述场所照明功率密度设计值应不大于GB 50034规定的现行值。 评价分值为15分	设计说明； 平面图	在设计说明中应列出主要场所如：办公室、商业营业厅、门厅、公共走道、机房、车库等的照明功率密度设计值。绿建2星级及以上应满足不大于《建筑照明设计标准》GB 50034目标值的要求；绿建1星项目照明功率密度设计值为应满足不大于《建筑照明设计标准》GB 50034现行值的要求
		5.	(1)大型住宅小区设置智慧社区系统。 评价分值为15分。 (2)大型公共建筑应设置建筑设备智能化系统(BAS)，对建筑设备监控管理。 评价分值为15分	设计说明； 系统图； 大型住宅小区包括弱电总平面图	1. 20万m^2及以上大型住宅小区，在设计说明中说明小区设置的智慧社区的各智能化系统及系统集成。 2. 2万m^2及以上大型公共建筑，在设计说明中应明确说明设置的建筑设备智能化系统(BAS)的构架。应绘制BAS系统框图

续表

地区	省、直辖市和自治区名称	绿色建筑设计及施工图审查技术要点			
		续表			
		条文编号	审查条文	审查材料	审查要点
西南区	四川	6.	公共场所采用分区、定时、感应等自动控制的高效照明系统。 评价分值为10分	设计说明； 系统图； 照明平面图； 材料表	在设计说明中应说明采取的照明自动控制措施(声控、光控、智能灯控等)。大型项目应绘制智能照明控制系统图
		7.	除特殊要求的场所外，应选用高效照明光源、高效灯具及其节能附件。 评价分值为10分	设计说明； 材料表等	在设计说明中应说明高效灯具及其节能附件的类型
		8.	采用满足能效限定值标准的照明产品、变压器、电动机； 评价分值为10分	设计说明； 材料表等	在设计说明中应说明变压器的能效等级
		9.	建筑立面及夜景照明不应对周边建筑物及道路造成光污染，应满足现行国家标准《室外照明干扰广限值规范》GB/T 35626和现行行业标准《城市夜景照明设计规范》JGJ/T 163的规定。 评价分值为5分	景观照明设计说明、平面图； 景观立面图； 渲染图。	评价光污染、眩光值是否超标，超出被照区域内的溢散光不应超过15%。
		加分项			
		条文编号	审查条文	审查材料	审查要点
		1.	在有条件的地下车库等处，可采用光导管照明技术，白天利用自然光做照明	设计说明； 材料表； 平面图	有条件的场所推广采用光导管照明。在设计说明中说明设置的场所

续表

<table>
<tr><th>地区</th><th>省、直辖市和自治区名称</th><th>绿色建筑设计及施工图审查技术要点</th></tr>
<tr><td>西南区</td><td>四川</td><td>

2. 四川成都工业建筑电气专业审查要点：
控制项必须严格执行，全部满足。

控制项

条文编号	审查条文	审查材料	审查要点
1.	不得采用国家和四川省发布的已经淘汰的技术、材料和设备，并符合国家的标准、规程、规范	设计说明； 材料表； 配电系统图等	在设计说明中应说明用电设备的选择原则，不得选择已淘汰的电气设备、元器件，说明哪些主要设备及元器件应满足的CQC或3C认证
2.	(1)电气设计说明中应明确各房间或场所的照明功率密度值满足《建筑照明设计标准》GB 50034中规定的现行值要求。 (2)人员长时间停留的场所应采用符合现行国家标准《灯和灯系统的光生物安全性》GB/T 20145规定的无危险类照明产品。 (3)选用和LED照明产品的光输出波形的波动深度应满足现行国家标准《LED室内照明应用要求》GB/T 31831的规定	设计说明； 平面图	1. 在设计说明中应列出主要房间如：厂房、办公室、机房等的照明功率密度设计值。对工业建筑应满足《建筑照明设计标准》GB 50034小于等于现行值要求。 2. 在设计说明及材料表内应说明选用灯具生物安全性(蓝光危害)和LED灯光输出谐波满足规范要求
3.	工业建筑设置能耗监测设备与系统，设备与系统应具有数据远传功能，并能与市级能耗监测系统联网，实现实时监测及统计	设计说明； 设计图纸	1. 设计说明中应说明能耗远程监测系统的组成和构架，应按分类(水、燃气、电、集中供冷、集中供热等)、分项(空调用电、动力用电、照明用电、特殊用电)、分户设置能耗计量，蓄能系统冷热源应设置分时计量电表，满足国家、省、市有关规范标准及要求。 2. 应绘制能耗计量系统图
4.	建筑设备管理系统应具有自动监控管理功能	设计说明； 材料表； 建筑智能化系统图	1. 设计说明中应说明建筑设备自动化系统的组成和监管功能。 2. 应绘制建筑设备管理系统图；在材料表中列出主要设备

</td></tr>
</table>

续表

地区	省、直辖市和自治区名称	绿色建筑设计及施工图审查技术要点		
西南区	四川	**评分项**		

条文编号	审查条文	审查材料	审查要点
1.	说明用电负荷性质及容量，合理选择供电电压等级、供电源容量、变电所位置、变压器台数、容量和负荷率，考虑不同季节负荷变化的节能措施。 评价分值为30分	设计说明； 配电系统图等	在设计说明中说明各级（一、二、三级）负荷的名称及各级负荷的总容量；说明供电电压等级、供电电源容量和数量、变电所位置、变压器台数、变压器容量和负载率。说明考虑不同季节负荷变化的调节变压器运行数量的节能措施
2.	设计说明中所列照度设计值、一般显色指数、统一眩光值应满足《建筑照明设计标准》GB 50034规定。 评价分值为10分	设计说明； 计算书	在设计说明中应列出主要场所照度设计值、一般显色指数、统一眩光值，说明本项目采用的是《建筑照明设计标准》GB 50034中规定值还是目标值
3.	人员长期工作或停留的房间或场所，照明光源的显色指数不应小于80。 评价分值为10分	设计说明； 材料表	设计说明中应列出主要场所照明光源的显色指数
4.	大型工业建筑应设置能耗监测管理系统，建筑能耗实现准确的实时监测及统计。系统应具有数据远传功能并与建设行政主管部门能耗统计数据中心联网。 评价分值为20分	设计说明； 系统图	在设计说明中应说明设置能耗监测管理系统的组成和构架，应绘制能耗计量系统图
5.	公共场所采用分区、定时、感应等自动控制的高效照明系统。 评价分值为10分	设计说明； 系统图； 照明平面图； 材料表	在设计说明中应说明采取的照明自动控制措施（声控、光控、智能灯控）。大型项目应绘制智能照明控制系统图
6.	采用满足能效限定值标准的变压器、电动机；除特殊要求的场所外，应选用高效照明光源、高效灯具及其节能附件。 评价分值为20分	设计说明； 材料表等	在设计说明中应说明变压器的能效等级，高效节能光源、高效灯具及其节能附件的类型

续表

<table>
<tr><th>地区</th><th>省、直辖市和自治区名称</th><th colspan="4">绿色建筑设计及施工图审查技术要点</th></tr>
<tr><td rowspan="4">西南区</td><td rowspan="3">四川</td><td colspan="4">加分项</td></tr>
<tr><td>条文编号</td><td>审查条文</td><td>审查材料</td><td>审查要点</td></tr>
<tr><td>1.</td><td>在光大空间厂房等处，可采用光导管照明技术，白天充分利用自然光做照明</td><td>设计说明；
系统图；
平面图</td><td>有条件的场所推广采用光导管照明。在设计说明中说明设置的场所</td></tr>
<tr><td>贵州</td><td colspan="4">正在编制</td></tr>
<tr><td colspan="6">注：河北、内蒙古、辽宁、黑龙江、上海、安徽、浙江、福建、山东、江西、湖南、河南、甘肃、新疆、青海、云南、西藏，暂时未找到相关资料</td></tr>
</table>

9.3 建筑分布式光伏系统设计

<table>
<tr><th>地区</th><th>省、直辖市和自治区名称</th><th>建筑分布式光伏系统设计</th></tr>
<tr><td>华东区</td><td>江苏</td><td>(1)政府项目建筑面积大于 5000m^2 或其他类型建筑面积大于 20000m^2 时应设置分布式光伏发电。
(2)太阳能光伏发电总功率为建筑物总变压器装机容量的 0.2%</td></tr>
<tr><td>华南区</td><td>广东</td><td>深圳：(1)太阳能利用应遵循被动优先的原则。公共建筑设计宜充分利用太阳能。
(2)公共建筑宜采用光热或光伏与建筑一体化系统；光热或光伏与建筑一体化系统不应影响建筑物外围护结构的建筑功能，并应符合国家相关现行标准的规定。
(3)公共建筑利用太阳能同时供热供电时，宜采用太阳能光伏光热一体化系统。
(4)公共建筑设置太阳能热利用系统时，其太阳能保证率应满足下表的要求。
太阳能保证率 f(%)
<table><tr><th>太阳能资源区划</th><th>太阳能热水系统</th><th>太阳能空气调节系统</th></tr><tr><td>Ⅲ资源一般区</td><td>≥40</td><td>≥25</td></tr></table>(5)太阳能热利用系统的辅助热源应根据建筑物使用特点、用热量、能源供应、维护管理及卫生防菌等因素选择，并宜利用废热余热等低品位能源和生物质、地热等其他可再生能源。
(6)太阳能集热器和光伏组件的设置应避免受自身或建筑本体的遮挡。在冬至日采光面上的日照时数，太阳能集热器不应少于 4h，光伏组件不宜<3h</td></tr>
</table>

续表

地区	省、直辖市和自治区名称	建筑分布式光伏系统设计
华南区	海南	(1)当环境条件允许且经济技术合理时，宜采用太阳能、风能等可再生能源直接并网供电。 (2)当公共电网无法提供照明电源时，应采用太阳能、风能等发电并配置蓄电池的方式作为照明电源。 (3)可再生能源应用系统宜设置监测系统节能效益的计量装置。 (4)公共建筑宜采用光伏与建筑一体化系统；光伏与建筑一体化系统不应影响建筑外围护结构的建筑功能，并应符合国家现行标准的有关规定。 (5)太阳能光伏组件的设置应避免受自身或建筑本体的遮挡。在冬至日采光面上的日照时数，光伏组件不宜少于 3h
中南区	湖北	分布式电源接入电网要求 (1)短路比(指接入短路电流与分布式电源机组的额定电流之比)不低于 10。 (2)分布式电源接入点后的短路容量小于断路器遮断容量，接入后校核断路器容量，不满足时应更换或加装断路器
西北区	陕西	《陕西省人民政府关于示范推进分布式光伏发电的实施意见》陕政发 2014-37 号； 《西安市民用建筑太阳能光伏系统应用技术规范》DBJ 61/T 78
西南区	贵州	无。贵州属于太阳能利用Ⅳ类地区，不建议推广光伏能源利用

注：北京、天津、河北、内蒙古、山西、辽宁、吉林、黑龙江、上海、安徽、浙江、福建、山东、江西、广西、湖南、河南、甘肃、新疆、青海、宁夏、重庆、四川、云南、西藏，暂时未找到相关资料

9.4 能耗监测系统标准（含分项计量要求）

地区	省、直辖市和自治区名称	能耗监测系统标准
华北区	北京	参见北京地标《公共建筑节能设计标准》DB11/687、《绿色建筑评价标准》DB11/T 825 中的相关章节
	天津	《天津市民用建筑能耗监测系统设计标准》DB 29-216
	内蒙古	(1)主要次级用能单位用电量≥10kW 或单台用电设备大于合等于 100W 时，应设置电能计量装置。公共建筑宜设置用电能耗监测与计量系统，并进行能效分析和管理。 (2)公共建筑应按功能区域设置电能监测与计量系统。 (3)公共建筑应按照明插座、空调、电力、特殊用电分项进行电能监测与计量。办公建筑宜将照明和插座分项进行电能监测与计量。 (4)冷热源系统的循环水泵耗电量宜单独计量
	山西	《山西省公共建筑节能设计标准》DBJ 04/T 241 有要求，具体同内蒙古

续表

地区	省、直辖市和自治区名称	能耗监测系统标准
	山东	济宁市图审要求所有建筑设置能耗监测系统
华东区	江苏	(1)能耗监测系统应能实现分类能耗数据和分项能耗数据的实时上传，且上传时间间隔≤1h。其中包括电能计量的一级分项能耗数据和部分二级分项能耗数据。 (2)新建国家机关办公建筑和大型公共建筑的能耗监测系统专业设计应严格遵守《公共建筑能耗监测系统技术规程》DGJ32/TJ 111 相关规程。改扩建及既有国家机关办公建筑和大型公共建筑加装能耗监测系统时，其表计设置必须满足分类、分项能耗数据的上传要求。 (3)新建国家机关办公建筑和大型公共建筑宜设置建筑能源管理后台，同步采集能耗监测系统数据。 (4)采用可再生能源座位建筑用能是，宜独立设置可再生能源系统的能耗计量装置。 (5)计量装置选型应符合以下要求： 1)变压器出线侧总断路，应设置电子式多功能电表进行计量。 2)变电所所有出线回路，均应设置电子式普通电能表进行计量。 3)其他场所均采用电子式普通电能表进行计量。 (6)计量系统应符合以下要求： 1)能提供建筑物总能耗、分项能耗、一级子项能耗及部分二级子项能耗数据。 2)系统构成时，能源中心和用电区域(单元)的物理链路在通信回路上应分开。 3)电力干线系统的配置应为计量系统的细化提供可能性。 (7)照明系统计量设计应符合以下要求： 1)非出租用办公楼照明系统的下列设备应按楼层或区域分别计量：照明灯具插座、电热设备、室外景观照明。 2)有出租单元、对外出租包厢的办公楼、商场等公共建筑，宜按经济核算单元计量。 3)医疗建筑的病房、手术室，旅馆建筑的客房、厨房，学校建筑的教室等宜按楼层或功能分区计量。 4)影剧院、体育建筑、图书馆等的公共场所的用电设备宜按干线系统计量。 (8)空调系统计量设计应符合以下要求： 1)空调系统前端设备的计量应能区分冷水机组和附属水泵系统。当采用多联式空调(热泵)系统形式，且室外机与管理考核单元相对应时，多联式空调(热泵)应分别计量。 2)无经济核算单元时，空调末端和空调插座应按楼层或分区计量；当建筑内有出租单元且采用集中空调时，出租单元内空调末端宜单独设一表计。 (9)电力系统计量设计应符合以下要求： 1)动力用电应按下列不同功能的设备类别分别计量：电梯、水泵、通风机。 2)特殊用电应按区域单独计量，如信息中心、洗衣房、厨房餐厅、游泳池、健身房等。 (10)计量装置选型应符合以下要求： 1)总水量计量应采用具有远传功能的数字式水表，厨房、卫生间等分项用水计量宜采用具有远传功能的数字式水表，其余表计的选用宜根据投资、测量精度、安装条件等综合考虑。

续表

地区	省、直辖市和自治区名称	能耗监测系统标准
华东区	江苏	2)给水系统和设备的能耗计量应根据系统型式、使用水温等情况选择合适的计量器具,并应符合以下规定:冷水系统应选用冷水表计量;热水系统应选用热水表计量;蒸汽热交换器宜选用蒸汽流量计计量;水-水热交换器宜选用热量计计量。 (11)水计量设计应符合以下要求: 1)市政给水管网的引入管上应设置总水表计量。 2)每栋单体建筑宜设分水表计量。 3)给水系统应根据不同用水性质、不同的产权单位、不同的用水单价和单位内部经济核算单元的情况,进行分别计量。 4)当热水系统的计量装置后设有回水管时,回水管上应设计量装置。 5)给水系统中餐饮用水、游泳池补充水、冷却塔补充水、空调水系统补充水、锅炉补充水、水景补充水应单独计量。 6)喷灌系统、雨水回用系统、中水回用系统和集中式太阳能热水系统应进行计量。 7)热交换器的热媒用量应进行计量。 (12)计量装置选型应符合以下要求: 1)热量表应根据公称流量选型,并校核在设计流量下的压降。公称流量可按照设计流量的80%确定。 2)冷(热)量总表、煤气总表、燃油总表等应具有数据远传功能,其余表的选用宜根据投资、测量精度、安装条件等综合考虑。 (13)集中供暖系统计量设计应符合以下要求: 1)建筑物热力入口处应设置热计量装置。 2)公共用房和公共空间宜设置单独的供暖系统及热计量装置。 (14)多联式空调(热泵)系统计量设计应符合以下要求: 1)在同一区域组合或同一空调系统内,宜按经济核算单元设置空调用电计量装置。 2)系统跨越两个或两个以上经济核算单元时,应采取电能核算分配计量措施。 3)公共用房和公共空间宜设置单独的空调系统。 4)空调新风系统的划分宜与多联式空调(热泵)系统一致,以便进行电能核算。 (15)集中式空调系统计量设计应符合以下要求: 1)采用区域性冷源和热源时,每栋单体建筑的冷源和热源入口处应设置冷(热)量计量装置。 2)建筑内部宜按经济核算单元设置用能计量装置。 3)空调风系统宜按经济核算单元布置,以便进行电能计量。 4)公共用房和公共空间宜设置单独空调水系统和风系统,同时设置相应的冷(热)量计量装置和电能计量装置。 5)当采用冷凝热回收时,宜单独设置热回收计量装置。 (16)制冷站计量设计应符合以下要求: 1)制冷站应设置冷量计量装置。 2)空调冷却水及冷水系统应设置补水计量装置。

续表

地区	省、直辖市和自治区名称	能耗监测系统标准
华东区	江苏	(17)锅炉房及热交换站计量设计应符合以下要求： 1)燃煤锅炉应设置计量装置(如铁路道衡、汽车衡等)。 2)原煤输送系统应设置计量装置(如皮带秤、冲击流量秤等)。 3)燃油、燃气锅炉应设置油、气计量装置。 4)蒸汽锅炉应设置蒸汽流量和水量计量装置；宜设置蒸汽凝结水回收量及回收热的计量装置。 5)热水锅炉应设置供热量和补水量计量装置。 6)热交换站应分别设置空调热水、生活热水的热计量装置。 (18)数据传输过程中配置的信息转换、放大等设备应设置在筑物弱电井(间)内，宜以专用箱体防护。传输设备和计量装置宜以不间断电源集中供电
华南区	广东	1. 广州：广州市公共建筑用电分项计量设计导则 (1)公共区域用电由建筑物公共区域的照明(包括应急照明)和插座用电组成，可包括单套设备额定功率不大于 3kW 的小型空调通风设备的用电。 (2)功能区照明插座用电是指建筑物内非公用区域的照明(包括应急照明)及从插座取电的室内设备用电。可包括功能区内单套设备额定功率不大于 3kW 的小型空调通风设备用电。 (3)空调末端用电，由可单独计量的全空气机组及新风机组、风机盘管和分散空调用电三项二级能耗子项的用电合并组成。国家机关办公建筑及大型公共建筑中非经营性区域采用分散空调的，其用电计量应划分到空调用电分项。 (4)水泵用电，由除空调供暖系统和消防系统以外的所有水泵，含生活水泵、排污泵、中水泵、生活热水热源、生活热水泵及水处理设备等用电组成。单套设备额定功率不大于 3kW 的小型生活热水热源可根据供电回路划分至功能区照明插座用电或公共区域照明插座用电。 (5)非空调通风用电，是指除空调供暖系统和消防系统以外的所有风机，如车库通风机、厕所排风机等。厕所排风机等单套设备额定功率不大于 3kW 的小型非空调通风设备如接入室内照明或插座回路，应属相应分项。 (6)医疗设备、超市冷藏设备等有专业用途的设备，当其专用设备及附属设备的用电总额定功率大于等于 30kW 时，应对其专用设备及附属设备用电计量，列入专业用途设备用电项内。 (7)对功能特殊且用电总额定功率大于等于 10kW 的专用设备及其附属设备的用电，应列为其他特殊用电项进行计量。 (8)分户计量计费的用电区域可按其主要用电性质划分至相应的用电分项。 2. 深圳：(1)应根据国家现行有关标准的规定对建筑的主要能耗进行分类分项独立计量。 1)低压配电系统应在空调系统、照明插座、电梯系统、信息中心及相关的出线回路上设置具有标准通信接口的分项能耗数据计量仪表； 2)采用区域性冷源时，在每栋建筑的冷源入口处，应设置冷量计量装置； 3)其他能源如燃气、燃油等应进行分项分类独立计量。 (2)评分项 建筑能耗指标(40 分) 建筑能耗指标优于现行国家和深圳市建筑能耗指标约束值的要求，评价总分值为 40 分，并按下列表的规则评分。 建筑能耗指标降低

<table>
<tr><th>地区</th><th>省、直辖市和自治区名称</th><th>能耗监测系统标准</th></tr>
<tr><td rowspan="3">华南区</td><td>广东</td><td>
<table>
<tr><th colspan="2">建筑能耗指标降低幅度</th><th rowspan="2">得分</th></tr>
<tr><th>居住建筑</th><th>公共建筑</th></tr>
<tr><td>3%</td><td>2%</td><td>4</td></tr>
<tr><td>6%</td><td>4%</td><td>8</td></tr>
<tr><td>9%</td><td>6%</td><td>12</td></tr>
<tr><td>12%</td><td>8%</td><td>16</td></tr>
<tr><td>15%</td><td>10%</td><td>20</td></tr>
<tr><td>18%</td><td>12%</td><td>24</td></tr>
<tr><td>21%</td><td>14%</td><td>28</td></tr>
<tr><td>24%</td><td>16%</td><td>32</td></tr>
<tr><td>27%</td><td>18%</td><td>36</td></tr>
<tr><td>30%</td><td>20%</td><td>40</td></tr>
</table>
</td></tr>
<tr><td>广西</td><td>广西壮族自治区民用建筑节能条例</td></tr>
<tr><td>海南</td><td>(1)主要次级用能单位用电量大于等于 10kW 或单台用电设备大于等于 100kW 时，应设置电能计量装置。公共建筑宜设置用电能耗监测与计量系统，并进行能效分析和管理。
(2)公共建筑应按功能区域设置电能监测与计量系统。
(3)公共建筑应按照明插座、空调、电力、特殊用电分项进行电能监测与计量。若空调系统末端用电不可单独计量，空调系统末端用电应计算在照明和插座子项中。办公建筑宜将照明和插座分项进行电能监测与计量。
(4)冷热源系统的循环水泵耗电量宜单独计量</td></tr>
<tr><td>西北区</td><td>陕西</td><td>《陕西省建筑节能与绿色建筑“十三五”规划》；
《西安市公共建筑能耗监测系统技术规范》DBJ61/T 97</td></tr>
<tr><td>西南区</td><td>四川</td><td>详见 9.2 节</td></tr>
<tr><td colspan="3">注：河北、辽宁、吉林、黑龙江、上海、安徽、浙江、福建、江西、湖北、湖南、河南、甘肃、新疆、青海、宁夏、重庆、云南、贵州、西藏，暂时未找到相关资料</td></tr>
</table>

10 住宅配电与机房

10.1 住宅项目电气设计一般要求（每户容量等）

<table>
<tr><th>地区</th><th>省、直辖市和自治区名称</th><th>住宅项目电气设计一般要求(每户容量等)</th></tr>
<tr><td>华北区</td><td>北京</td><td>
(1)普通住宅、高档住宅楼、高级公寓及别墅区、用电容量小于100kW的住宅配套设施(小区配套建筑)，针对低压供电，供电容量负荷计算指标如下：
1)建筑面积80m²(不含)以下为6kW/户；
2)建筑面积80～120(不含)m² 为8kW/户；
3)建筑面积120～150(不含)m² 为10kW/户；
4)采用电供暖的用户，每户增加2kW；
5)建筑面积150m² 以上的住宅，超过150m² 面积部分按照50W/m² 的标准进行计算；
6)小区配套设施宜按60W/m² 的标准进行配置；
7)负荷计算指标应预留电动汽车充换电设施及高档住宅集中供冷的用电容量。
(2)居民住宅小区用电负荷应按照下式计算：
$$P=\Sigma Q\times F\times K$$
式中 P——用户计算最大负荷，kW；
Q——负荷计算指标，kW户或kW/m²；
F——户数或建筑面积，户或m²；
K——需用系数，各类住宅用电负荷需用系数参见如下：
<table>
<tr><th>序号</th><th>项目类别</th><th>需用系数</th></tr>
<tr><td>1</td><td>普通住宅</td><td>0.2</td></tr>
<tr><td>2</td><td>高档住宅楼、高级公寓、住宅及办公为一体的建筑（不含分散式电供暖）</td><td>200户及以下0.2
200户及以上0.15</td></tr>
<tr><td>3</td><td>蓄能分散式电供暖</td><td>0.6</td></tr>
</table>
</td></tr>
</table>

续表

<table>
<tr><th>地区</th><th>省、直辖市和自治区名称</th><th>住宅项目电气设计一般要求(每户容量等)</th></tr>
<tr><td rowspan="3">华北区</td><td>北京</td><td>续表
<table>
<tr><th>序号</th><th>项目类别</th><th>需用系数</th></tr>
<tr><td>4</td><td>非蓄能分散式电供暖</td><td>0.2</td></tr>
<tr><td>5</td><td>计算采用集中式电锅炉(只作为供暖,不作制冷用)供暖的住宅,锅炉配电室与住宅配电室不分开时</td><td>0.6</td></tr>
<tr><td>6</td><td>计算采用集中式电锅炉(只作为供暖,不作制冷用)供暖的住宅,锅炉配电室与住宅配电室分开时</td><td>0.2</td></tr>
<tr><td>7</td><td>住宅区内的配套公建(如小型超市、学校、社区服务业等)</td><td>0.6</td></tr>
</table></td></tr>
<tr><td>天津</td><td>(1)每套住宅用电负荷不应小于4kW;
(2)每套住宅用电负荷超过12kW时,宜采用三相供电;
(3)每套住宅套内建筑面积大于80m^{2}时,可按50W/m^{2}计算用电负荷。电能计量表规格根据负荷确定</td></tr>
<tr><td>河北</td><td>(1)住宅小区每户容量宜按以下原则配置:
居民住宅区用电容量按50W/m^{2}计算,每户用电容量最小不低于4kW。有特殊需要的住宅,基本配置容量根据实际需要确定(详见下表)。
居民住宅小区用电容量计算
<table>
<tr><th>序号</th><th>建筑面积</th><th>每户配置容量</th></tr>
<tr><td>1</td><td>小于80m^2</td><td>不低于4kW</td></tr>
<tr><td>2</td><td>80～120m^2</td><td>不低于6kW</td></tr>
<tr><td>3</td><td>120～150m^2</td><td>不低于8kW</td></tr>
<tr><td>4</td><td>大于150m^2</td><td>不低于12kW</td></tr>
<tr><td>5</td><td>别墅类住宅</td><td>根据实际需要,不低于16kW</td></tr>
</table>
(2)公共服务设施应按实际设备容量计算。设备容量不明确时,按负荷密度估算:办公60～100W/m^2;商业100～150W/m^2。
(3)小区内电动汽车充电桩配置原则应按:小区配建的车位数×单台充电桩容量×需用系数。
(4)小区内地源热泵、电锅炉等集中取暖的热设备应按实际设备容量计算,设备容量不明确时,按负荷密度估算:用户建筑面积(m^2)×用户数×50W×需用系数配置。</td></tr>
</table>

续表

<table>
<tr><th>地区</th><th>省、直辖市和自治区名称</th><th>住宅项目电气设计一般要求(每户容量等)</th></tr>
<tr><td rowspan="3">华北区</td><td>河北</td><td>(5)分散电供暖用户应在小区用电设计时,考虑每户用电负荷的增加。
(6)住宅小区用电负荷配置系数按下列原则确定:
1)单台配变容量选择,应按下表中配置系数进行配置。
2)配电变压器配置容量=Σ(低压用电负荷$\times K_p$)。
配变容量选择配置系数表
<table>
<tr><th>序号</th><th>变压器供电范围内住宅户数</th><th>配置系数(K_p)</th></tr>
<tr><td>1</td><td>72户及以下</td><td>0.7</td></tr>
<tr><td>2</td><td>72户以上300户以下</td><td>0.6</td></tr>
<tr><td>3</td><td>300户及以上</td><td>0.5</td></tr>
<tr><td>4</td><td>低压供电公建设施</td><td>0.8</td></tr>
</table>
(7)地源热泵、电锅炉等集中供暖电设备需用专用配变供电,容量按计算容量配置</td></tr>
<tr><td>内蒙古</td><td>居住区低压用电负荷按照《内蒙古电力(集团)有限责任公司配电网技术标准》(内电生产[2011]82号)的规定计算,包括必要的低压供电公建设施容量,不包括居住区内中高压供电的大型公建设施的供电容量。
各类住宅用电负荷及需用系数表
<table>
<tr><th>序号</th><th>项目类别</th><th>用电负荷指标</th><th>需用系数</th></tr>
<tr><td>1</td><td>普通住宅</td><td>6kW/户或60W/m^2</td><td>0.2</td></tr>
<tr><td>2</td><td>高档住宅楼、高级公寓、住宅及办公为一体的建筑(不含分散式电供暖)</td><td>10kW/户</td><td>200户及以下0.2,
200户以上0.15</td></tr>
<tr><td>3</td><td>分散式电供暖(除采用集中式电锅炉以外的分散式电供暖,如电热膜、电暖气等)</td><td>6kW/户</td><td>0.6</td></tr>
<tr><td>4</td><td>计算采用集中式电锅炉(只作为供暖,不作制冷用)供暖的住宅,锅炉配电室与住宅配电室分开时</td><td>6kW/户</td><td>0.2</td></tr>
<tr><td>5</td><td>计算采用集中式电锅炉(只作为供暖,不作制冷用)供暖的住宅,锅炉配电室与住宅配电室不分开时</td><td>6kW/户</td><td>0.6</td></tr>
<tr><td>6</td><td>住宅区内的配套公建(如小型超市、学校、社区服务业等)</td><td>在没有明确的用电设备及计算负荷时80W/m^2</td><td>0.6</td></tr>
</table></td></tr>
<tr><td>山西</td><td>居民用电与公共用电分别设置变电所、配电室</td></tr>
</table>

续表

<table>
<tr><th>地区</th><th>省、直辖市和自治区名称</th><th>住宅项目电气设计一般要求(每户容量等)</th></tr>
<tr><td>东北区</td><td>吉林</td><td>住宅面积≤100m^2,4kW/户;100m^2<住宅面积<150m^2, 6kW/户;住宅面积>150m^2,8~10kW/户</td></tr>
<tr><td rowspan="3">华东区</td><td>福建</td><td>(1)建筑面积60m^2及以下的住宅,基本配置容量每户6kW;建筑面积60m^2以上、100m^2及以下的住宅,基本配置容量每户8kW;建筑面积100m^2以上、140m^2及以下的住宅,基本配置容量每户10kW;建筑面积140m^2以上的住宅,每增加40m^2,增配2kW;住宅小区公建设施原则上按40W/m^2配置;
(2)别墅、低密度联排高档住宅可按实际需要确定用电容量,但不应低于1中的标准;
(3)住宅小区内配套办公场所可按实际需要容量确定用电容量,实际需要不明确时,可采用负荷密度法计算,负荷密度取值100W/m^2,需要系数取0.7~0.8;
(4)住宅区内商场、店面、会所等可按实际需要容量确定用电容量,实际需要不明确时,可采用负荷密度法计算,负荷密度取值120W/m^2,需要系数取0.85~0.9;
(5)计算低压总负荷时,不应考虑消防负荷。但当消防用电的计算有功功率大于火灾时可能同时切除的一般电力、照明负荷的计算有功功率时,计算负荷应按未切除的一般电力、照明负荷加上消防负荷计算低压总的设备容量</td></tr>
<tr><td>山东</td><td>按照山东省《住宅小区供配电设施设计标准》</td></tr>
<tr><td>江西</td><td>(1)新建住宅用电负荷容量按以下原则确定:
每户建筑面积在60m^2及以下的住宅(含经济适用房、廉租房、公共租赁房等保障性住房),配套供电基本容量为每户4kW;每户建筑面积在60~90m^2以下(包括90m^2)的住宅,配套供电基本容量为每户6kW;每户建筑面积在90~120m^2(包括120m^2)的住宅,配套供电基本容量为8kW;每户建筑面积在120~150m^2(包括150m^2)的住宅,配套供电基本容量为10kW;每户建筑面积在150m^2以上的住宅,配套供电基本容量为12kW;住宅公共用电设施供电基本容量按每平方米30W配置。
(2)新建住宅用电负荷配置系数按下列原则确定:
1)配变安装容量应按不小于0.5的配置系数进行配置。
2)低压干线截面选择,应按下表中配置系数进行配置。
低压干线截面选择配置系数表
<table>
<tr><th>序号</th><th>居民住宅户数</th><th>配置系数(K_p)</th></tr>
<tr><td>1</td><td>3户及以下</td><td>1</td></tr>
<tr><td>2</td><td>3户以上12户以下</td><td>≥0.7</td></tr>
<tr><td>3</td><td>12户及以上,36户及以下</td><td>≥0.6</td></tr>
<tr><td>4</td><td>36户以上</td><td>≥0.5</td></tr>
</table>
</td></tr>
</table>

续表

<table>
<tr><th>地区</th><th>省、直辖市和自治区名称</th><th>住宅项目电气设计一般要求(每户容量等)</th></tr>
<tr><td rowspan="2">华东区</td><td>江西</td><td>3)新建住宅内公建用电和住宅公共用电设施用电设备总容量在 100kW 或需用变压器容量在 50kVA 以下者可采用低压方式供电。
4)新建住宅内公建设施用电设备应按实际设备容量计算。设备容量不明确时,按单位建筑面积用电指标估算:办公 50～100VA/m^2;商业 60～180VA/m^2。
5)新建住宅配变的单台容量选用不宜超过 800kVA</td></tr>
<tr><td>江苏</td><td>
<table>
<tr><th>序号</th><th colspan="2">变电所供电范围内的负荷</th><th colspan="2">电源配置</th><th>供电范围内用电户数</th><th>配置系数</th></tr>
<tr><td rowspan="5">1</td><td rowspan="5">住宅</td><td>0<建筑面积≤120m^2</td><td>8kW</td><td>单相</td><td>50 户及以下</td><td>0.7</td></tr>
<tr><td rowspan="2">120m^2<建筑面积≤150m^2</td><td rowspan="2">12kW</td><td>单相(无三相设备)</td><td rowspan="2">50 户以上 200 户以下</td><td rowspan="2">0.6</td></tr>
<tr><td>三相</td></tr>
<tr><td>150m^2<建筑面积≤200m^2</td><td>16kW</td><td>三相</td><td>200 户以上</td><td>0.5</td></tr>
<tr><td>建筑面积>200m^2</td><td>80W/m^2</td><td>三相</td><td>/</td><td>/</td></tr>
<tr><td rowspan="3">2</td><td rowspan="3">公共服务设施</td><td>配套办公</td><td>100W/m^2</td><td>三相</td><td>/</td><td>0.8</td></tr>
<tr><td>配套商业(会所)</td><td>150W/m^2</td><td>三相</td><td>/</td><td>0.8</td></tr>
<tr><td>汽车库、车棚、垃圾房等</td><td>40W/m^2</td><td>三相</td><td>/</td><td>0.8</td></tr>
<tr><td rowspan="2">3</td><td colspan="2" rowspan="2">充电桩</td><td rowspan="2">7kW/套</td><td rowspan="2">单相</td><td>车位数<200</td><td>0.4</td></tr>
<tr><td>车位数≥200</td><td>0.3</td></tr>
<tr><td>4</td><td colspan="2">其他</td><td colspan="4">住宅建筑电梯均按二级负荷配电</td></tr>
</table>
</td></tr>
<tr><td>华南区</td><td>广东</td><td>(1)居民客户供电方案的基本内容(摘自中国南方电网《10kV 及以下业扩受电工程技术导则(2018 版)》第 5.2.3 条)
1)客户基本用电信息:户名、用电地址、核定的用电容量。
2)供电电压、供电线路、配变名称、供电容量。
3)进线方式、受电装置位置、计量点的设置,计量方式。
4)供电方案的有效期。
(2)居民客户用电容量的确定(摘自《10kV 及以下业扩受电工程技术导则(2018 版)》第 6.1.3 条)
1)居住区住宅用电容量的配置
①居住区住宅以及公共服务设施用电容量的确定应综合考虑所在城市的性质、社会经济、气候、民族、习俗及家庭能源使用的种类。
②居住区供电的负荷计算,一般采用负荷密度法、单位指标法和需要系数法。其单位指标负荷或密度不宜小于下表的数值:</td></tr>
</table>

续表

地区	省、直辖市和自治区名称	住宅项目电气设计一般要求（每户容量等）
华南区	广东	

住宅、餐饮、商业和办公用电负荷密度

客户类型		用电功率或负荷密度
住宅	建筑面积≤60 m^2	6kW/套
	60<建筑面积≤90 m^2	8kW/套
	90<建筑面积≤140 m^2	10kW/套
	建筑面积>140 m^2	超出的建筑面积按 30～40W/m^2
餐饮		按 150～200W/m^2，特殊设备按实际负荷进行计算
商用		按 100～120W/m^2，特殊设备按实际负荷进行计算
办公		按 80～100W/m^2 计算

备注：①餐饮、商用客户的需要系数按照 0.7～0.85 考虑；②办公客户的需要系数按照 0.7～0.8 考虑；③住宅的用电指标摘自《居民住宅小区电力配置规范》GB/T 36040—2018；④表中所描述的单位面积负荷指标，如果层高大于等于 4.5m 时应该考虑日后装修出现夹层增加的面积。

2)居住区公用变压器容量的确定

①居住区用电负荷应根据居住区内总计算负荷及功率因数确定。

②居住区公用配电变压器，应采取“小容量，多布点”的原则，在满足电压质量和可靠性的条件下，应因地制宜。配电变压器容量应靠近负荷中心，单台油浸式变压器的容量选择最大不应超过 630kVA，单台干式变压器的容量选择最大不应超过 1250kVA。

③变压器的需要系数是根据居住区内居民住宅总户数的多少来确定，户数越少则需要系数选择越大，户数越多则需要系数选择相应递减，住宅用电负荷的需要系数可以参考下表所示。

④公用配电变压器的长期工作负载率不宜大于 80%，自备配电变压器的长期工作负载率不宜大于 85%。

住宅用电负荷的需要系数

按单相配电计算时所连接的基本户数	按三相配电计算时所连接的基本户数	需要系数
1～3	3～9	0.90～1.00
4～8	12～24	0.65～0.90
9～12	27～36	0.50～0.65
13～24	39～72	0.45～0.50
25～124	75～372	0.4～0.45
125～299	375～777	0.30～0.40
260～300	780～900	0.26～0.30

注：1. 本表摘自《居民住宅小区电力配置规范》GB/T 36040—2018。
2. 住宅的公用照明和公用电力负荷需要系数可取 0.8。
3. 按单相配配电计算时所连接的基本户数指的单相配电时，接于同一相上的户数，按三相配电计算时所连接的户数乘以 3。

续表

地区	省、直辖市和自治区名称	住宅项目电气设计一般要求(每户容量等)
华南区	广东	(3)居民住宅小区供电电压等级的确定(摘自中国南方电网《10kV及以下业扩受电工程技术导则(2018版)》第6.2.1点) 1)A+、A、B类供电区居民住宅小区应采用环网供电方式,C、D类供电区居民住宅小区宜采用环网供电方式。 2)对于装机总容量在40000kVA及以上的小区,由客户无偿提供变电站用地,由供电企业投资建设变电站(含输电线路、出线间隔)到客户规划用电区域红线范围内,以客户接入供电企业投资变电站出线间隔的电缆终端头为投资分界点,分界点电源侧设施由供电企业投资建设,分界点负荷侧设施(含电缆终端头)由客户投资建设。 3)小区终期规划装机总容量在40000kVA以下的,应由10kV供电,对于装机总容量8000(含)~40000kVA以下的小区,宜由变电站10kV开关柜出线供电。 4)有独立产权的商品房供电方式按一户一表配置。 5)小区配套的商场(超市)、会所、幼儿园及学校等采用独立回路供电,按照电价类别独立安装电表计费,用电容量在100kW及以上的,应单独设置专变供电。 6)对于地下室照明、抽水、电梯、消防、公共景观及照明等公用设施设备由小区公用变供电,如上述设备单台容量超过100kW及以上时应设置小区专用变供电,计量装置宜设于独立配电室内。 7)住宅小区中住宅楼、小间式商业店面、独立供电的车库及杂物间由小区公用变供电,在末端采用一户一表集中表箱供电,当非居民负荷数量或容量较大时应由专变供电
华南区	广西	(1)每户容量(见居住区住宅用电负荷配置表) (2)变压器容量选择(见配变安装容量配置系数表)

(1)每户容量

居住区住宅用电负荷配置表

居民用户类型	用电功率
户建筑面积 $S \leqslant 60m^2$	4kW
户建筑面积 $60m^2 < S \leqslant 90m^2$	6kW
户建筑面积 $90m^2 < S \leqslant 144m^2$	8kW
户建筑面积 $144m^2 < S \leqslant 180m^2$	11kW
户建筑面积 $S > 180m^2$	60W

(2)变压器容量选择

配变安装容量配置系数表

单台配变所供居民住宅户数	配置系数(K_p)
10户及以下	0.9~1
10户以上30户以下	0.8
30户以上50户以下	0.7
50户以上100户以下	0.65
100户以上200户以下	0.6
200户以上300户以下	0.55
300户及以上	0.5

续表

<table>
<tr><th>地区</th><th>省、直辖市和自治区名称</th><th>住宅项目电气设计一般要求(每户容量等)</th></tr>
<tr><td rowspan="2">华南区</td><td>广西</td><td>

(3)干线系数

低压线路馈送容量配置系数表

<table>
<tr><th>单一回路低压线路所供居民住宅户数</th><th>多层住宅建筑配置系数(K_p)</th><th>高层住宅建筑配置系数(K_p)</th></tr>
<tr><td>3 户及以下</td><td>1</td><td>1</td></tr>
<tr><td>3 户以上 12 户以下</td><td>不小于 0.8</td><td>不小于 0.9</td></tr>
<tr><td>12 户及以上,50 户及以下</td><td>不小于 0.7</td><td>不小于 0.8</td></tr>
<tr><td>50 户以上</td><td>不小于 0.6</td><td>不小于 0.7</td></tr>
</table>

</td></tr>
<tr><td>海南</td><td>

(1)南网:要求同广东

(2)《海南省新建住宅小区供配电设施建设技术规范》:

每套住宅用电负荷选择表

<table>
<tr><th>套型</th><th>建筑面积(m^2)</th><th>用电负荷(kW)</th><th>供电电源</th></tr>
<tr><td>A</td><td>$S \leqslant 60$</td><td>3.5</td><td>单相</td></tr>
<tr><td>B</td><td>$60 < S \leqslant 90$</td><td>4</td><td>单相</td></tr>
<tr><td>C</td><td>$90 < S \leqslant 120$</td><td>5</td><td>单相</td></tr>
<tr><td>D</td><td>$120 < S \leqslant 150$</td><td>6</td><td>单相</td></tr>
<tr><td>E</td><td>$150 < S \leqslant 180$</td><td>8</td><td>单相</td></tr>
</table>

当每套住宅建筑面积大于 180m^2 时,超出的面积可按 40~50W/m^2 计算用电负荷。

每套住宅用电负荷超过 12kW 时,宜采用三相电源进户。

(3)每户用电容量具体数值可根据项目实际需求确定

</td></tr>
<tr><td>中南区</td><td>湖北</td><td>

住宅用电标准:

<table>
<tr><th>建筑面积</th><th>每户容量</th><th>供电电压</th></tr>
<tr><td>小于 60m^2</td><td>不宜小于 4kW</td><td>单相</td></tr>
<tr><td>60~120m^2 之间</td><td>用电负荷不宜小于 8kW</td><td>单相</td></tr>
<tr><td>120~150m^2 之间</td><td>用电负荷不宜小于 12kW</td><td>单相</td></tr>
<tr><td>150m^2 以上</td><td>用电负荷不宜小于 16kW</td><td>三相</td></tr>
</table>

【依据《新建住宅供配电设施设计规范》Q/GDW15 001-2014-10501 第 5.3.1 条】

</td></tr>
</table>

续表

<table>
<tr><th>地区</th><th>省、直辖市和自治区名称</th><th>住宅项目电气设计一般要求(每户容量等)</th></tr>
<tr><td rowspan="2">西北区</td><td>陕西</td><td>《西安市新建住宅供配电设施建设技术导则》(市建发【2013】113 号文件)</td></tr>
<tr><td>新疆</td><td>90～120m² 住宅每户按 6kW,120～150m² 住宅每户按 8kW</td></tr>
<tr><td>西南区</td><td>重庆</td><td>
(1)住宅负荷计算
1)方案设计阶段可以采用下表进行变压器容量估算:
<table>
<tr><th>套型</th><th>建筑面积 S(m²)</th><th>普通住宅用电负荷(kVA)</th><th>全电气化住宅用电负荷(kVA)</th></tr>
<tr><td>单间配套</td><td>S≤40</td><td>1.8～2.5</td><td>3.2～3.9</td></tr>
<tr><td>一居室</td><td>40<S≤60</td><td>2.5～3.4</td><td>3.9～4.5</td></tr>
<tr><td>二居室</td><td>60<S≤80</td><td>3.4～4.1</td><td>4.5～5.3</td></tr>
<tr><td>三居室</td><td>80<S≤120</td><td>4.1～5.7</td><td>5.3～6.7</td></tr>
<tr><td>四居室</td><td>120<S≤150</td><td>5.1～6.5</td><td>5.9～7.6</td></tr>
<tr><td>四居室</td><td>150<S≤200</td><td>5.8～7.4</td><td>6.7～8.6</td></tr>
</table>
注:1. 本参数为变压器低压侧功率因数为 0.92 的取值,当功率因数小于 0.92 时,其取值应相应提高。
2. 建筑面积指每套住宅的套内建筑面积,不含走道等公摊面积。
3. 负荷取值为范围,设计人员应根据地区的经济发展情况、地理环境以及住宅标准确定。
2)施工图设计阶段可以按需要系数法进行计算,每套住宅用电负荷取值和需要系数取值详见下表:
<table>
<tr><th>套型</th><th>建筑面积 S(m²)</th><th>普通住宅用电负荷(kW)</th><th>全电气化住宅用电负荷(kW)</th></tr>
<tr><td>单间配套</td><td>S≤40</td><td>3～4</td><td>6～7</td></tr>
<tr><td>一居室</td><td>40<S≤60</td><td>4～5</td><td>7～8</td></tr>
<tr><td>二居室</td><td>60<S≤80</td><td>5～6</td><td>8～9</td></tr>
<tr><td>三居室</td><td>80<S≤120</td><td>6～8</td><td>9～11</td></tr>
<tr><td>四居室</td><td>120<S≤150</td><td>7～9</td><td>10～12</td></tr>
<tr><td>四居室</td><td>150<S≤200</td><td>8～10</td><td>11～13</td></tr>
</table>
注:1. 建筑面积指每套住宅的套内建筑面积,不含走道等公摊面积。
2. 当住宅建筑面积大于 150m² 时,超出部分的面积可按 50W/m² 计算用电负荷。
</td></tr>
</table>

<table>
<tr><th>地区</th><th>省、直辖市和自治区名称</th><th>住宅项目电气设计一般要求(每户容量等)</th></tr>
<tr><td rowspan="2">西南区</td><td>重庆</td><td>负荷计算需要系数 K_x 选择见下表：
<table><tr><th>按单相配电计算时所连接的基本户数</th><th>按三相配电计算时所连接的基本户数</th><th>需要系数</th></tr><tr><td>1～3</td><td>3～9</td><td>1～0.90</td></tr><tr><td>4～8</td><td>12～24</td><td>0.90～0.65</td></tr><tr><td>9～12</td><td>27～36</td><td>0.65～0.50</td></tr><tr><td>13～24</td><td>39～72</td><td>0.50～0.45</td></tr><tr><td>25～124</td><td>75～300</td><td>0.45～0.40</td></tr><tr><td>125～259</td><td>375～600</td><td>0.40～0.30</td></tr><tr><td>260～300</td><td>780～900</td><td>0.30～0.26</td></tr></table>(2)公建设施配置标准
1)公建设施指该居民住宅中涵盖的配套设施，包括公用照明、电梯、水泵、公灯、街坊路灯、水景设施、景观照明、幼托、中小学、少年宫、敬老院、医疗卫生、物业办公室、车库、车棚、垃圾房等。
2)一般公建设施配置标准为 40～60W/m^2，办公为 60～100W/m^2，商业(会所)为 100～150W/m^2</td></tr>
<tr><td>四川</td><td>(1)用电负荷计算标准
<table><tr><th>建筑面积 S(m^2)</th><th>每户容量(kW)</th></tr><tr><td>$S \leqslant 60$</td><td>4</td></tr><tr><td>$60 < S \leqslant 80$</td><td>6</td></tr><tr><td>$80 < S \leqslant 120$</td><td>8</td></tr><tr><td>$120 < S \leqslant 150$</td><td>10</td></tr><tr><td>$S > 150$</td><td>超出部分 50W/m^2</td></tr></table>(2)变压器配置容量计算方法
变压器配置容量宜采用住宅小区用电负荷与需要系数法相结合的算法，需要系数应根据当地气候条件、供暖方式、电炊具使用等因素确定。需要系数 K_x 按下表选取。</td></tr>
</table>

续表

地区	省、直辖市和自治区名称	住宅项目电气设计一般要求（每户容量等）
西南区	四川	（续）

按单相配电计算时所连接的基本户数	按三相配电计算时所连接的基本户数	需要系数(K_x)
1～3	3～9	0.90～1
4～8	12～24	0.65～0.90
9～12	27～36	0.50～0.65
13～24	39～72	0.45～0.50
25～124	75～300	0.40～0.45
125～259	375～600	0.30～0.40
269～300	780～900	0.26～0.30

(3)住宅变压器设置容量选配原则

变压器类别	容量
油浸式配电变压器	200kVA、400kVA、630kVA
干式配电变压器	400kVA、630kVA、800kVA、1000kVA、1250kVA
户外预装式变电站	≤800kVA
柱上变压器	≤400kVA

(4)低压干线及分接表箱电缆截面配置

1)单根电缆供电容量=∑供电范围内居民住宅负荷×需要系数(K_p)，需要系数(K_p)按下表选取。

供电范围内居民住宅户数	需要系数(K_p)
3 户及以下	1.0
3 户以上 12 户以下	不下于 0.8
12 户及以上，36 户及以下	不小于 0.5
36 户及以上	不小于 0.4

2)低压电缆分接（分支）箱分接表箱的单回电缆，应控制其回路电流不大于 150A。

续表

<table>
<tr><th>地区</th><th>省、直辖市和自治区名称</th><th>住宅项目电气设计一般要求(每户容量等)</th></tr>
<tr><td rowspan="2">西南区</td><td>四川</td><td>(5)电能计量装置设计
1)小区每户用电按“一户一表”方式安装电能计量装置,共用部分用电独立安装电能计量装置,计量装置安装满足《电能计量装置技术管理规程》DL/T 448 技术要求。
2)高层住宅采用每层或分层集中装表方式安装电能计量箱,并应根据其集中的电表数选择适宜的安装方式和计量箱配置,每个集中点不宜超过 12 只电表。
3)多层住宅、别墅等宜采用集中装表方式,计量箱设在公共区域,或采用落地式户外计量箱。
4)从电能计量箱接至每户住户配电箱的导线截面单相时不小于 $10mm^2$;三相时不小于 $6mm^2$。
5)每套住宅用电负荷不超过 12kW 时,应采用单相电能表。每套住宅用电负荷超过 12kW 或有单相用电设备时,可采用三相电能表</td></tr>
<tr><td>云南</td><td>居民小区住宅用电负荷最低配置表:
<table>
<tr><th>居民用户类型</th><th>用电功率</th><th>供电方式</th></tr>
<tr><td>户建筑面积 $S<90m^2$</td><td>4kW</td><td>单相供电</td></tr>
<tr><td>户建筑面积 $90m^2 \leqslant S \leqslant 120m^2$</td><td>6kW</td><td>单相供电</td></tr>
<tr><td>户建筑面积 $121m^2 \leqslant S \leqslant 150m^2$</td><td>8kW</td><td>单相供电</td></tr>
<tr><td>户建筑面积 $S \geqslant 151m^2$</td><td>10kW</td><td>单相供电</td></tr>
</table>注:高于上述基本配置标准的住宅项目由开发建设单位与供电部门双方约定配置标准。</td></tr>
<tr><td colspan="3">注:辽宁、黑龙江、上海、安徽、浙江、湖南、河南、甘肃、青海、宁夏、贵州、西藏,暂时未找到相关资料</td></tr>
</table>

10.2 住宅项目变配电系统的要求(开闭站、变电室、变压器)

地区	省、直辖市和自治区名称	住宅项目变配电系统的要求	扫码看图
华北区	北京	(1)居民住宅小区应根据建设规模和规划需要设立开关站、配电站,并符合《20kV 及以下变电所设计规范》GB 50053 的要求 (2)配电站应靠近用电负荷中心并便于电力线路进出。	

续表

地区	省、直辖市和自治区名称	住宅项目变配电系统的要求	扫码看图
华北区	北京	(3)开关站、配电站应靠近市政道路或小区道路。进出通道应满足开关站、配电站消防、日常运行维护、主设备运输等要求。 (4)开关站、配电站应按管理和性质的要求分室独立设置,并与周边总体环境相协调,宜设在地上层,不应设在地势低洼和可能积水的场所。当条件受限时,可与公建设施结合,并避免与居民住宅直接相邻。 (5)居民住宅小区内的公建设施或配套商业用房的用电设备总容量在100kW以上或需用变压器容量在50kVA以上可采用专用变压器供电;公建设施或配套商业用房的用电设备总容量在100kW及以下或需用变压器容量在50kVA及以下可采用低压供电。 (6)电动汽车快充装置应采用专用变压器供电,慢充装置可由居民住宅小区的配电变压器低压供电。 (7)居民住宅小区配电变压器应靠近负荷中心,低压供电半径不宜超过200m,变压器容量和台数,应满足安全、可靠、经济运行的需要。 (8)居民住宅小区配电变压器宜在配电站内固定安装,不宜采用柱上安装形式。 (9)居民住宅小配电变压器宜采用两台一组为供电单元设置,负载率不宜超过65%。 (10)设置于配电站内的单台变压器容量不宜超过1000kVA,如规划许可或受条件制约需采用柱上安装形式变压容量不宜超过400kVA。 (11)设置在住宅建筑内的配电变压器,应选择干式、气体绝缘或非可燃性气液体绝缘变压器	
	天津	(1)建筑面积每5万m^2至少应建一个室内变配电站。 (2)住宅楼内设置的公用变配电站宜设置在首层;当建筑物有地下二层时变电站允许设在地下一层,但必须具有方便的维护和电气设备搬运的通道	
	河北	(1)住宅小区配变的单台容量选用,油浸变压器不应超过630kVA,干式变压器不宜超过1000kVA,最大不应超过1250kVA。 (2)对于住宅小区中由双电源或环网方式供电的一、二级负荷,其双电源或环网的两端电源应来自不同变电站(开关站)或同一变电站(开关站)的不同母线。对于一级负荷中特别重要的负荷,除应由双电源供电外,还应配置自备应急电源。 (3)住宅小区供电容量在4000kVA及以下时,可接入现有10kV公用线路;供电容量在4000kVA以上时,宜从变电站新建10kV线路,其中供电容量在8000~30000kVA时,新建多回路10kV线路供电。住宅小区供电容量≥30000kVA时,采用35kV或110kV供电,由住宅小区开发建设单位结合城市规划提供35~110kV变电站的规划用地	

续表

地区	省、直辖市和自治区名称	住宅项目变配电系统的要求	扫码看图
华北区	内蒙古	(1)基本要求： 新建居民住宅小区最终装机容量超过 2000kVA 时，应采用开闭站或配电室供电，宜采取配电室到楼的供电方式，降低低压线路损耗，提高电网运营水平。 (2)居住区配电室设置原则： 1)居住区配电室应满足低压供电半径不大于 150m。 2)配电室原则上应单独设置，没有条件时可与建筑相结合。配电室原则上设置在地面以上，如受条件所限，可设置在地下，但必须做到：如果有负二层及以下，配电室设置负一层，地下层内应有排水设施。 3)居住区内应考虑其中一个配电室具备存放安全工器具、备品备件等运行维护物品的功能。 4)对于超高层住宅(建筑高度超过 100m)，为了确保供电半径符合要求，必要时配电室应分层设置，除底层、地下层外，可根据负荷分布分设在顶层、避难层、机房层等处。 (3)对于以小高层、高层住宅为主、负荷比较集中的居住区以及别墅区，采用电缆＋中压开闭站＋配电室方式，双电源供电。 (4)居住区变压器设置容量初次选配原则： 考虑满足将来居民负荷增长的需要，建设初期配电室内单台变压器设置容量原则上不宜超过 800kVA，单台箱变压器设置容量不大于 630kVA，柱上变压器设置容量不大于 400kVA。 住宅区配电室一般配置两台配电变压器，单台配电变压器容量不宜超过 800kVA。其他小区按照负荷密度可参照住宅小区执行。 (5)单个配电室变压器设置标准： 1)变压器配置容量≤320kVA，设置规模 2×200kVA； 2)320kVA＜变压器配置容量≤640kVA，设置规模 2×400kVA； 3)640kVA＜变压器配置容量≤1008kVA，设置规模 2×630kVA； 4)1008kVA＜变压器配置容量≤1280kVA，设置规模 2×800kVA； 5)1280kVA＜变压器配置容量≤2016kVA，设置规模 4×630kVA； 6)2016kVA＜变压器配置容量≤2560kVA，设置规模 4×800kVA。 (6)对于零星(1～2 栋)的多层商业住宅，可采用电缆＋箱式变电站方式供电，其设置标准为： 1)变压器配置容量≤160kVA，变压器设置为 200kVA，远景设置规模 400kVA； 2)160kVA＜变压器配置容量≤320kVA，变压器设置为 400kVA，远景设置规模 630kVA。 (7)对于零星(1～2 栋)的多层经济适用房，可采用柱上变压器方式供电，其设置标准为： 1)变压器配置容量≤80kVA，变压器设置为 100kVA，远景设置规模 400kVA； 2)80kVA＜变压器配置容量≤160kVA，变压器设置为 200kVA，远景设置规模 400kVA	

续表

地区	省、直辖市和自治区名称	住宅项目变配电系统的要求	扫码看图
华北区	山西	因当地供电部门要求，居民变配电室和公共变配电室分开。且居民变配电室内不得摆放三级配电及以下的配电柜和箱体。公共变配电室在满足自身面积要求时，可以考虑和充电桩共用变配电室，否则充电桩另设变配电室，仅为预留	附图 10.2-1：山西住宅项目配电系统要求图示
华东区	山东	济宁市住宅用变电所需设置在地上，菏泽市高压配电室需要设置在地上，其他地区按国家规范设置。 青岛住宅户表供电干线采用母线，电表分层设置。 临沂市图审要求变配电室需要直通室外的通道和楼梯口	
	江西	(1)对于住宅小区中由双电源或环网方式供电的一、二级负荷，其双电源或环网的两端电源应来自不同变电站(开关站)或同一变电站(开关站)的不同母线。对于一级负荷中特别重要的负荷，除应由双重电源供电外，还应配置自备应急电源。 (2)住宅小区的10kV外部供电线路应根据当地城市规划或配网规划选用电缆或架空方式供电。对于根据规划需采用电缆方式供电而暂时因客观原因无法采用电缆方式供电的，也应按电缆方式设计并预留接入点，同时采取临时接入方案。 (3)开关站一般为双电源供电，由开关站供电的配电站或箱式变可根据其负荷性质采用双辐射、单辐射以及内环网等方式供电。开关站的馈线原则上不应占用主干电缆通道。 (4)变压器的选型要求： 1)配电变压器 ①配电变压器应采用节能环保型、低损耗、低器噪声变压器，接线组别为Dyn11。配电变压器可根据环境的需要采用干变或油变，户内配电站应采用干变。 ②油变应采用免维护、全密封的13型及以上节能型变压器。 ③干式变压器应选用相当于SCB13及以上型号变压器，并满足环保要求，且应带有外壳、温控、风机。 2)箱式变电站 ①箱式变电站容量不宜大于630kVA。 ②箱式变电站应选用耐腐蚀外壳、通风良好、门锁可靠免维护的设备	

续表

<table>
<tr><th>地区</th><th>省、直辖市和自治区名称</th><th>住宅项目变配电系统的要求</th><th>扫码看图</th></tr>
<tr><td>华东区</td><td>江苏</td><td>

序号	规模	尺寸		备注
		长(m)	宽(m)	
1	二进六出	10.5	8.5	地上开关站
2	二进八出	10.5	8.5	
3	二进十出	12	8.5	
4	三进十二出	14	8.5	
5	2×400kVA	14	8	地上变电所
6	2×800kVA	15	8	
7	4×800kVA	18	10	
8	二进四出;2×800kVA	14	11	地上开关站(带变压器)
9	二进四出;4×800kVA	16	16	
10	二进六出;2×800kVA	19	9	
11	二进六出;4×800kVA	16	16	
12	二进八出;2×800kVA	20	9	
13	二进十出;2×800kVA	19	10	

(1)开闭站在地面一层设置,10kV单回路容量4000kVA,20kV单回路容量8000kVA;
(2)变电所容量申报时,昆山供电局要求主备容量都要纳入容量计算,苏州大市范围内住宅项目只需按单倍计算;
(3)变电所在地面一层接近负荷中心设置,其低压供电半径不宜超过200m;
(4)开关站或配电室至少有一座应具备存放安全工具、备品备件等运行维护物品的工具间,尺寸3m×3m;
(5)规范允许地下二层层高不小于2.2m,且地下二层建筑面积不小于地下一层,变电室可设在层高不小于3.6m的地下一层,本条需得到供电部门书面批复方式实施;
(6)项目建设初期单台变压器容量不应大于800kVA
</td><td></td></tr>
</table>

续表

<table>
<tr><th>地区</th><th>省、直辖市和自治区名称</th><th>住宅项目变配电系统的要求</th><th>扫码看图</th></tr>
<tr><td rowspan="2">华南区</td><td>广东</td><td>1. 广州:《关于明确广州市公用配电站设置要求的通知》(广供电计[2019]51 号);
中国南方电网《10kV 及以下业扩受电工程技术导则》(2018 版);
广州供电局《10kV 及以下客户受电工程施工图设计内容及深度要求》(2016 版)。
(1)开关房必须设在建筑物首层。
(2)共用配电站必须设置在地面首层及以上。
(3)供公寓、住宅电梯、住宅水泵、住宅梯灯等居住性质用电的专用配电站必须设置在建筑物首层及以上。
(4)单台油浸式变压器的容量选择最大不应超过 630kVA,单台干式变压器的容量选择最大不应超过 1250kVA。
2. 深圳:(1)住宅建筑的高压供电系统宜采用环网方式,并应满足当地供电部门的规定。
(2)单栋住宅建筑用电设备总容量为 250kW 以下时,宜多栋住宅建筑集中设置配变电所;单栋住宅建筑用电设备总容量在 250kW 及以上时,宜每栋住宅建筑设置配变电所。
(3)居住区公用配电变压器,应采取“小容量,多布点”的原则,在满足电压质量和可靠性的条件下,应因地制宜。配电变压器容量应靠近负荷中心,单台油浸式变压器的容量选择最大不应超过 630kVA,单台干式变压器的容量选择最大不应超过 1250kV。
(4)当配变电所设在住宅建筑内时,配变电所不应设在住户的正上方、正下方、贴邻和住宅建筑疏散出口的两侧,不宜设在住宅建筑地下的最底层。
(5)当配变电所设在住宅建筑外时,配变电所的外侧与住宅建筑的外墙间距,应满足防火、防噪声、防电磁辐射的要求,配变电所宜避开住户主要窗户的水平视线
(6)住宅建筑应选用节能型变压器。变压器的接线宜采用 Dyn11,变压器的负载率不宜大于 85%;公用配电变压器的长期工作负载率不宜大于 80%,自备配电变压器的长期工作负载率不宜大于 85%
(7)设置在住宅建筑内的变压器,应选择干式、气体绝缘或非可燃性液体绝缘的变压器</td><td></td></tr>
<tr><td>广西</td><td>(1)变电所应接近负荷中心,不应设置在地下最底层,不应与厕所、浴室、蓄水池、下水道、空调系统等容易积水、发热的场所相邻,不应有供水管和排污管等非电管线穿越。配电站应具有排水、防渗水功能;还应具备通风及独立的消防设施,并设通向室外的安全出口平台及检修通道。特别注意当地下只有一层地下室时,有的地方供电局不允许设置在地下一层,即使可以设置在地下室,一般地面要求比室外高,具体需要与供电部门协商。
(2)变压器选型
变压器额定容量使用参照表(kVA)<table><tr><td>100</td><td>*125</td><td>*160</td><td>200</td><td>250</td><td>315</td><td>400</td><td>500</td></tr><tr><td>630</td><td>800</td><td>1000</td><td>1250</td><td>*1600</td><td>*2000</td><td>*2500</td><td></td></tr></table>注:1. 公用变压器不应使用标注 * 的容量规格,1000kVA 及 1250kVA 公用变压器容量规格不推荐使用,如受客观条件所限时,需进行充分论证后使用。
2. 自备变压器容量大于 2500kVA 时根据实际需求选用。</td><td></td></tr>
</table>

续表

地区	省、直辖市和自治区名称	住宅项目变配电系统的要求	扫码看图
华南区	广西	1)配变应采用节能环保型、低损耗、低噪声变压器，接线组别为Dyn11。住宅建筑物内的配电站应采用干变。 2)油变应采用免维护、全密封的S11型及以上节能型变压器；干变应采用SCB10或SGB10型及以上节能型变压器，应带有外壳、温控、风机。 3)向住宅供电的单台变压器容量油变不宜超过630kVA，干变不宜超过800kVA	
	海南	(1)实行供电局抄表到户的项目应分别设置公变配电房和专变配电房。 (2)居住区公用配电变压器，应采取“小容量，多布点”的原则，在满足电压质量和可靠性的条件下，应因地制宜。配电变压器容量应靠近负荷中心，单台油浸式变压器的容量选择最大不应超过630kVA，单台干式变压器的容量选择最大不应超过1250kVA。 (3)公用配电变压器的长期工作负载率不宜大于80%，自备配电变压器的长期工作负载率不宜大于85%。 (4)配电房不应设在住户正下方。 (5)有一、二级负荷的用户不应设户外箱式变电站；变压器容量超过500kVA时，不应设箱式变电站	
中南区	湖北	(1)一般规定： 住宅项目变配电设施主要包括开闭站、公用变电所、专用变电所，其中公用变电所指为住宅用户一户一表用电配置的变电所，专用变电所指除住户一户一表用电以外的其他用电配置的变电所。 (2)开闭站设置要求：同本书第4.2节内容。 (3)住宅公用变电所： 1)选址及建筑要求： 住宅公用变电所宜为地面上独立式建筑，并采用坡屋顶、框架式结构，当住宅区有多层地下室时，在征得供电部门同意情况下，可设置在地下一层。 2)容量及设备配置要求： 10kV公用配电室内配电变压器的单台容量不宜大于800kVA，20kV公用配电室内配电变压器的单台容量不宜大于1250kVA。 3)公用变电所典型布置图见图10.2-2	附图10.2-2、3：湖北公用变电所典型平面布置示意图，湖北独立式公用变电所建筑示意图
西北区	陕西	按照《西安市人民政府办公厅关于加快十三五期间全市电网建设的通知》(市政办发[2016]86号)要求，建筑面积超过50万m^2的项目需预留1座110kV变电站位置，建筑面积超过10万m^2的项目需预留2座10kV室内环网单元位置。 《西安市新建住宅供配电设施建设技术导则》(市建发【2013】113号文件)	

续表

地区	省、直辖市和自治区名称	住宅项目变配电系统的要求	扫码看图
西北区	新疆	(1)住宅户内设置公用变压器容量不宜大于800kVA;乌鲁木齐住宅不允许采用户外预装式变电站,其他户外预装式变电站变压器容量不宜大于630kVA;柱上变压器设置容量不宜大于315kVA; (2)住宅专用变压器及其他民用建筑变压器户内设置时,变压器容量不宜大于800kVA	
	宁夏	住宅小区内公建专用变压器单台容量不大于1250kVA,住宅用变压器单台容量不大于800kVA;户外预装式变电站变压器容量不大于630kVA	
西南区	重庆	(1)住宅建筑应选用节能型变压器,变压器的接线宜采用Dyn11,负载率不宜大于85%。 (2)住宅建筑公用配变电所单台变压器容量宜选630~800kVA,最大不应超过800kVA。每座公用配变电所变压器台数不宜超过4台。 (3)箱式变电站适用于电缆化区域,一般用于住宅小区建筑面积在5000m^{2}以下的多层、别墅等居住区,宜选用欧式箱变。 (4)终端型箱式变电站10kV开关柜一般采用一进一出方式,分别为进线电缆间隔和负荷开关-熔断器间隔。环网型箱式变电站一般采用一进二出形式,分别为进线间隔、出线间隔和负荷开关-熔断器间隔。 (5)欧式箱变负荷开关柜各回路单元应设置验电显示器,应能满足电缆验电、试验、核相的要求	
	四川	(1)网柜(集中和分配电力的配电站) 1)应选用户外环网柜,采取两路电缆进线、四路电缆出线,采用单母线不分段接线型式,两路电源具备防火间隔。户外环网柜的抗燃弧要求:IAC-AFLR级以上。 2)高压开关采用全密封、全绝缘负荷开关(断路器)柜;配置电动操作机构,应具备闭锁功能,进出线间隔应胚子带电显示装置(带二次核相孔),出线应配置故障指示器,处在高潮湿场所,在装置内加装去湿电加热器。 3)保护及自动化装置满足以下要求: ①配电自动化功能配置,选用站所终端(DTU),在一般区域内应预留三遥(遥测、遥信、遥控)、二遥(遥测、遥信)功能接口。 ②在配电自动化规划区和建成区,应具备三遥(遥测、遥信、遥控)功能。 4)10kV户外环网柜设置标准: ①1200kVA≤住宅小区供电设置容量<5000kVA,根据变压器的台数,宜新建1~2台2进4出10kV环网柜。 ②5000kVA≤住宅小区供电设置容量<15000kVA,根据变压器的台数,宜新建2~4台2进4出10kV环网柜。 ③住宅小区供电设置容量≥15000kVA,根据实际情况配置2进4出10kV环网柜的数量。 ④新建10kV环网柜应按照终期规模一次建成。 (2)预装式变电站 1)变压器,采用非晶合金变压器或S13型及以上全封闭油浸式三相变压器,接线组别宜采用Dyn11。	

续表

地区	省、直辖市和自治区名称	住宅项目变配电系统的要求	扫码看图
西南区	四川	2)欧式箱变高压开关单元一般采用SF6负荷开关或充气柜;主变进线开关采用负荷开关,出线开关采用负荷开关加熔断器组合电器;开关使用三工位负荷开关,熔断器采用撞针式限流熔断器,配置电缆故障指示器。 3)美式箱变高压侧采用三工位负荷开关(终端型),变压器带丙级熔断器保护;配置肘形全绝缘氧化锌避雷器、可带负荷拔插的肘形绝缘头;进出线电缆头处均应配备带电显示器。 4)低压进线总开关采用框架式空气断路器,并具有微处理器的电子式控制脱扣器。低压分路开关应采用塑壳断路器,配电子脱扣器,配置智能型无功补偿装置。 (3)户内变电所 在多层或高层建筑物的地下层设置非充油电气设备的变电所时,应符合下列规定: 1)当有多层地下层时不应设置在最底层;当只有一层时,应采取抬高地面和防止雨水、消防水等积水的措施。 2)应设置设备运输通道。 3)应根据工作环境要求加设机械通风、去湿设备或空气调节设备。 (4)10kV柱上开关 1)10kV柱上开关应采用10kV户外智能分界断路器,额定电流630A,短路电流20kA。 2)配置电流、电压互感器及避雷器。 3)保护配置电流速断或延时速断保护、过电流、零序保护和配电自动化等。 4)对所选定的智能分界断路器进行校核。 (5)柱上配电变压器 1)采用非晶合金变压器或S13型及以上全封闭油浸式三相变压器,接线组别宜采用Dyn11。 2)中压引下线采用交联聚乙烯绝缘导线JKLYJ-50mm^{2}或电力电缆3×70mm^2,低压出线电缆采用YJV22-0.6/1.0-4×240mm^2。 3)配变台架高、低压桩头应加装绝缘罩,无裸露带电部位。柱上配电变压器的高压侧采用跌落式熔断器保护,低压侧宜装设低压断路器保护	
	云南	(1)配电变压器选择应根据建筑物的性质和负荷情况、环境条件确定,并应选用10型及以上节能型变压器。 (2)配电变压器的长期工作负载率不应大于85%。 (3)变压器的接线应选用Dyn11型。 (4)设置在民用建筑中的变压器,应选择干式变压器。 (5)当变压器低压侧电压为0.4kV时,配电室内单台变压器容量不应大于1250kVA。箱式配电站内单台容量不应大于800kVA。 (6)装有两台及以上变压器的配电室,当其中任一台变压器断开时,其余变压器的容量应能满足一级负荷及二级负荷的用电。	

续表

<table>
<tr><th>地区</th><th>省、直辖市和自治区名称</th><th>住宅项目变配电系统的要求</th><th>扫码看图</th></tr>
<tr><td rowspan="2">西南区</td><td>云南</td><td>(7)变压器满足 2000m 海拔高原特性。
(8)变压器主要技术参数：
变压器主要技术参数
<table>
<tr><th>名称</th><th>技术参数</th></tr>
<tr><td>额定容量</td><td>≤1250kVA</td></tr>
<tr><td>电压比</td><td>10.5(10)±2×2.5%/0.4kV</td></tr>
<tr><td>接线组别</td><td>Dyn11</td></tr>
<tr><td>冷却方式</td><td>强迫风冷或自冷</td></tr>
<tr><td>调压方式</td><td>无励磁调压</td></tr>
<tr><td>绕组绝缘耐热级别</td><td>F、H 级</td></tr>
</table>
(9)在采用预装式变电站比常规变电站更合理的低密度住宅区内可采用预装式变电站(不含地埋变)。
1)预装式变电站中采用的配电变压器应符合相关国家、行业标准以及《南方电网公司 10kV 预装式变电站技术规范》的要求。
2)预装式变电站应选择紧凑型、全封闭、全密封、全绝缘结构。外壳应满足正常户外使用条件，选择不锈钢或防腐外壳材料。箱体内应有安全可靠地防护性能，防护等级不低于 GB 4208 中 IP33 要求。
3)高压配电装置应选用 10kV 箱式固定式交流金属封闭开关设备，其技术参数应满足《南方电网公司 10kV 箱式固定式交流金属封闭开关设备技术规范》。
4)低压配电装置所选的电气产品，其技术性能应满足有关的国家标准，并且是通过国家 3C 认证的定型成套产品。
5)预装式变电站的接地系统应符合 GB/T 50065 的要求。
6)预装式变电站中单台变压器容量不大于 800kVA。
(10)配电变压器应配置配变监测终端</td><td></td></tr>
<tr><td>贵州</td><td>按照南方电网要求，住宅配电变压器为公变，单台容量一般为 630kVA，最大不大于 800kVA。住宅楼的公共区域设置的专用变压器容量无限制</td><td></td></tr>
</table>

注：辽宁、吉林、黑龙江、上海、安徽、浙江、福建、湖南、河南、甘肃、青海、西藏，暂时未找到相关资料

10.3 住宅项目配电系统要求［π接室、配电室、配电干线系统、计量要求（光力柜）］

地区	省、直辖市和自治区名称	变电所的设计资质要求	扫码看图
华北区	天津	(1)变电站设置在住宅楼内时封闭母线每回路最大不宜超过1600A，变电站设置在住宅楼外时楼内主干线（封闭式母线或电缆）每回路最大不宜超过800A； (2)低压配电干线的中性线截面应不小于相线截面	
	河北	(1)住宅小区用电实行一户一表计量方式，应采用符合供电部门相关技术规范的智能电能表，以满足阶梯电价及分时计费的需求。 (2)当每套住宅用电容量在12kW及以下时，宜采用单相供电到户计量方式；每套住宅用电容量超过12kW时，宜采用三相供电到户计量方式。 (3)住宅区域内不同电价分类的用电负荷，应分别装设计量表计。对执行同一电价的公建设施用电，应相对集中设置公用计量表计。 (4)住宅小区应采用远程自动抄表方式。 (5)住宅小区各类计量表箱应按国家和电力行业相关技术标准制造，并经当地供电部门确认后使用。 (6)量表计应分层分户安装，宜选用嵌入式金属计量箱。 (7)住宅小区的配电室必须配备专用计量柜，箱和计量专用PT、CT，且应满足《电能计量柜》GB/T 16934的要求。 (8)用电信息采集系统应实现电能量采集、计量异常监测、用电分析和管理、事件采集、“四表合一”采集。并实现用电信息采集系统的“全覆盖、全采集”，通过信息交互实现供电可靠性和电压合格率统计到户。 (9)用户配电室或计量装置安装位置应完全覆盖GPRS、CDMA等无线公网信号，确保用电服务终端无线通信正常。采集终端应安装在台区总表计量柜内。 (10)有线抄表方式，设计加装通信接口转换器，并提供220V电源。通信接口转换器建议安装在表箱内，表箱无位置或考虑无线气表等因素，可根据被采集表计的位置适当选择，但不能设计在管道井中。设计通信接口转换器位置时，同时考虑电源和采集线路的敷设方便，镶嵌1表位表箱，以便通信转换器的安装和封闭。 (11)通过通信接口转换器采集表计的，被采集表计距通信接口转换器较远或之间建筑物较多的，需设计加装中继器，中继器应设计在被采集表的中心位置，一般3～5层楼加装一个中继器，中继器安装位置镶嵌表箱，并预留电源线通道。 (12)对智能水、气、热表通过M-bus总线连接通信接口转换器的方式，需在智能水、气、热表安装时预留M-bus总线到通信接口转换器的布线通道。布线通道应强弱电分开架构，在通道出线处设置保护措施，并对通道作防潮、防腐处理。 (13)通信线(RS-485、M-BUS总线)避免架空安装，且避免与输电线路(如220V)平行安装，如果须平行安装时则要与输电线有50cm以上的间距，如与高压输电线路(如10kV)平行安装时则要与输电线有100cm以上的间距，不	

续表

地区	省、直辖市和自治区名称	变电所的设计资质要求	扫码看图
华北区	河北	得与电源线同一条管、线槽内。集中器与采集器的 RS-485 通信线之间连接长度不能超过 1200m，超过须加中继器。M-BUS 通信线与智能水表的连接长度不得超过 1200m。 （14）“四表合一”采集中如使用全微功率方式无需预留数据转换器安装位置及 M-bus 总线布线通道	
	内蒙古	（1）低压配电网，一般采用放射式结构，供电半径不得超过 150m。 （2）公建设施供电的低压线路，不得与住宅供电的低压线路共用一路。 （3）多层住宅低压供电，以住宅楼单元为供电单元，采用经低压电缆分接箱向各单元放射式供电。 （4）小高层住宅，视用电负荷的具体情况，可以采用放射式或树干式向楼层供电。 （5）高层住宅，宜采用分区树干式供电；向高层住宅供电的垂直干线，宜采用插接母线式，并根据负荷要求分段供电。 （6）别墅区，以别墅为供电单元，采用放射式的方式供电。 （7）低压客户接入的方式 1）用电负荷较大和需要低压双回路供电的客户，通过配电室（箱式变电站）低压出线断路器直接接入。 2）用电负荷较小的居民住宅客户，通过低压电缆分接箱出线断路器或熔断器接入。 （8）根据居住区规模及负荷分级，居住区供电方式可分为五种类型：A、B、C、D、E 类。 1）A 类供电方式： 适用于包含有高级住宅、十九层及以上居住类建筑的居住区、高档居住区及别墅区等，区内具有一级负荷；十层至十八层居住类建筑的居住区，区内具有二级负荷（无一级负荷）。 采用双电源，自不同变电站（中压开闭站）或同一变电站（中压开闭站）的不同中压母线，各引出一回线路，接入区内中压开闭站。如下图所示。 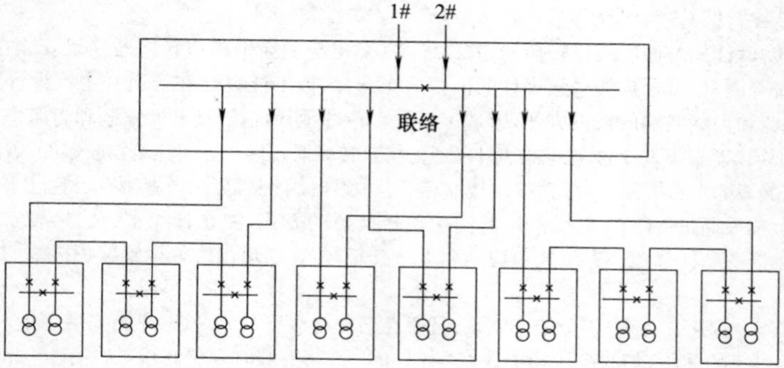 1# 2# 联络	

续表

地区	省、直辖市和自治区名称	变电所的设计资质要求	扫码看图
华北区	内蒙古	2)B类供电方式： 适用于仅包含九层及以下居住类建筑的居住区，区内无一、二级负荷。 采用单环式供电，出自变电站(中压开闭站)的中压母线的单回馈线构成单环网，开环运行。有条件时电源可取自不同变电站(中压开闭站)。如下图所示。 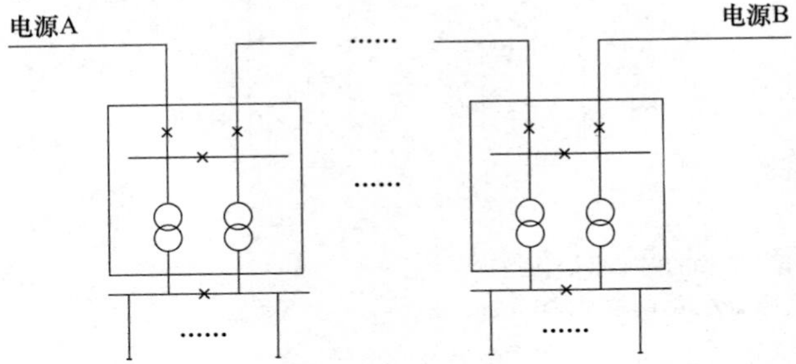 电源A ...... 电源B 3)C类供电方式： 适用于独栋的高层(十九层及以上)居住类建筑。 采用配电室方式，并应采用双电源供电，如下图所示；负荷密度很大时单个配电室内可设置4台变压器。 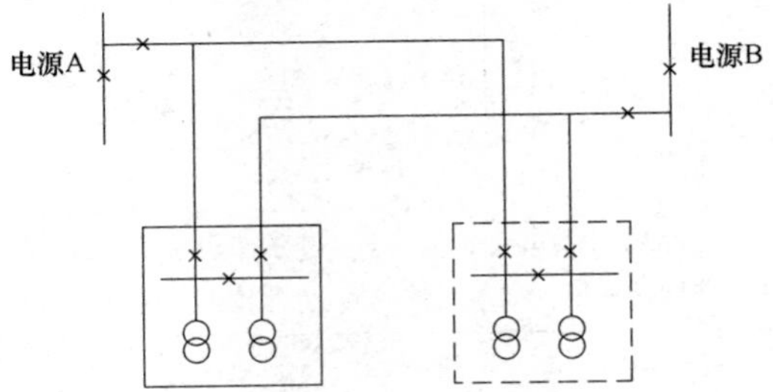 电源A 电源B 4)D类供电方式： 适用于零星(1～2栋)多层(九层及以下)居住类建筑。 采用电缆＋箱式变电站方式，单电源供电，如下图所示。	

续表

地区	省、直辖市和自治区名称	变电所的设计资质要求	扫码看图
华北区	内蒙古	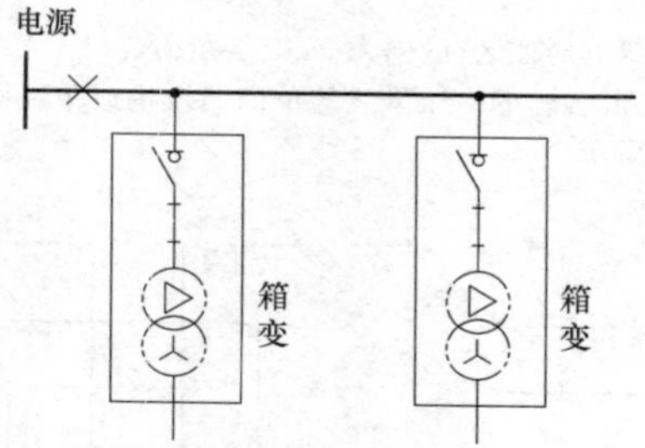 电源 箱变 箱变 5)E类供电方式： 适用于零星(1～2栋)不带电梯的保障性居住类建筑。 采用架空线路＋柱上变压器方式，单电源供电，如下图所示。 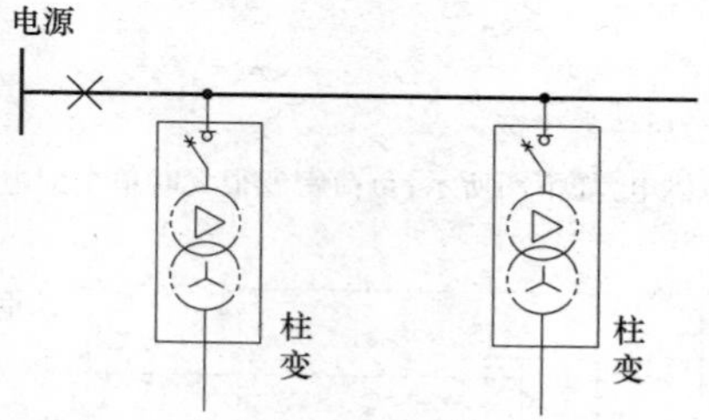 电源 柱变 柱变	
	山西	住宅内居民低压配电室和公共低压配电室分开设置。为节约建筑面积减少公摊，居民和公共低压配电柜均不单独设进线柜，均采用进出线一体的非标配电柜。如单元数较多，负荷较大，则分开设置多个低压配电柜	
华东区	山东	济宁地区要求电表进线间设置在首层，对π接室无要求	附图10.3-1、2：山东一户一表竖向配电系统图、山东住宅公共用电竖向配电系统图

续表

<table>
<tr><th>地区</th><th>省、直辖市和自治区名称</th><th>变电所的设计资质要求</th><th>扫码看图</th></tr>
<tr><td>华东区</td><td>江西</td><td>
(1)高压供电方式
1)新建住宅区高压供电宜采用开关站和配电站供电方式，也可采用环网柜、分支箱和箱变方式，或两者相结合的方式供电。
2)十层及以上高层建筑宜采用户内配电站方式供电。
3)开关站、环网柜每路出线所带配变总容量不宜超过 2000kVA。
4)高压电缆截面应力求简化并满足规划、设计要求，在热稳定校验后，应按下表进行选择。
高压电缆截面选择推荐表
<table>
<tr><th>序号</th><th>类 型</th><th>铜芯电力电缆(mm^2)</th></tr>
<tr><td>1</td><td>主干线</td><td>400、300、240</td></tr>
<tr><td>2</td><td>分支线</td><td>240、120、70、50</td></tr>
<tr><td>3</td><td>环网柜联络线</td><td>400、300、240</td></tr>
<tr><td>4</td><td>箱变进线</td><td>70、50</td></tr>
<tr><td>5</td><td>分支箱进线</td><td>240、120</td></tr>
</table>
(2)低压供电方式
1)新建住宅低压供电半径不宜超过 250m。
2)0.4kV 电缆分接可采用低压电缆分支箱，位置应接近负荷中心。低压线路应采用多点及末端接地方式，接地电阻小于 10Ω。
3)每台变压器应装设低压自动无功补偿装置，电容器容量应满足不小于 20%变压器容量。
4)每台配电变压器应安装满足计量要求的配电变压器综合测试仪或计量装置，以满足分线分台区及电压考核要求。
5)低压线路应采用三相四线制，保护接地中性线与相线应等截面。
6)低压电缆及单元接户线、每套住宅进户线截面应力求简化并满足规划、设计要求，应按下表要求选择。
低压电缆截面选择推荐表
<table>
<tr><th>序号</th><th>类 型</th><th>低压交联聚乙烯绝缘铜导线(mm^2)不小于</th></tr>
<tr><td>1</td><td>低压电缆</td><td>240,150,70</td></tr>
<tr><td>2</td><td>单元接户线</td><td>95,70、50</td></tr>
<tr><td>3</td><td>每套住宅进户线</td><td>单相:10、16，三相:10</td></tr>
</table>
注:高层建筑采用预分支电缆和插接母线槽应另行设计。
(3)接线形式
1)新建住宅电源应经开关设备接入主网。
</td><td></td></tr>
</table>

续表

地区	省、直辖市和自治区名称	变电所的设计资质要求	扫码看图
华东区	江西	2)小型开关站(不超过 2 进 4 出)可采用单母线接线方式;中型开关站(2 进 6～8 出)和大型开关站(2 进 8～14 出)应采用单母线分段接线方式,并应设置母联开关。 3)具备两台及以上配变的配电站应装设 0.4kV 母联开关,低压进线开关与母联开关之间加装闭锁装置(电气联锁+机械联锁),确保低压进线开关与母联开关不能同时合上。 4)为公建设施供电的低压线路不应与为住宅供电的低压线路共用一路。 (4)电能计量方式 1)居民住宅用电应实行一户一表计量方式,应采用符合国家电网公司相关技术规范的智能电能表,以满足阶梯电价及分时计费的需求。 2)当每套住宅用电容量在 12kW 及以下时,应采用单相供电到户计量方式;每套住宅用电容量超过 12kW 时,可采用三相供电到户计量方式。 3)住宅区域内不同电价分类的用电负荷,应分别装设计量表计。对执行同一电价的公用设施用电,应相对集中设置公用计量表计。 4)新建住宅优先采用远程自动抄表方式。 5)新建住宅各类计量表箱应按国家和电力行业相关技术标准制造,并经当地供电部门确认后使用。 6)计量表计集中安装时,应采用多户表箱,除满足该处居民用电计量需求外,应预留一只远程自动抄表装置表位。多户表箱不宜安装在户外。 7)电能表的安装 ①多层住宅的电能表应安装于底层; ②小高层的电能表宜安装于底层; ③高层住宅的电能表可分层集中安装于电气竖井或各层楼道	
	江苏	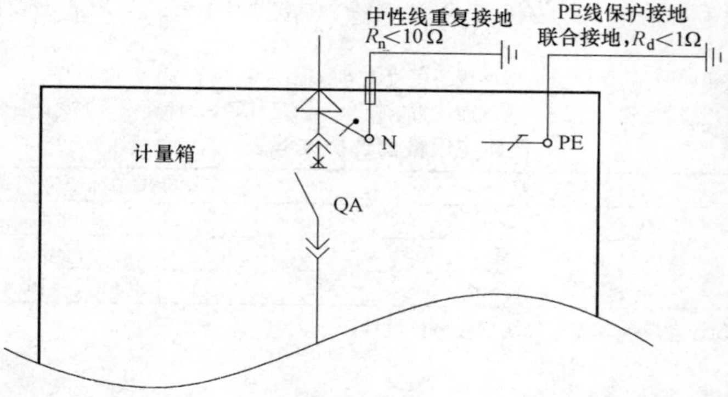 中性线重复接地 $R_n<10\Omega$ PE线保护接地 联合接地,$R_d<1\Omega$ 计量箱 N PE QA	附图 10.3-3:江苏苏州住宅中性线重复接地

续表

<table>
<tr><th>地区</th><th>省、直辖市和自治区名称</th><th>变电所的设计资质要求</th><th>扫码看图</th></tr>
<tr><td>华东区</td><td>江苏</td><td>(1)苏州市大范围内(不含昆山、太仓、常熟、张家港)住宅的低压配电系统的接地形式采用 TT 系统，中性线需在电源进线处做重复接地，接地电阻不大于 10Ω；
(2)中性线重复接地装置需独立设置，不与联合保护接地共用接地极；
(3)中高层住宅强电竖井内由下至上明敷中性线重复接地用热镀锌扁钢(−40×4)，并应考虑绝缘保护；
(4)任一进线总容量大于 100kW 的公共用电计量箱应进行无功补偿，补偿后进线处功率因数不应小于 0.9；
(5)每套住宅计量表容量按下表配置。
<table>
<tr><th>供电方式</th><th>用电量</th><th>表计标定
(额定最大电流)</th><th>备注</th></tr>
<tr><td rowspan="2">单相供电</td><td>8kW</td><td>5(60)</td><td rowspan="4">江苏地区选用电子式电能表作计费表计使用</td></tr>
<tr><td>12kW</td><td>5(60)</td></tr>
<tr><td rowspan="2">三相供电</td><td>12kW</td><td>5(60)</td></tr>
<tr><td>16～24kW</td><td>5(60)</td></tr>
</table>
</td><td></td></tr>
<tr><td>华南区</td><td>广东</td><td>(1)住宅项目配电站设置原则(摘自中国南方电网《10kV 及以下业扩受电工程技术导则(2018 版)》第 8.9.1 条)
1)新建配电站位置应接近负荷中心。
2)根据供电半径要求，配电站应按“小容量、多布点”的原则设置，并按小区居民户数布点：
①居民户数在 50 户以下时，视临近区域配电网情况设置。
②居民户数在 50～250 户时，宜设置一座配电站。
③居民户数在 250 户以上时，宜设置两座或以上配电站。
(2)住宅项目配电站选址要求(摘自中国南方电网《10kV 及以下业扩受电工程技术导则(2018 版)》第 8.9.2 条)
1)配电站房位置的选择，应根据下列要求综合确定：
①深入或接近负荷中心；②进出线方便；③接近电源侧；④设备吊装、运输方便；⑤不应设在有剧烈振动或有爆炸危险介质的场所；⑥不宜设在多尘、水雾或有腐蚀性气体的场所，当无法远离时，不应设在污染源的下风侧；⑦不应设在厕所、浴室、厨房或其他经常积水场所的正下方，且不宜与上述场所贴邻；⑧配电站为独立建筑物时，不应设置在地势低洼和可能积水的场所。
2)配电站应根据环境要求加设机械通风、去湿设备或空气调节设备，且配电站内的专用通风管道应避开高低压设备。当有多层地下层时，配电站不应设置在最底层；当只有地下一层时，应采取抬高地面和防止雨水、消防水等积水的措施。处于高危、易引起水浸等次生灾害地区、特别重要地段的配电站不应设置于地下层。
3)配电站宜集中设置，当供电半径较长时，也可分散设置；高层建筑可分设在避难层、设备层及屋顶层等处。</td><td></td></tr>
</table>

续表

<table>
<tr><th>地区</th><th>省、直辖市和自治区名称</th><th>变电所的设计资质要求</th><th>扫码看图</th></tr>
<tr><td>华南区</td><td>广东</td><td>
4)应建在公用建筑物的首层或第一层,不宜建在民居的下方。
5)装有可燃性油浸电力变压器的配电站,不应设在三、四级耐火等级的建筑物内;当设在二级耐火等级的建筑物内时,建筑物应采取局部防火措施。
6)多层建筑中,装有可燃性油的电气设备的配电站应设置在底层靠外墙部位,且不应设在人员密集场所的正上方、正下方、贴邻和疏散出口的两旁。
7)高层主体建筑内不宜设置装有可燃性油的电气设备的配电站,当受条件限制必须设置时,应设在底层靠外墙部位,且不应设在人员密集场所的正上方、正下方、贴邻和疏散出口的两旁,并应按现行国家标准《建筑设计防火规范》GB 50016 有关规定,采取相应的防火措施。
8)配电站的噪声标准,应根据《工业企业厂界噪声排放标准》GB 12348 和《声环境质量标准》GB 3096,低于下表的噪声排放限值水平:
配电站环境噪声排放限值表
<table>
<tr><th></th><th>Ⅰ类地区</th><th>Ⅱ类地区</th><th>Ⅲ类地区</th><th>Ⅳ类地区</th></tr>
<tr><td>白昼</td><td>55dB(A)</td><td>60dB(A)</td><td>65dB(A)</td><td>70dB(A)</td></tr>
<tr><td>夜间</td><td>45dB(A)</td><td>50dB(A)</td><td>55dB(A)</td><td>55dB(A)</td></tr>
</table>
注:Ⅰ类地区:居住、文教、机关为主的地区;
Ⅱ类地区:居住、商业、工业混杂区以及商业中心区;
Ⅲ类地区:工业区;
Ⅳ类地区:交通干线、干线道路两侧地区。
9)配电站内设备柜顶距配电站顶板的距离不宜小于 0.8m,当有梁时,距梁底不宜小于 0.6m。配电站室内完成地面应比室外地面高出不小于 0.3m。
(3)住宅项目配电变压器选用(摘自中国南方电网《10kV 及以下业扩受电工程技术导则(2018 版)》第 8.8.1 条)
居住区配电站应优先选用环保、安全可靠性高、便于维护的干式变压器;高层建筑、地下室及有特殊防火要求的场所应选用干式变压器。
广州:广州供电局《10kV 及以下客户受电工程施工图设计内容及深度要求(2016 版)》
(1)若该栋大楼的消防有要求的,住宅电表箱前开关或母线槽插接箱内开关,可设为漏电开关或加装分励脱扣器。
(2)低压刀闸设置:低压计量总表前、计量子表前、公变低压出线柜内水泵电梯等低压子表前、低层一户一表的表箱前以及高层一户一表的表箱前均需要加装隔离开关。但对于农村低压单相用电散户表箱,可不加装隔离开关。
(3)公变至高层住宅的低压出线回路宜采用母线槽出线;至低层住宅的低压出线回路达 800A 及以上的应采用母线槽出线,800A 以下可采用电缆供电
</td><td></td></tr>
</table>

续表

地区	省、直辖市和自治区名称	变电所的设计资质要求	扫码看图
华南区	广西	(1)户外开关箱 户外开关箱内的开关柜应采用全密封、全绝缘产品。进出线均应配备带电显示器和故障指示器。所在地区有配电网自动化规划的应采用自动化型户外开关箱。户外开关箱的防护等级和防腐应满足国家有关规范要求。 (2)配电站高压柜 配电站应选用全密封、全绝缘开关柜。出线至变压器的开关柜宜采用负荷开关-熔断器组合单元。 (3)低压开关柜 低压开关柜应采用分立元件拼装框架式产品，并绝缘封闭。变压器出线总开关和母联开关应采用框架空气断路器，低压分路开关采用塑壳断路器，开关柜采用抽屉式，防护等级不低于IP31。 (4)低压分接箱 低压分接箱应采用元件模块拼装、框架组装结构，母线及馈出线均绝缘封闭。进出线采用塑壳断路器。具备下进线和侧进线功能。外壳应采用不锈钢、SMC片状模塑料等防腐材料。 (5)主接线图 1)30000kVA 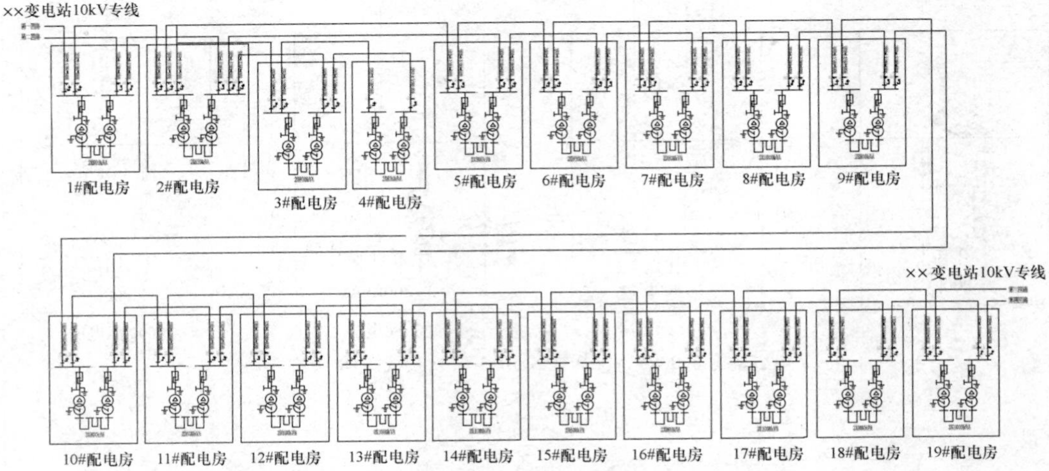 ××变电站10kV专线 1#配电房 2#配电房 3#配电房 4#配电房 5#配电房 6#配电房 7#配电房 8#配电房 9#配电房 ××变电站10kV专线 10#配电房 11#配电房 12#配电房 13#配电房 14#配电房 15#配电房 16#配电房 17#配电房 18#配电房 19#配电房 配电容量为30000kVA的居住区10kV一次接线图(电缆方式)	

续表

地区	省、直辖市和自治区名称	变电所的设计资质要求	扫码看图
华南区	广西	2）6000kVA 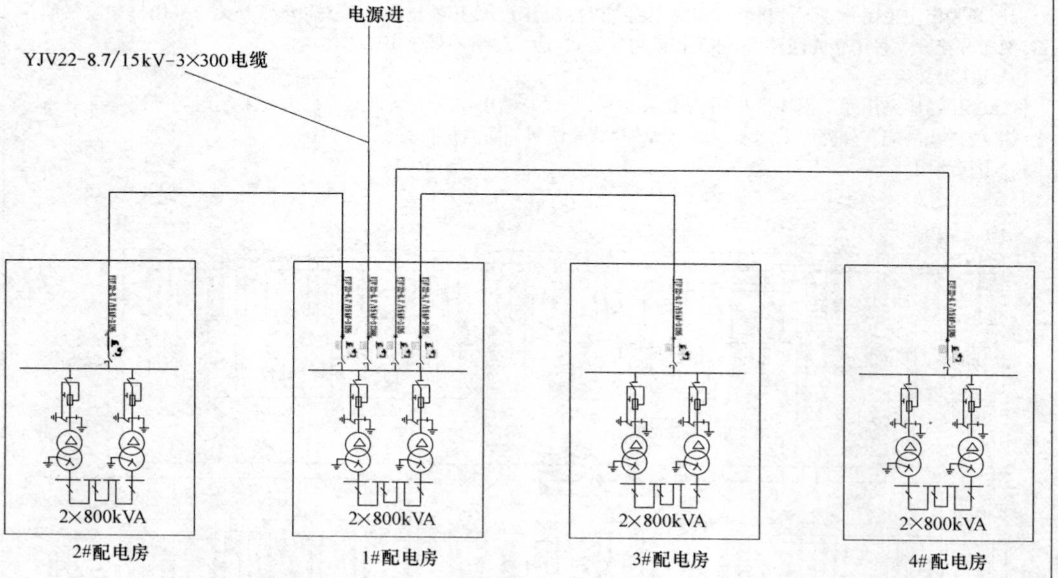 （图：电源进；YJV22-8.7/15kV-3×300电缆；2×800kVA 2#配电房；2×800kVA 1#配电房；2×800kVA 3#配电房；2×800kVA 4#配电房） 配电容量为6000kVA的居住区10kV一次接线图(电缆方式)	

续表

地区	省、直辖市和自治区名称	变电所的设计资质要求	扫码看图
华南区	广西	3)3200kVA 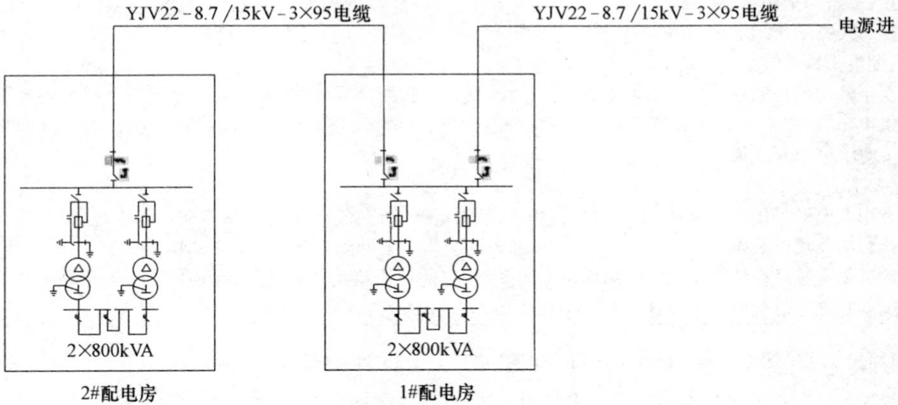 YJV22-8.7/15kV-3×95电缆 YJV22-8.7/15kV-3×95电缆 电源进 2×800kVA 2×800kVA 2#配电房 1#配电房 配电容量为3200kVA的居住区10kV一次接线图(电缆方式)	
	海南	(1)住宅、动力、消防及公共用电设施的配电在应分别自成系统。 (2)小区的220/380V配电系统可采用放射式、树干式、链式或相结合的供电方式。室外路灯的供电电源,宜由专用变压器或专用回路供电。 (3)多层住宅低压供电宜以住宅楼(或单元楼、区段)为供电单元,进线电缆截面不宜大于240mm^2。配电系统可采用树干式或放射式供电,单元总配电箱宜安装在室内。 (4)高层住宅配电系统可采用树干式或分区树干式供电。进线电缆截面不宜大于240mm^2,单元总配电箱可设在一层或地下室配电间。 (5)电动自行车充电设施的配电应自成系统,由专用回路供电,并设置过载、短路及漏电保护,每个充电口应设过载及短路保护电器。 (6)每户住宅、公共设施用电(公共照明、电梯、生活水泵、太阳能热水系统等)应单独装设电度表。有商业设施的住宅楼,商业设施应单独装设电度表	

续表

<table>
<tr><th>地区</th><th>省、直辖市和自治区名称</th><th>变电所的设计资质要求</th><th>扫码看图</th></tr>
<tr><td>中南区</td><td>湖北</td><td>(1)住宅供配电系统架构
由开关站馈出中压电缆线路接线方式一般采用双射式或单环网式结构，当采用双射式接线时，其串接的公用变电所不宜超过三级，当采用单环网接线方式，其装接容量不宜超过 4000kVA。(依据《新建住宅供配电设施设计规范》Q/GDW15 001-2014-10501 第 5.6.2 条)
(2)住宅配电干线系统：
对于十至十八层的住宅建筑住户用电垂直供电干线，宜采用预制分支电缆；对于十九层及以上的住宅建筑住户用电垂直供电干线，应采用插接式密集母线，并宜分段供电。(依据《新建住宅供配电设施设计规范》Q/GDW15 001-2014-10501 第 6.5.2 条)
(3)计量要求
1)住宅专用变电所采用高供高计，小区内公共场所照明、电梯、地下车库、物业用房等非从事生产、经营性活动的场所用电执行居民用电价格，商业用电可采用在低压母线上集中装设商业分表的方式结算。
2)电能计量箱应选择在住宅单元内公用部位墙面安装，电能计量箱集中安装时，每面墙安装电表数不应超过 8 块。(依据《新建住宅供配电设施设计规范》Q/GDW15 001-2014-10501 第 5.4.1 条)</td><td>附图 10.3-4～6：湖北住宅小区典型供电架构图，湖北住宅公用变电所接线示意图、湖北住宅公变配电干线示意图</td></tr>
<tr><td>西北区</td><td>陕西</td><td>《西安市新建住宅供配电设施建设技术导则》(市建发〔2013〕113 号文件)</td><td></td></tr>
<tr><td>西南区</td><td>重庆</td><td>(1)客户设备接入架空线时，当装接容量在 2000kVA 及以上，或装接变压器在 5 台及以上，或线路长度在 500m 及以上，宜在 T 接点处装设具有单相接地和相间短路保护功能的分界断路器，其他情况时宜在 T 接点处装设跌落保险；客户设备接入开闭所时，宜配置中置式手车断路器柜，并配置微机保护；接入户外环网柜时，宜配置负荷开关；接入配电房时，宜采用负荷开关，并配置熔断器，有更高可靠性要求或变压器总容量在 1250kVA 及以上时，宜采用断路器，并配置微机保护。
(2)电能计量
1)居民住宅用电应实行一户一表计量方式。
2)居民住宅用电容量在 12kW 及以下时，应采用单相供电到户计量方式；用电容量超过 12kW 时，可采用三相供电到户计量方式；超过 20kW 时，应采用三相供电到户计量方式。电能表配置详见下表：
<table>
<tr><th>每套住宅用负荷(kW)</th><th>单相电能表(A)</th><th>每套住宅用电负荷(kW)</th><th>单相电能表(A)</th><th>三相四线电能表(A)</th></tr>
<tr><td>3</td><td>5(20)</td><td>9</td><td>15(60)</td><td>5(20)</td></tr>
<tr><td>4</td><td>10(40)</td><td>10</td><td>20(80)</td><td>10(40)</td></tr>
<tr><td>5</td><td>10(40)</td><td>11</td><td>20(80)</td><td>10(40)</td></tr>
<tr><td>6</td><td>10(40)</td><td>12</td><td>20(80)</td><td>10(40)</td></tr>
<tr><td>7</td><td>15(60)</td><td>13</td><td>30(100)</td><td>10(40)</td></tr>
</table></td><td>附图：图 2.4-31～3.9 重庆 35kV 及以下高压供配电系统主接线典型作法图示 1～9</td></tr>
</table>

续表

地区	省、直辖市和自治区名称	变电所的设计资质要求	扫码看图
西南区	重庆	3)计量表计集中安装时，应采用单户表箱，可实现单户表箱组合，除满足该处居民用电计量需求外，应预留一只远程自动抄表装置表位。 4)单户住宅(含别墅)用电，应采用单户表箱。表箱宜安装在户外，便于抄表和维护，应具有防雨和防阳光直射计量表计等防护措施。 5)住宅用电计量应安装在专用计量表箱内，表箱安装位置应符合电气安全要求，便于抄表和维护。同一居住区内，各电能计量装置安装方式和安装位置应尽量统一。 6)居住区住宅用电计量表计应采用相对集中安装方式。多层住宅采用以单元为单位的集中安装方式，表箱安装位置宜在楼道间相对集中；中高层住宅视不同情况，计量点可采用单元集中、同楼层集中或分楼层集中安装方式；高层住宅用电计量表计安装视不同情况，可采用每层或分层集中安装方式。 (3)容量较大的用电负荷或重要负荷宜从低压配电室采取放射式供电。由低压配电室至楼层配电箱或分配电箱，宜采用树干式或分区树干式或放射与树干相结合的混合式配电。 (4)每栋住宅建筑应设带隔离功能的保护电器。 (5)六层及以下的住宅单元宜采用三相电源配电，七层及以上的住宅单元应采用三相电源配电	
	云南	(1)居民小区的配电室低压母线由主母线及公共部分母线组成。一户一表的电源引自主母线，采用集中表箱分别供至各用户。公建部分的电源引自公共部分母线，供至各用电负荷。 (2)电能计量 1)一户一表计量。 住宅、具有独立产权的商铺。具有独立产权的车库、储藏间。 居民小区建设的社区卫生所、文化站、幼儿园、小学、银行及邮政服务网点、弱电机(站)房、物管用房、用电负荷≤100kW 的小型商场等配套设施。采用独立计量(一户一表)方式。新建住宅小区内容量在 100kW 及以上需按一户一表计量的独立商铺、幼儿园、小学等应设置综合计量屏，并独立摆放在 $15m^2$ 左右的配电间内。综合屏的布置按低压屏的规范执行。 2)集中抄表计量(公建部分) ①小区公共负荷设置独立计量表计进行计量。(公用电力负荷包括：地下车库、给水排水设施、水处理设施、通风排烟设施、电梯、景观照明、公共通道照明、消防、水泵等)。 ②居民住宅用电容量在 12kW 及以下时，应采用单相供电到户计量方式；用电容量超过 12kW 时，可采用三相供电到户计量方式。 ③计量表计集中安装时，应采用单户表箱，可实现单户表箱组合，除满足该处居民用电计量需求外，应预留一只远程自动抄表装置表位。	附图：详见图 2.4-47、48 云南主接线要求图示 1.2 附图 10.3-7、8：云南家居配电箱、云南住宅集中表箱图示

续表

地区	省、直辖市和自治区名称	变电所的设计资质要求	扫码看图
西南区	云南	④单户住宅(含别墅)用电,应采用单户表箱。表箱宜安装在户外,便于抄表和维护,应具有防雨和防阳光直射计量表计等防护措施。 ⑤住宅用电计量应安装在专用计量表箱内,表箱安装位置应符合电气安全要求,便于抄表和维护。同一居住区内,各电能计量装置安装方式和安装位置应尽量统一。 ⑥居住区住宅用电计量表计应采用相对集中安装方式。多层住宅采用以单元为单位的集中安装方式,表箱安装位置宜在楼道间相对集中;中高层住宅视不同情况,计量点可采用单元集中、同楼层集中或分楼层集中安装方式;高层住宅用电计量表计安装视不同情况,可采用每层或分层集中安装方式	
	西藏	电力行业专项设计丙级资质	附图 10.3-9:西藏住宅项目配电系统
注:北京、辽宁、吉林、黑龙江、上海、安徽、浙江、福建、湖南、河南、甘肃、新疆、青海、宁夏、四川、贵州,暂时未找到相关资料			

10.4 线缆敷设及导体选择要求

地区	省、直辖市和自治区名称	线缆敷设及导体选择要求
华北区	北京	(1)敷设在电气竖井内的电缆及母线等供电干线,宜选用铜材质导体。 (2)高层住宅用于消防设施的供电干线应采用阻燃耐火类电缆,宜采用矿物绝缘类电缆,其中超高层住宅的应采用矿物绝缘类电缆。 (3)消防配电线路宜与其他配电线路分开敷设在不同的电缆井、沟内;确有困难需敷设在同一电缆井、沟内时,应分别布置在电缆井、沟的两侧,且消防配电线路应采用矿物绝缘类不燃性电缆。 (4)高层住宅宜采用单芯预制式阻燃低压电缆或密集型母线分层供电,在竖井内敷设。一类高层住宅和超高层住宅应配置 2 条及以上偶数的电缆或密集型母线,隔层配电。当一回发生故障时,另一回应满足临时供电需要,竖井内应加置照明设备并留有检修人员足够的维护空间,高层建筑电气竖井在利用通道作为检修面时,竖井的净宽度不宜小于 0.8m。 (5)高层住宅建筑中明敷的电缆应选用低烟、低毒的阻燃类电缆。 (6)住宅建筑应预先敷设水表、气表、热表安装点到对应户电能计量箱之间的管线,满足水、电、气、热表远传抄表的要求

续表

地区	省、直辖市和自治区名称	线缆敷设及导体选择要求
华北区	天津	(1)10层及以上住宅建筑中明敷的线缆应选用低烟、低毒的阻燃类电缆。 (2)19～34层的住宅，用于消防设施的供电干线井采用阻燃耐火线缆，宜采用矿物绝缘电缆；10～18层的住宅，用于消防设施的供电干线应采用阻燃耐火线缆。 (3)居民生活用电由专线单电源直接经断路器与楼内主干线连接时，建筑面积在1万m^2以上的10层及以上住宅楼内主干线宜采用封闭式母线，建筑面积不足1万m^2的10层及以上住宅楼内主干线宜采用低烟、低毒的阻燃类电缆
	河北	(1)地块内高、低压电缆管网应根据规划及最终电缆数量确定建设规模，一次建成，管线走廊应为专用，不应将其他用途线缆同管线敷设。 (2)高、低压电缆敷设方式均不允许采用直埋方式。电缆的敷设方式根据实际情况采取电缆排管、隧道或桥架等方式，并设置必要的手孔或工井，电缆工作井的尺寸应满足电缆最小弯曲半径的要求。同时还应按规定设置必要的标识桩，电缆排管不应设在住宅楼下方。进出电缆管线应隐蔽设置。 (3)电缆通道内(排管、电缆沟、隧道、桥梁及桥架等)所有金属构件均应采用热镀锌防腐，并可靠接地，采用耐腐蚀复合材料时，并应满足承载力、防火性能等要求。电缆构筑物中电缆引至电气柜、盘或控制屏、台的开孔部位，电缆贯穿隔墙、楼板的孔洞处，工作井中电缆管孔等均应实施阻火封堵。 (4)电缆排管应沿规划道路建设，管材应根据敷设地点状况选取如MPP等抗压性强的管材。穿越市政道路路口或建于承受重载道路的排管选用热浸塑钢管。穿越住宅小区车辆道路、停车场等区域，应采用抗压力保护板(管)。 (5)在集中敷设地区应视现场实际情况多敷设实际使用管数20%(最低不少于2孔)的保护管，作为事故备用孔。 (6)电缆排管建设时应同时考虑建设通信光缆的通道要求。 (7)电缆工作井宜采用混凝土现浇或预制结构，电缆工作井和设备电缆夹层防水等级应达到3级，抗渗等级达到P6级，地势低洼处应设置积水坑。电缆中间接头处应设置中间井，并采取防爆措施
	内蒙古	(1)中压电缆 1)配置原则 中压电缆应采用交联聚乙烯绝缘电缆铜芯电缆。进出中压开闭站、配电室及所内的电缆，采用阻燃电缆。地下水位较高时，应采用防水型电缆。 充分考虑满足将来负荷增长的需要，按远景规模设置。主干线应不低于3×300mm^2铜芯交联聚乙烯绝缘电力电缆，支线、单台配变、箱变进线按实际容量选用铜芯电缆。 2)中压电缆的敷设 ①敷设电力电缆应采用穿保护管、沟槽或电缆桥架敷设方式。 ②穿越住宅小区车辆道路、停车场等区域，应采用专用抗压力保护管。其他区域应采用非金属保护管，上部敷设水泥盖板。 (2)中压架空线路 中压架空线路应选择普通绝缘的铝芯交联聚乙烯导线，铝导线截面主干线为185mm^2，分支线为150mm^2，配变引下线采用70mm^2。

续表

<table>
<tr><th>地区</th><th>省、直辖市和自治区名称</th><th>线缆敷设及导体选择要求</th></tr>
<tr><td rowspan="2">华北区</td><td>内蒙古</td><td>(3)低压电缆
1)配置原则
①低压电缆应选用阻燃铜芯交联聚乙烯绝缘电缆，主干线截面一般为铜芯120～240mm^{2}电缆；分支线截面一般不小于铜芯70mm^{2}电缆。
②分接表箱电缆选用交联聚乙烯绝缘、阻燃、纵向阻水的铜芯电缆。
③低压接户电缆，宜采用铜芯，截面积视所供住宅楼或平房院的户数和每户负荷，考虑需用系数后选取，最小截面积不小于35mm^2。
2)低压电缆的敷设
①在居住区内，采用穿保护管、沟槽或电缆桥架敷设方式。
②进入住宅楼，采用穿保护管或电缆竖井敷设方式。小高层建筑，低压垂直干线选用电缆。高层建筑(19层及以上)，低压垂直干线宜选用低压密集型母线槽。
③电缆竖井应单独设立，不具备条件时可与通信电缆共用，但应分别在竖井两侧敷设或采取隔离措施以防止干扰；不得与煤气、自来水共用。
(4)低压电缆分接箱
1)电缆线路安装在地面上或墙上的低压π接箱应绝缘化，一般选用空气开关，地箱选用400A，墙箱选用250A，回路数不宜超过4路。
2)采用元件模块拼装、框架组装结构，母线及馈出均绝缘封闭，馈出回路使用铜铝过渡装置
公共场所的低压电缆π接箱、计量箱等配电装置宜选用非金属箱体，满足双重绝缘要求</td></tr>
<tr><td>山西</td><td>由于刚性矿物绝缘电缆影响施工，与非消防电缆同敷设于电井内的消防电缆采用柔性矿物绝缘电缆</td></tr>
<tr><td rowspan="3">华东区</td><td>福建</td><td>(1)10kV电缆充分考虑将来负荷增长的需要，按远景规模配置，主干线应选用400mm^2、300mm^2，支线应选用240mm^2、150mm^2，单台配变进线选用70mm^2，临时线路电缆截面不宜小于50mm^2。
(2)0.4kV低压电缆及单元接户线、住宅进户线截面推荐采用240mm^2、150mm^2、95mm^2、70mm^2、50mm^2、35mm^2、25mm^2。
(3)配电站房0.4kV出线电缆截面不应小于35mm^2，分支箱出线电缆截面不应小于25mm^2(只有单户可以采用16mm^2)</td></tr>
<tr><td>山东</td><td>按山东省标《绿色建筑设计规范》DB37/T 5043要求宜选用与建筑同寿命的电线电缆；
济南市要求大于2万m^{2}的公建和市重点工程采用与建筑同寿命的电线电缆</td></tr>
<tr><td>江苏</td><td><table>
<tr><th>序号</th><th colspan="2">类型</th><th>电缆截面</th><th>导体材质</th></tr>
<tr><td rowspan="3">1</td><td rowspan="3">中压(10kV/20kV)电缆</td><td>开关站进线</td><td>400mm^2</td><td>铜</td></tr>
<tr><td>变电所进线</td><td>240mm^2、120mm^2</td><td>铜</td></tr>
<tr><td>变压器进线</td><td>70mm^2</td><td>铜</td></tr>
</table></td></tr>
</table>

续表

<table>
<tr><th>地区</th><th>省、直辖市和自治区名称</th><th>线缆敷设及导体选择要求</th></tr>
<tr><td>华东区</td><td>江苏</td><td>
续表
<table>
<tr><th>序号</th><th colspan="2">类型</th><th>电缆截面</th><th>导体材质</th></tr>
<tr><td rowspan="3">2</td><td rowspan="3">低压电缆</td><td>电缆分支箱进线</td><td>240mm^2，150mm^2</td><td>铜</td></tr>
<tr><td>计量表箱进线</td><td>95mm^2、70mm^2、50mm^2</td><td>铜</td></tr>
<tr><td>分户进线</td><td>不小于 10mm^2</td><td>铜</td></tr>
<tr><td rowspan="2">3</td><td rowspan="2">计量箱出线端电缆</td><td>消防干线</td><td>/</td><td>铜</td></tr>
<tr><td>非消防干线</td><td>/</td><td>铜、铝</td></tr>
<tr><td rowspan="4">4</td><td rowspan="4">用电终端电线</td><td>分户插座</td><td>不小于 2.5mm^2</td><td>铜</td></tr>
<tr><td>60m^2 以下一居室照明</td><td>不小于 1.5mm^2</td><td>铜</td></tr>
<tr><td>其他套型居室照明</td><td>不小于 2.5mm^2</td><td>铜</td></tr>
<tr><td>公区回路</td><td>不小于 2.5mm^2</td><td>铜</td></tr>
</table>
</td></tr>
<tr><td>华南区</td><td>广东</td><td>
摘自中国南方电网《10kV 及以下业扩受电工程技术导则（2018 版）》第 7.5.4 条：
（1）电缆型式的选择
1）高压电缆宜选用铜芯电力电缆。
2）高压电缆宜采用交联聚乙烯绝缘电力电缆，并根据使用环境选用。对处于地下水位较高环境、可能浸泡在水内的电缆，应采用防水外护套，进入高层建筑内的电缆，应选用阻燃型，电缆线路土建设施如不能有效保护电缆时，应选用铠装电缆。
3）低压配电导体选择应符合下列规定：
①电缆、电线可选用铜芯或铝芯，民用建筑宜采用铜芯电缆或电线；下列场所应选用铜芯电缆或电线：
a）易燃、易爆场所；b）重要的公共建筑和居住建筑；c）特别潮湿场所和对铝有腐蚀的场所；d）人员聚集较多的场所；e）重要的资料室、计算机房、重要的库房；f）移动设备或有剧烈振动的场所；g）有特殊规定的其他场所。
②低压电缆的绝缘类型应符合以下规定：
a）在一般工程中，在室内正常条件下，可选用聚氯乙烯绝缘聚氯乙烯护套的电缆或聚氯乙烯绝缘电线；有条件时，可选用交联聚乙烯绝缘电力电缆和电线；b）一类高层建筑以及重要的公共场所等防火要求高的建筑物，应采用阻燃低烟无卤交联聚乙烯绝缘电力电缆、电线或无烟无卤电力电缆、电线；c）建筑高度为 100m 或 35 层及以上的住宅建筑，用于消防设施的供电干线应采用矿物绝缘电缆；建筑高度为 50～100m 且 19～34 层的一类高层住宅建筑，用于消防设施的供电干线应采用阻燃耐火线缆，宜采用矿物绝缘电缆；10～18 层的二类高层住宅建筑，用于消防设施的供电干线应采用阻燃耐火类线缆；d）19 层及以上的一类高层住宅建筑，公共疏散通道的应急照明应采用低烟无卤阻燃的线缆。10～18 层的二类高层住宅建筑，公共疏散通道的应急照明宜采用低烟无卤阻燃的线缆。
4）低压电缆的芯数根据低压配电系统的接地型式确定，IT 系统采用三芯电缆；TT 系统、TN-C（或 TN-C-S 系统，PEN 线分开之前电源端部分）系统采用四芯电缆；TN-C-S 系统 PEN 线分开之后负荷端部分、TN-S 系统采用五芯电缆。
（2）电缆阻燃等级的选择
1）电线电缆使用场所应根据建筑物的使用性质、火灾危险性、疏散和扑救难度等分为特级、一级、二级、三级，并宜符合下表的规定。
</td></tr>
</table>

续表

地区	省、直辖市和自治区名称	线缆敷设及导体选择要求
华南区	广东	电线电缆使用场所分级（见下表）

电线电缆使用场所分级

等级	使用场所	
特级	建筑高度超过 100m 的高层民用建筑(超高层住宅除外)	
一级	建筑高度超过 100m 的高层民用建筑	
	建筑高度不超过 100m 的高层民用建筑	一类建筑(一类建筑的住宅除外)
	建筑高度不超过 24m 的民用建筑及建筑高度超过 24m 的单层公共建筑	1. 200 床及以上的病房楼，每层建筑 1000m² 及以上的门诊楼
		2. 每层建筑面积超过 3000m² 及以上的百货楼、展览楼、高级旅馆、财贸金融楼、电信楼、高级办公楼
		3. 藏书超过 100 万册的图书馆、书库
		4. 超过 3000 座位的体育馆
		5. 重要的科研楼、资料档案楼
		6. 市级的邮政楼、广播电视楼、电力调度楼、防灾指挥调度楼、车站旅客候车室、民用机场候机楼
		7. 重点文物保护场所
		8. 大型以上的影剧院、会堂、礼堂
		9. 建筑面积在 200m² 及以上的公共娱乐场所
	地下民用建筑	1. 地下铁道及地下铁道车站
		2. 地下影剧院、礼堂
		3. 使用面积超过 1000m² 的地下商场、医院、旅馆、展览厅及其他商业或公共活动场所
		4. 重要的实验室和图书、资料、档案库
二级	建筑高度不超过 100m 的高层民用建筑	一类建筑的住宅
		二类建筑(二类建筑的住宅除外)
	建筑高度不超过 24m 的民用建筑	1. 每层建筑面积超过 2000m² 但不超过 3000m² 的商业楼、财贸金融楼、电信楼、展览楼、旅馆、办公楼、车站、海河客运站、航空港等公共建筑及其他商业或公共活动场所
		2. 区县级邮政楼、广播楼、电力调度楼、防灾指挥调度楼
		3. 中型以下的影剧院
		4. 图书馆、书库、档案楼
		5. 建筑面积在 200m² 以下的公共娱乐场所地下
	民用建筑	1. 长度超过 500m² 的城市隧道
		2. 使用面积不超过 1000m² 的地下商场、医院、旅馆、展览馆及其他商业或公共活动场所
三级	不属于特级、一级、二级的其他民用建筑	

续表

<table>
<tr><th>地区</th><th>省、直辖市和自治区名称</th><th>线缆敷设及导体选择要求</th></tr>
<tr><td>华南区</td><td>广东</td><td>2)电缆的阻燃级别应根据同一通道内电缆的非金属含量确定。并应不低于下表规定。
电缆阻燃级别选择表
<table>
<tr><th>适用场所</th><th>阻燃级别</th></tr>
<tr><td>特级</td><td>A</td></tr>
<tr><td>一级</td><td>B</td></tr>
<tr><td>二级、三级</td><td>C</td></tr>
</table>
(3)电缆截面的选择
1)电力电缆截面的确定,除根据不同的供电负荷和电压损失进行选择后,还应综合考虑温升、热稳定、安全和经济运行等因素。
2)电缆线路干线截面的选择,应力求简化、规范、统一,并满足规划、设计要求。
3)高低客户接入工程的电力电缆截面确定如下:
①高压电缆:铜芯或铝芯为 70mm^2、120mm^2、150mm^2、240mm^2、300mm^2、400mm^2。
②低压电缆:按实际负荷选用。
(4)电缆附件的选择
10kV 电缆头宜采用冷收缩、预制式,户外电缆头不得采用绕包式。电缆终端应根据电压等级、绝缘类型、安装环境以及与终端连接的电缆和电器型式选择,满足可靠、经济、合理的要求。
1. 广州:广州供电局《10kV 及以下客户受电工程施工图设计内容及深度要求(2016 版)》
公变电房至各栋供电的低压出线若采用电缆的,宜采用带阻燃铠装的五芯电缆。
2. 深圳:
(1)住宅建筑套内的电源线应选用铜材质导体。
(2)敷设在电气竖井内的封闭母线、预制分支电缆、电缆及电源线等供电干线,可选用铜、铝或合金材质的导体。
(3)高层住宅建筑中明敷的线缆应选用低烟、低毒的阻燃类线缆。
(4)建筑高度为 100m 或 35 层及以上的住宅建筑,用于消防设施的供电干线应采用矿物绝缘电缆;建筑高度为 50～100m 且 19～34 层的一类高层住宅建筑,用于消防设施的供电干线应采用阻燃耐火线缆,宜采用矿物绝缘电缆;10～18 层的二类高层住宅建筑,用于消防设施的供电干线应采用阻燃耐火类线缆。
(5)19 层及以上的一类高层住宅建筑,公共疏散通道的应急照明应采用低烟无卤阻燃的线缆。10～18 层的二类高层住宅建筑,公共疏散通道的应急照明宜采用低烟无卤阻燃的线缆。
(6)建筑面积小于或等于 60m^2 且为一居室的住户,进户线不应小于 6mm^2,照明回路支线不应小于 1.5mm^2,插座回路支线不应小于 2.5mm^2。建筑面积大于 60m^2 的住户,进户线不应小于 10mm^2,照明和插座回路支线不应小于 2.5mm^2。
(7)电源布线系统宜考虑电磁兼容性和对其他弱电系统的影响。
(8)住宅建筑电源布线系统的设计应符合国家现行有关标准的规定。住宅建筑配电线路的直敷布线、金属线槽布线、矿物绝缘电缆布线、电缆桥架布线、封闭式母线布线的设计应符合现行行业标准《民用建筑电气设计规范》JGJ 16 的规定。</td></tr>
</table>

续表

地区	省、直辖市和自治区名称	线缆敷设及导体选择要求
华南区	海南	(1)线缆敷设 1)室内布线:室内垂直配电干线可采用穿管敷设或电气竖井内敷设,室内水平配电干线可采用穿管、金属线槽、电缆桥架或封闭式母线等方式。 2)室外布线:电缆敷设可采用埋地敷设、排管内敷设、电缆沟或以上几种相结合的敷设方式。 (2)导体材料选择 1)非消防设备:室外配电干线宜选用铜芯或铝合金电缆;室内配电干线可选用铜芯或铝合金电缆、密集母线、预制分支电缆。电井设在外廊时,竖向配电干线不宜采用密集母线。 2)高压电缆宜选用交联聚乙烯绝缘铜芯电力电缆。对处于地下水位较高环境、可能浸泡在水内的电缆,应采用防水外护套,进入高层建筑内的电缆,应选用阻燃型,电缆线路土建设施如不能有效保护电缆时,应选用铠装电缆。 3)低压电缆: ①在一般工程中,在室内正常条件下,可选用聚氯乙烯绝缘聚氯乙烯护套的电缆或聚氯乙烯绝缘电线;有条件时,可选用交联聚乙烯绝缘电力电缆和电线。 ②一类高层建筑以及重要的公共场所等防火要求高的建筑物,应采用阻燃低烟无卤交联聚乙烯绝缘电力电缆、电线或无烟无卤电力电缆、电线
中南区	湖北	(1)主干道路和新建住宅内应采用排管方式,中压配电线路排管内径应容易按不小于 ϕ150mm 建设。 (2)明敷设 1kV 及以下电力及控制电缆与 1kV 以上电力电缆宜分开敷设,高低压电缆不宜共沟敷设。 (3)室外敷设的中压及低压电缆宜采用铠装电力电缆
西北区	陕西	《西安市新建住宅供配电设施建设技术导则》(市建发【2013】113 号文件)
	新疆	(1)变配电室至住宅用电电缆采用铜缆,10kV 电缆需采用 8.7/15kV,中心配电室至分配电室 10kV 线缆采用耐火电缆。 (2)10kV 配电变压器进线 120、70,住宅低压电缆干线可采用 240、185、120,电源接户线 120、95、70、25
西南区	重庆、云南	(1)多层住宅建筑的配电宜选用交联聚乙烯绝缘电力电缆、电线。 (2)一类高层住宅建筑的配电应选用阻燃低烟无卤交联聚乙烯绝缘电力电缆、电线
	四川	(1)中压电缆可选用铜、铝和合金材质的导体,宜采用交联聚乙烯绝缘阻燃的铜芯电缆。中压户外环网柜进出线、预装式变电站进出线电缆,采用铠装电缆。 (2)中压架空线路选择应考虑设施标准化,应采用铝芯绝缘导线,导线截面主干线为 240mm^2,支线应选用 185mm^2、150mm^2、120mm^2,单台配变、箱变进线宜不小于 70mm^2。 (3)低压电缆可选用铜、铝或合金材质的导体,宜选用交联聚乙烯绝缘无卤低烟阻燃的铜芯电缆或铝合金电缆。铝合金电缆应采用经国家权威机构(上缆所、武高所等)型式试验合格的产品,宜选用使用时间 5 年及以上且运行安全稳定的成熟产品。 (4)直埋敷设和穿管暗敷的低压电缆可采用普通电缆。 (5)当电线电缆成束敷设时,应采用阻燃电线电缆。 (6)除直埋敷设的电缆和穿管敷设的电线电缆外,用于一类高层住宅建筑的电线电缆应采用低烟无卤阻燃型,用于二类高层住宅建筑的电线电缆宜采用低烟无卤阻燃型。 (7)电缆竖井中电缆分支应选用预分支电缆或母线槽方式

注:河北、辽宁、吉林、黑龙江、上海、安徽、浙江、江西、广西、湖南、河南、甘肃、青海、宁夏、贵州、西藏,暂时未找到相关资料

10.5 机房环境监测

地区	省、直辖市和自治区名称	机房环境监测
华东区	江苏	(1)使用 SF_6 气体作为绝缘或灭弧介质的开关站、配电室内应设置 SF_6 浓度报警仪，底部加装强制排风装置 (2)为了保证开闭所、变电所内环境温湿度正常，江苏省供电公司苏电运检〔2018〕955 号文件要求，机房内增设智能除湿防凝露控制系统
华南区	广东	深圳：(1)地上配变电所内的变压器室宜采用自然通风，地下配变电所的变压器室应设机械送排风系统，夏季的排风温度不宜高于 45℃，进风和排风的温差不宜大于 15℃。 (2)电容器室应有良好的自然通风，通风量应根据电容器温度类别按夏季排风温度不超过电容器所允许的最高环境空气温度计算。当自然通风不能满足排热要求时，可增设机械排风。 (3)电容器室内应有反映室内温度的指示装置
中南区	湖北	(1)开闭站内宜设置环境安全智能控制系统，实现通风、温控、防凝露、事故排烟、浸水报警、无线查询和报警等智能控制功能。 (2)环境安全智能控制系统应能对开闭站内温度、湿度、含尘量、含氧量、SF_6 气体浓度、烟雾和地下水位等因素进行信息采集，并进行调节和优化。 (3)环境安全智能控制系统数量应根据设备房内面积及发热量确定。发热量较小的，如单独设置的开闭站宜按每 $110m^2$ 配置一台；发热量较大的，如开闭站与其他配电装置(如变压器、低压柜)在同一房间宜按每 $85m^2$ 配置一台。 (依据《新建住宅供配电设施设计规范》Q/GDW15 001-2014-10501 第 7.4.1～7.4.3 条)
西南区	云南	(1)监测和控制主机房以及辅助区的温度、露点温度或相对湿度等环境参数，当环境参数超出设定值时，应报警并记录。核心设备区及高密度设备区宜设置机柜微环境监控系统。 (2)主机房内有可能发生水患的部位应设置漏水检测和报警装置，强制排水设备的运行状态应纳入监控系统

注：北京、天津、河北、内蒙古、山西、辽宁、吉林、黑龙江、上海、安徽、浙江、福建、山东、江西、广西、海南、湖南、河南、陕西、甘肃、新疆、青海、宁夏、重庆、四川、贵州、西藏，暂时未找到相关资料

10.6 机电设备的运行监控

地区	省、直辖市和自治区名称	机电设备的运行监控
华东区	江苏	(1)居住区内开关站均应具备三遥(遥测、遥信、遥控)功能。 (2)居住区的配电网应根据配电自动化规划要求,同步建设与现有配电自动化建设标准一致的配电自动化终端及通信设备,同步敷设通信线路
华南区	广东	(1)建筑设备监控系统应对供配电系统下列电气参数进行监测: 1)10(6)kV进线断路器、馈线断路器和联络断路器,应设置分、合闸状态显示及故障跳闸报警; 2)10(6)kV进线回路及配出回路,应设置有功功率、无功功率、功率因数、频率显示及历史数据记录; 3)10(6)kV进出线回路宜设置电流、电压显示及趋势图和历史数据记录; 4)0.4kV进线开关及重要的配出开关应设置分、合闸状态显示及故障跳闸报警; 5)0.4kV进出线回路宜设置电流、电压显示、趋势图及历史数据记录; 6)宜设置0.4kV零序电流显示及历史数据记录; 7)宜设置功率因数补偿电流显示及历史数据记录; 8)当有经济核算要求时,应设置用电量累计; 9)宜设置变压器线圈温度显示、超温报警、运行时间累计及强制风冷风机运行状态显示。 (2)柴油发电机组宜设置下列监测功能: 1)柴油发电机工作状态显示及故障报警; 2)日用油箱油位显示及超高、超低报警; 3)蓄电池组电压显示及充电器故障报警
中南区	湖北	一级和二级重要活动场所应配置电气运行监控系统,电气运行监控系统应具备对主要电气设备、重要配电回路的开关状态、电气运行参数以及视频进行监控的功能。 (依据《重要活动场所电力配置与电气运行导则》DB4201/T 538-2018第6.9.1条)
西南区	云南	机电设备的运行状态、能耗进行监视、报警并记录。机房专用空调设备、冷水机组、柴油发电机组、不间断电源系统等设备自身应配带监控系统,监控的主要参数应纳入设备监控系统,通信协议应满足设备监控系统的要求

注:北京、天津、河北、内蒙古、山西、辽宁、吉林、黑龙江、上海、安徽、浙江、福建、山东、江西、广西、海南、湖南、河南、陕西、甘肃、新疆、青海、宁夏、重庆、四川、贵州、西藏,暂时未找到相关资料

10.7 机房安全防范监控系统

地区	省、直辖市和自治区名称	变电所的设计资质要求
华东区	江苏	新建居住区内的开关站、配电室应设置具有远传功能的视频监控系统，至少具备环境监测、防盗、火灾报警等功能
中南区	湖北	一级和二级重要活动场所高、低压配电房均需安装视频监控设备，在柜正面安装全景摄像头（具备监屏功能），在柜背面安装枪机摄像头。 （依据《重要活动场所电力配置与电气运行导则》DB4201/T 538—2018 第 6.9.2 条）

注：北京、天津、河北、内蒙古、山西、辽宁、吉林、黑龙江、上海、安徽、浙江、福建、山东、江西、广东、广西、海南、湖南、河南、陕西、甘肃、新疆、青海、宁夏、重庆、四川、云南贵州、西藏，暂时未找到相关资料

参考文献

[1] 中华人民共和国住房和城乡建设部《国家机关办公建筑和大型公共建筑能耗监测系统分项能耗数据采集技术导则》
[2] 《国家电网公司配电网工程典型设计（10kV 配电站房分册）》(2016 版)
[3] 北京市人民政府办公厅印发《关于进一步加强电动汽车充电基础设施建设和管理的实施意见》
[4] 河北省住房和城乡建设厅印发《关于单位、居住区、停车场充电设施规划建设的暂行规定》的通知（冀建规〔2016〕3 号）
[5] 《内蒙古电力（集团）有限责任公司配电网技术标准》(内电生产〔2011〕82 号)
[6] 《国网上海市电力公司非居民电力用户业扩工程技术导则》(2014 版)
[7] 《上海市电力公司业扩工程通用设计图集——用户变配电站通用设计图集》(2012 年版) 主编 冯军 颁布 上海市电力公司
[8] 《上海电网若干技术原则的规定（第四版）》上海市电力公司
[9] 上海市经济和信息化委员会、国家能源局华东监管局关于印发《上海市重要电力用户供用电安全管理办法》(沪经信委〔2017〕227 号)
[10] 《国网安徽省电力公司配电网工程通用设计图集》
[11] 《安徽省电力公司重要电力用户供用电安全管理细则》
[12] 《2014 江西省电力公司计量器具条码编制规则》
[13] 中国南方电网《10kV 及以下业扩受电工程技术导则（2018 版）》
[14] 《中国南方电网公司 10kV 和 35kV 配网标准设计》
[15] 《中国南方电网公司 110 千伏及以下配电网规划指导原则》(南方电网生〔2009〕4 号)
[16] 中国南方电网《10kV 用电客户电能计量装置典型设计》中国南方电网有限责任公司修编 2014 年 12 月
[17] 中国南方电网《低压用电客户电能计量装置典型设计》中国南方电网有限责任公司修编 2014 年 12 月
[18] 南方电网公司《广东电网公司 10kV 箱式固定充气式交流金属封闭开关设备验收规范》
[19] 《广州供电局中低压配电网设备技术原则》(编号 F. 01. 00. 05/Q103-0001-1001-8173)
[20] 《关于报送广州市配电房设置原则的函》广供电函〔2018〕1049 号
[21] 广东省住房和城乡建设厅、广东电网有限责任公司《关于加强变电站、配电房防洪防涝风险管控的通知》(粤建规函〔2018〕1752 号)
[22] 《广东电网有限责任公司业扩报装及配套项目管理细则》Q/CSG-GPG 2 14 001-2017
[23] 《广东省人民政府关于加快新能源汽车推广应用的实施意见》(粤府办〔2016〕23 号)
[24] 《广东省人民政府关于加快新能源汽车产业创新发展的意见》(粤府办〔2018〕46 号)
[25] 《广州供电局配电自动化站所终端（DTU）施工标准（试行）》
[26] 广州市国土资源和规划委员会《关于在核发规划条件、修建性详细规划（总平面规划方案）审查复文、核发〈建设工程规划许可证〉模板增加新建项目预留充电设施接口比例要求的内部通知》(穗国土规划〔2016〕191 号)
[27] 广州市工业和信息化委 《广州市加快推进电动汽车充电基础设施建设三年行动计划（2018-2020 年）》(穗工信〔2018〕8 号)
[28] 《深圳供电局有限公司中压专线供电接入细则》(深供电计〔2014〕41 号)

[29] 深圳市技术规范《电动汽车充电基础设施设计、施工及验收规范》SJG 27
[30]《佛山市住房和城乡建设局、佛山市自然资源局、佛山市发展和改革局关于做好〈电动汽车充电基础设施建设技术规程〉实施工作的通知》(佛建〔2019〕2号)
[31]《南宁市建筑夜景照明规划设计导则》
[32]《海南省住房和城乡建设厅海南省自然资源和规划厅 关于印发〈海南省绿色生态小区技术审查要点(试行)〉的通知》(琼建科〔2019〕 67号)
[33]《新建住宅供配电设施设计规范》Q/GDW15 001-2014-10501
[34]《380V-500kV电网建设与改造技术导则-城市中低压配电网建设与改造实施细则(试行)》Q/GDW-15-003-2009
[35] 武汉市人民政府令第249号令《武汉市消防管理若干规定》
[36]《河南省城镇新建住宅项目电力设施建设和管理办法》(豫建〔2016〕33号)
[37]《陕西省电动汽车充电基础设施专项规划(2016—2020年)》
[38]《陕西省绿色保障性住房施工图设计文件技术审查要点》(陕建标发〔2015〕33号)
[39]《西安市建筑防火设计、审查、验收疑难点问题技术指南》
[40]《西安市规划局关于加强城市电动汽车充电设施规划建设工作的通知》(市规发〔2016〕11号)
[41]《西安市人民政府办公厅关于加快十三五期间全市电网建设的通知》(市政办发〔2016〕86号)
[42]《甘肃省人民政府办公厅关于加快电动汽车充电基础设施建设的实施意见》(甘政办发〔2016〕50号)
[43]《西安市新建住宅供配电设施建设技术导则》(市建发〔2013〕113号)
[44]《重庆市人民政府办公厅关于〈重庆市支持新能源汽车推广应用政策措施(2018—2022年)〉的通知》(渝府办发〔2018〕184号)

中国勘察设计协会电气分会

中国勘察设计协会（国家一级协会）电气分会（以原全国智能建筑技术情报网为基础）是工程勘察设计行的全国性社会团体，由设计单位、建设单位、产品单位等电气专业人士自愿组成的非营利性社团组织，是中国勘察设计协会的分支机构，在中国勘察设计协会的领导下开展工作，挂靠单位为中国建设科技集团。

中国勘察设计协会电气分会通过民政部审批，于2014年6月正式成立，2018年6月电气分会第二届理事会提出了“高平台·高品质·高格局”的主题，并着手打造“专业人才创新圈”“生态合作创新圈”“专业合作创新圈”的三大创新圈。截至2019年9月30日，已有全国的会员单位约440家，电气分会常务理事141人，理事520人，由来自全国31个省自治区的高职称（教授级高工、研究员、教授及以上）和高职务（副所长、副总工及以上）的双高专家组成的“电气双高专家组”（约373人，包括1位全国设计大师、11位国务院特殊津贴专家，9位省级电气设计大师），由来自全国31个省自治区的45岁以下从事电气行业工作的杰出青年组成的“电气杰青组”（约172人）。并相继成立了华北、华东、东北，中南、西南，华南、西北等七个电气学组。

分会使命：构建服务平台，汇聚电气精英，实现合作共赢，引领行业发展。

工作方针：致力中国一流电气协会服务，搭建中国一流电气交流平台，创新中国一流电气技术推广，推动中国建筑电工作目标：打造中国建筑电气行业（建设单位、设计单位、产品单位三位一体）的高端技术平台交流。

工作宗旨：服务促品质，交流促推广，研究促技术，创新促发展。

工作职能：政府技术支持、科研课题研究、优秀项目评选、电气技术培训，新技术的推广，交流平台搭建。

名誉会长：张军

会长：欧阳东

副会长：郭晓岩　陈众励　陈建飚　杜毅威　杨德才　孙成群　李蔚
　　　　熊江　王勇　李俊民　周名嘉　徐华　王廼宁　张珣　齐晓明

秘书长：吕丽

副秘书长：王苏阳

秘书长助理：于娟　李战赠

地址：北京市西城区德胜门外大街36号A座4层

邮编：100120

联系人：于娟　吕丽

电话：010-57368796；57368799　传真：010-57368794

中国建筑节能协会
建筑电气与智能化节能专业委员会

中国建筑节能协会（国家一级协会）是经国务院同意、民政部批准成立，由住房和城乡建设部主管，其下属分会电气与智能化节能专业委员会”（下简称专委会）由中国建设科技集团负责筹建，该专委会通过民政部审批，于 2013 年 5 月 31 日正式成立；专委会致力于提高建筑楼宇电气与智能化管理水平，加强与政府的沟通，进行深层次学术交流，促进企业横向联合，规范行业产品市场，实现信息资源共享并进行开发利用：积极组织技术交流与培训活动，开展咨询服务：编辑出版关的专业技术刊物和资料；力保国家节能工作稳步落实，促进建筑电气行业节能技术的发展。

工作职能：协助政府部门和中国建筑节能协会进行行业管理及对会员单位的监督管理工作；协助中国建筑节能协会优秀项目评选活动：收集本行业设计、施工、管理等方面的信息，进行开发利用和实现信息资源共享；积极组织技术交流与培训活动，开展咨询服务，协助会员单位进行人才培养；组织技术开发和业务建设，协助会员单位拓宽业务领域和开展多种形式的协作；编辑出版有关技术刊物和资料（含电子出版物）；组织信息交流，宣传党和国家有关工程建设的方针政策；开展国际技术合作与交流活动；关注行业发展与社会经济建设，向政府主管部门反映会员单位和工程技术人员有关政策、技术方面的建议和意见；承担政府有关部门委托的任务。

工作方针：致力卓越服务、传播业界信息、促进技术进步、推动行业发展。

工作宗旨：从质量中求精品、从管理中求效益、从服务中求市场、从创新中求发展。

名誉主任：张军

主任：欧阳东

副主任：郭晓岩　陈众励　杨德才　杜毅威　刘侃　李蔚　陈建飚
王勇　李炳华　周名嘉　熊江

秘书长：吕丽

副秘书长：王苏阳

秘书长助理：于娟

地址：北京市西城区德胜门外大街 36 号 A 座 4 层

邮编：100120

联系人：于娟　吕丽

电话：010-57368796；57368799　传真：010-57368794

上海良信电器股份有限公司

上海良信电器股份有限公司是一家专注低压电器高端市场的领先公司，在深圳证券交易所挂牌上市（SZ. 002706），主要从事终端电器、配电电器、控制电器、智能家居等产品的研发、生产和销售。

良信电器以客户需求驱动产品研发，投入研发的费用不低于年销售额的6%；企业技术中心被认定为“国家企业技术中心”，实验室通过国家CNAS认可及美国UL认可；公司被评为“上海市高新技术企业”、“科技小巨人企业”、“上海市专利工作示范企业”，目前累计申请国内外各项专利超过537项，并领衔、参与了多项行业标准的制订和修订。

良信电器以高端低压电气系统解决方案专家为品牌定位，以解决客户的压力和挑战为己任，为客户创造价值。公司以上海总部为依托，在电力电源、电力及基础设施、工控、新能源、信息通讯、智能楼宇等行业与维谛、华为、阳光电源、三菱电梯、中国移动、中国联通、万科、绿地等企业形成了持续稳定的合作关系。

良信电器致力于人们更安全、便捷、高效地使用电能，专注低压电器领域，选择目标集聚战略，成为低压电器高端市场领导品牌，为中国制造赢得竞争优势。

欧普照明股份有限公司

欧普照明始于 1996 年，主要从事照明光源、灯具、控制类产品的研发、生产、销售和服务，业务覆盖亚太、欧洲、中东、南非等七十多个国家和地区。作为拥有自主研发能力的行业巨头，公司立足照明产品，持续拓展品类至艺术开关、集成整装、厨卫电器和卫浴等，并基于渠道平台优势，开拓各业务板块，旨在转型为照明系统及集成硬装综合解决方案服务商。凭借强大的营销队伍和完善的国内外营销网络，现已拥有各类终端销售网点超过 100000 家。欧普照明于 2016 年成功上市，欧普股票简称“欧普照明”，代码 603515.SH。欧普照明，为您全面提升空间品质，点亮生活的每个细节。

服务热线：400-6783-222

贵州泰永长征技术股份有限公司

贵州泰永长征技术股份有限公司（品牌简称“TYT”）是深圳证券交易所挂牌上市企业（代码：002927，简称“泰永长征”），致力于为用户提供安全可靠的智能变、配电整体解决方案及服务，成为能效管理和智慧电气的领先者。TYT 旗下拥有“TYT 泰永”“TYT 长九”“TYT 源通”三大自主品牌。

TYT 专注于我国中低压电器行业的中高端市场，坚持自主创新研发，积极打造领先的低压电器试验中心，建设完善的实验与测试平台，掌握了多项中低压电器核心专利技术，并主导或参与制修订多项国家标准、行业标准。同时，TYT 还相继获得“中国电气工业最具影响力品牌”“中国高低压开关设备行业质量创优十佳知名品牌”“贵州省自主创新优秀品牌”“贵州省创新型企业”等多项荣誉。

TYT 拥有现代化生产制造基地——遵义泰永长征工业园、重庆源通电器制造产业园。TYT 正积极构建基于智能化变压器、双电源和断路器等战略产品线，通过 TYT Future 智能云管理平台，打造泛在电力物联生态圈，为各行业市场提供安全可靠、互联互通的智能变、配电整体解决方案。

TYT 始终秉承“民主、务实、创新、共赢”的企业精神，坚持“让电气改变人类生活，使能源高效服务社会”的企业使命，坚持创新驱动，强化品牌战略，不断发挥行业领军优势，为全球电力用户实现数字化转型赋能。

服务热线：400-700-6363

大全集团有限公司

大全集团是电气、新能源、轨道交通领域的领先制造商，主要研发生产中低压成套电器设备、智能元器件、轨道交通设备、太阳能多晶硅等。在江苏扬中、南京江宁、重庆万州、新疆石河子、湖北武汉拥有4个生产基地、3个研究院、23家制造企业，与德国西门子、美国伊顿、瑞士赛雪龙等国际公司设有多家合资企业，在美洲、欧洲、东南亚、中东、非洲建立二十多家分支机构，有近1万名员工。

大全集团是国家创新型企业、国家技术创新示范企业、国家重点高新技术企业、工信部两化融合管理体系贯标示范企业、全国质量标杆企业、国家首批绿色工厂、全国文明单位，是中国机械工业100强企业和中国电气工业领军企业。先后获得中国质量奖提名奖、国家技术发明奖二等奖、国家科技进步奖一等奖、中国工业大奖表彰奖。拥有国家级博士后工作、院士工作站，国家能源新能源接入设备研发中心，国家级企业技术中心，国家级电气检测站，科技研发能力和技术装备水平居于国内同行业前列。

大全集团在电气设备领域、新能源领域、轨道交通领域等业绩显著。

在中低压成套电器、封闭母线、低压母线槽、直流牵引供电设备等领域居于国内同行前列。在新能源领域的产品产量和品质跻身世界同类企业前列。

通过合资合作，引进世界先进的直流开关技术，为客户提供轨道交通牵引供电设备及系统解决方案，直流牵引供电设备市场占有率超过50%。

电话：0511-85122350 85120889　网址：www. daqo. com